サンドワーム

ロシア最恐のハッカー部隊

アンディ・グリーンバーグ
倉科顕司・山田 文（訳）

角川新書

目次

亡き父ゲイリー・グリーンバーグへ

おもな登場人物

オレクシー・ヤシンスキー　ウクライナのセキュリティ企業インフォメーションシステムズ・セキュリティパートナーズ（ＩＳＳＰ）社のサイバーセキュリティ研究者。キーウで停電を引き起こしたウクライナへのサイバー攻撃などの分析に従事。

ジョン・ハルトキスト　アメリカ陸軍、国務省、アイサイト・パートナーズ社を経てファイア・アイ社のサイバーセキュリティ研究者。サンドワームの名づけ親。

マイケル・マトニス　ファイア・アイ社のセキュリティ研究者でハルトキストの部下。平昌オリンピック、アメリカ大統領選挙などへのサイバー攻撃を分析。

アントン・チェレパノフ　スロバキアのセキュリティ企業イーセット社のセキュリティ研究者。キーウで停電を引き起こしたサイバー攻撃を分析。

ロブ・リー　アメリカ空軍、国家安全保障局（ＮＳＡ）などを経てドラゴス社を創業。インフラを標的としたサイバー攻撃対策の専門家。

マイク・アサンテ　アメリカ海軍、電力会社を経てサンズ・インスティテュートで産業用制御システムのセキュリティ問題に取り組む。発電機を破壊する「オーロラ」実験の企画者。

はじめに

２０１７年６月27日、奇妙で恐ろしいことが世界じゅうのインフラにひろがりはじめた。アメリカのペンシルバニア州の病院では、手術を延期し、患者を断りはじめた。タスマニアのキャドバリーの工場ではチョコレートの生産を停止し、製薬大手のメルクはＨＰＶワクチンの製造を中止した。

ほどなく、世界最大の海運会社マースクは、世界の港に所有する17のターミナルが麻痺《まひ》していることに気づいた。船に積載するコンテナを運ぶトレーラー数万台が、港の入口の外に列をつくりはじめた。何十万トンもの貨物を積んだ巨大な船が海を渡ってきても、まったく荷おろしできない。複雑に絡み合う自動化された世界のシステムは、世界規模で発生したアメーバに脳を侵食されたかのように、主要なピースをどう動かしていたのか忘れてしまったようだった。

最も激しい攻撃を受けたウクライナでは、テクノロジーが壊滅した影響をより強く受けていた。ＡＴＭとクレジットカードの決済システムがなぜか停止した。首都キーウ（キエフ）の公共交通機関も機能不全に陥った。政府機関、空港、病院、郵便局、チョルノービリ（チェルノブイリ）原子力発電所で放射能レベルを監視する科学者も被害を受けた。ネットワーク上のほとんどすべてのコンピュータが悪意ある謎のコードに感染し、データが消去されていくのをなす術《すべ》もなく見つめていた。

これがサイバー戦争の姿だ。未知の場所から文明を支える技術を大規模に破壊できる、目には見えない力。

何十年ものあいだ、インターネットセキュリティ界の予言者たちは、こうした出来事が起こると警告してきた。研究者は、ハッカーはすぐに単なる犯罪や国家が主導する諜報《ちょうほう》活動を飛び越え、現代世界のデジタル化された重要なインフラの脆弱《ぜいじゃく》性を利用しはじめるだろうと言っていた。07年にロシアのハッカーがエストニアにサイバー攻撃を仕掛け、国内のほぼすべてのウェブサイトを不通にさせたときには、地政学的な意図を持ったハッキングが大規模におこなわれる可能性が示された。その2年後、アメリカ国家安全保障局（ＮＳＡ）がStuxnet《スタックスネット》というマルウェアでイランの核濃縮用遠心分離機を自壊させる作戦で、差し迫っている新たな脅威を見せつける。サイバー戦争のツールの威力がデジタルの世界だけではなく、現実世界で最も厳重に守られた機密性の高い装置にまで及ぶことを示したのだ。

だが、14年初頭に勃発《ぼっぱつ》したウクライナとロシアの紛争をその当時から追っていた者は、より明確で直接的な前触れを感じていた。15年からはじまった一連の悪質なサイバー攻撃は、ウクライナの政府、メディア、交通機関を標的にしていた。この攻撃はハッカーが起こしたものとして知られる最初の停電で最高潮に達し、民間人数十万人ぶんの電力供給が止まった。

ロシアはウクライナをサイバー戦争の技術革新の実験場にするつもりだ、と一部の研究者が警鐘を鳴らしたが、ほとんどは徒労に終わった。こうした展開はやがて、アメリカ、ＮＡＴＯ（北大西洋条約機構）、そして、この新たな次元の戦争の準備にまったく無頓着《むとんちゃく》なままの広い世界に向けられるかもしれない、と警告されている。クレムリンの支援を受けたハッカー集団が、この前例のない大量破壊兵器を使っているらしいとの指摘もあった。サンドワームと呼ばれる集団だ。

その後の2年間でサンドワームは攻撃性を増し、世界で最も危険なハッカー集団として際立った存在になり、サイバー戦争を再定義することになる。17年6月下旬の運命の日、ついにその集団は、のちにNotPetya《ノットペチャ》と呼ばれる世界を揺るがすマルウェアを解き放った。現在では、史上最も破壊的で被害の大きかったマルウェアと見なされている。この過程でサンドワームは、サイバー戦争の恐ろしさをこれまで以上に示した。高度な技術を持ち、国家に支援されているハッカーは軍の破壊部隊と同じ目的を持ち、どれだけ離れた土地でも攻撃できる。人間生活の基盤を傷つけ、相互に依存し一体化したシステムを攻撃して、予測不可能で悲惨な結果をもたらす。

いまではサンドワームや同類の集団が与える脅威は、将来に重くのしかかっている。サイバー戦争の拡大が野放しのままであれば、国家が支援するハッキングによる被害者は、より悪質で破壊的なマルウェアの餌《え》食《じき》となるだろう。ウクライナで最初に見せつけられたデジタル攻撃は、ディストピアが差し迫っていることを示唆する。そこでは、ハッカーが数日、数週間、あるいはもっと長期間、停電を引き起こす——意図的な電力の遮断は、ハリケーン・マリア後のプエルトリコの悲劇を再現するおそれがあり、多大な経済的被害と人命損失の原因となるだろう。また、ハッカーが工場に実際にある設備を破壊して、致命的な損害を与えるかもしれない。あるいは、NotPetya のときのように、敵対する国の経済や重要インフラのデジタルシステムを麻痺させるために、数十万台のコンピュータのデータを戦略上重要な瞬間に消去する、といったこともあるかもしれない。

本書では、サイバー戦争によってディストピア化を進行させているならず者の最も明確な例として、サンドワームの話を紹介する。その集団を追っている研究者たちの何年にもわたる仕事をたどっている。サンドワームの痕跡《こんせき》がデジタル災害の現場からつぎつぎと見つかるたびに、研究者はその集団の身元や出どころを突き止め、その集団の危険性に注意を促して、なんとしてでも食い止めようとしてきた。

とはいえ、本書は、特定のハッカー集団の話だけではないし、世界じゅうでこの新しい形のサイバー戦争を起こそうとするロシアの脅威に関する話だけでもない。いまもつづく、より大きな世界規模の軍拡競争の話だ。アメリカと西側諸国はその競争を止めるどころか、向こう見ずにもデジタル攻撃のツールを自分たちも利用することで、それに拍車をかけている。そうして、野放しにされた新たなカオスの力を世界に招いてしまったのだ。

プロローグ

明かりが消えたとき、時計は０時を示していた。

２０１６年12月の土曜の夜、オレクシー・ヤシンスキーはキーウのアパートメントの居間で、妻とティーンエージャーの息子とソファにすわっていた。40歳のウクライナ人サイバーセキュリティ研究者が家族といっしょにオリバー・ストーン監督の映画『スノーデン』を観はじめて１時間が経ったとき、建物全体が突然停電した。

「ハッカーは最後まで映画を見せたくないようね」ヤシンスキーの妻は冗談めかしてそう言った。彼女が引き合いに出したのは、１年前の出来事だ。前年のクリスマスの２日前に起こったサイバー攻撃によって、25万人近いウクライナ人への電力供給が止められた。

キーウのサイバーセキュリティ企業でフォレンジック（訳注：サイバー攻撃を受けた際の証拠保全やデータ解析などの手法）の責任者を務めるヤシンスキーは笑っていなかった。机に置かれたポータブル時計に目をやる。午前０時きっかりだ。

ヤシンスキーのテレビはバックアップ用のバッテリーのついた雷サージ保護装置に接続されていたので、停電後はちらつく画面の光だけが部屋を照らしていた。電源コードが悲しげな警告音を鳴らしはじめる。ヤシンスキーは立ちあがってスイッチを切り、電気を節約する。急に部屋が静かになった。

キッチンへ行ってろうそくを何本か取り出し、火をつける。それから窓際へ近づいた。茶色がかった金髪の痩《や》せたエンジニアは、これまで見たこともない街の景色をながめていた。まわりの建物全体が真っ暗だった。曇った空に反射する遠くの光の灰色の輝きだけが、現代風のアパートメントやソ連時代の高層建築の暗くなった壁面の輪郭を描いている。

ヤシンスキーは、15年12月の送電網への攻撃からちょうど1年後という日付と時刻から通常の停電ではないと確信した。外の寒さは――マイナス18度近くまでさがっていた――徐々に何千軒もの家の室温をさげ、揚水ポンプを停止させるだろう。水道管が凍るのも時間の問題だ。

そのとき、ヤシンスキーは別の偏執的な考えをいだきはじめる。この1年2カ月、自分が危機の中心に立たされていることはわかっていた。容赦なくつぎつぎと襲ってくる大量のサイバー攻撃を分析してほしいと、数多くのウクライナ企業や政府機関が自分のところへやってきた。どの攻撃の背後にも、あるハッカー集団が存在しているようだった。もはや、こう考えざるをえなかった。１年以上痕跡《こんせき》を追っているその亡霊が、インターネット空間を介して自宅にまで手を伸ばしてきたのだ、と。

第1部　出現

〝手合わせの最初期の段階では、相手の観察に努めることです。そうすると、緒戦で即座に敵を倒す機会をたびたび見送ることになるかもしれません。しかし、相手を観察することは確実な勝利に結びつきます。時間をかけて、相手の技倆《ぎりよう》を見切るのです〟

１　ゼロデイ

ブラックルームのふたり

情報産業が集まるワシントンＤＣには、駐車場と灰色のオフィスビルからなる果てしない海がひろがり、その建物にはいずれ忘れ去られる企業名とロゴが記されている。そんな首都の環状道路《ベルトウェイ》の外側、バージニア州シャンティリーにあるビルの４階には窓のない部屋がある。壁はマットブラックで塗られていて、まるで外光をまったく通さない黒一色の背景のようだ。

ウクライナでサイバー戦争が勃発《ぼっぱつ》する１年前の２０１４年、民間の小さな情報セキュリティ企業アイサイト・パートナーズでは、この部屋を〝ブラックルーム〟と呼んでいた。部屋では、ふたりの社員がソフトウェアの脆弱《ぜいじゃく》性を調べている。きわめて高い集中力が求められる作業であるため、オフィスのレイアウトをできるかぎり感覚遮断室に近づけるよう、ふたりは強く求めていた。

暗がりで作業するふたりは高度な技術を持っている。14年9月のある水曜日の朝、ジョン・ハルトキストが珍しい依頼をかかえ、最初に助けを求めたのもこのふたりだった。その朝ハルトキストは、窓のついたはるかに明るい部屋に着くと、アイサイトの国際情報収集チームの班長ジェイソン・パスウォーターズからのメールを開いた。ウクライナのコンピュータから、きわめておもしろいマルウェアを発見したという。メールには重要なことが書かれていた。その同僚たちは〝ゼロデイ〟を手に入れたと確信していたのだ。

危険なゼロデイ脆弱性

ゼロデイとはハッカーの専門用語で、ソフトウェアを作成・管理する企業さえ認識していないセキュリティ上の隠された欠陥を指す。この呼称は、ユーザー保護のために修正プログラムを配布する日（1日目）よりも前の日（0日目《ゼロデイ》）の脆弱性であることに由来する（訳注：諸説あり）。特に、ハッカーがソフトウェアのバグを突破して標的のコンピュータ上で独自のコードを実行できる深刻なゼロデイ脆弱性は、世界共通のマスターキーとして機能し、その脆弱なソフトが使われているコンピュータへの自由な侵入を許す。インターネットに接続さえしていれば、餌食となるコンピュータは世界のどこにあってもかまわない。

　国際チームが送ってきたのは、パワーポイントの添付ファイルだった。ゼロデイのコードをひそかに実行したのはそのファイルで、しかも、実行されたのは世界で最も普及しているソフトウェアのひとつ、マイクロソフト・オフィス上だった。

　メールを読み進めるにつれ、ハルトキストの頭に警告ランプが灯《とも》った。そのファイルは台湾のアイサイト国際チームが分析ずみで、その見立てどおりなら、未知のハッカーたちがすでに何百万台ものコンピュータをハッキングしていることになる。ただちにマイクロソフトにこの脆弱性を警告する必要があった。ただ、自社の利益という観点で考えると、アイサイトのような小さな企業にとって、この発見はセキュリティ業界の新たな稼ぎ頭「脅威情報《スレットインテリジェンス》」の分野で名をあげ、顧客にアピールする絶好の機会であり、引きつづき調査を進めたかった。こうした脆弱性の発見は年に2、3回しかない。どれも強烈な好奇心によって発見されたもので、調査上の大手柄だ。「小さな会社にとって、こんな金鉱を見つけるのは、ほんとにうれしいもんなんです」とハルトキストは話した。「わたしたちにとって大きなチャンスでした」

テネシー州東部の出身で、がっちりした体格の陸軍退役軍人ハルトキストは、黒くて濃い顎《あご》ひげを生やし、つねに笑顔で、隣の〝ブルペン〟と呼ばれる部屋へ向かって自分の席からよく大声を張りあげた。ブルペンの片側にはマルウェア分析者が並び、反対側では脅威分析者たちがサイバー攻撃の地政学的背景を解き明かしていた。ハルトキストはウクライナのマルウェアのことを知るとすぐに隣のブルペンへ飛びこみ、社員たちに状況を説明し、優先度に合わせて仕事を割り振った。これは同社の歴史で最大級の発見となるのだが、そんなことはまだだれも知らなかった。

だが、廊下の先のブラックルームにこもるふたりは、この重大な発見の意味を解き明かす作業に取りかかっていた。相手は、小さくて姿を隠した悪意のある技術だった。

仮想マシンを使ったシミュレーション

部屋の唯一の光源であるデスクトップパソコンで作業をするリバースエンジニアのふたりは、マルウェアに感染したパワーポイントを複数の仮想マシンで繰り返し実行することからはじめた。仮想マシンとは、コンピュータ内に擬似的に再現されたコンピュータのことだ。シミュレーションをおこなうそれぞれの仮想マシンは、ブラックルームがオフィス内で隔離されているのと同じように、ほかの仮想マシンと切り離されている。

仮想マシンで実行するコードは、飼育ケースのなかのサソリのように観察できる。これを使えば、異なる環境のデジタルマシン――さまざまなバージョンのウィンドウズやマイクロソフト・オフィスを搭載した仮想マシン――をつぎつぎと感染させて、攻撃の規模と影響を調べられる。ふたりが感染したファイルのコードを調べた結果、更新されたばかりのパワーポイントさえ完全にコントロールできることがわかった。台湾人分析者が推測したとおり、これはめったに見られない深刻なゼロデイ脆弱性だった。ふたりは時間が経つのも忘れ、夜遅くまでかけてマイクロソフトとそのユーザーに伝えるための詳細な報告書を作成した。また、自分たちでも検証用に独自の攻撃コードを書き、試験管のなかの病原体を見るように再現した。

パワーポイントが持つ驚くべき機能

ブラックルームのリバースエンジニアのひとり、ジョン・エリクソンの説明によれば、パワーポイントには「驚くべき機能」があるという。このソフトは長年の進化のなかで、ほぼ必要のない機能を詰めこんだルーブ・ゴールドバーグ・マシン（訳注：簡単にできそうなことを複雑な方法でおこなう機械）と化しており、あまりの複雑さに、事実上、独自のプログラミング言語のようになっている。スライドにはだれでも情報の「オブジェクト」を置くことができ、脆弱性を悪用した者はこの機能を調べあげていた。オブジェクトとは、パワーポイント自体のファイルやインターネット上のリモートコンピュータから取り出した図やビデオのことだ。

ハッカーはこの機能を使って、プレゼンテーション資料内に2種類のデータを慎重に置いた。ひとつ目は、標的のコンピュータの一時フォルダにロードされる。ふたつ目には、パワーポイントのアニメーション機能をうまく利用した。この機能は動く文字やイラストで聴衆を退屈させるだけではなく、このソフトを使用中のコンピュータ上で実際にコマンドを実行できる。今回のケースでは、スライドがそのアニメーションファイルを読みこむことで、自動化されたスクリプトが実行される。すると、コンピュータに置かれたひとつ目のファイルが右クリックされ、画面のドロップダウンメニューの「インストール」がクリックされる。こうして、操作する人が知らないうちに、コンピュータ上にそのコードの足がかりがつくられる。被害者が添付ファイルをダブルクリックして開いた瞬間に、それらすべてが目に見えない形でたちまち起こってしまうわけだ。

ブラックルームで最初にこの脆弱性に対処したエリクソンの記憶では、攻撃を分解して解除するその作業は、やや珍しく魅力的ではあったものの、きわめて機械的におこなわれた。インターネット上に出まわるゼロデイ脆弱性は、それまで片手で数えられるほどしか扱ったことがなかった。しかし、何千種類ものマルウェアを調べるうちに、それらを調査用のサンプルと見なすようになり、その背後にいる作者、つまり、狡猾《こうかつ》な仕掛けをつくった人物のことは考えなくなっていた。「単にそれまで見たこともない知らないだれか、知らない何かでした」とエリクソンは話した。

とはいえ、ゼロデイ脆弱性のコードには作者がいる。その日の朝、真っ暗な作業場で分解作業をはじめたとき、エリクソンは自然発生した無機質な謎をただ調べているわけではなかった。遠く離れた場所にいる邪悪な知性の存在を感じはじめていたのだ。

2　ブラックエナジー

ウクライナ国旗とキリル文字

ゼロデイ発見をめぐる当初の狂騒が落ち着いたあとも、いくつか疑問が残った。攻撃コードを書いたのはいったいだれなのか。標的はどこなのか。その目的は？

　こうした疑問は、ジョン・ハルトキストが〝デイウォーカー（訳注：昼間に活動する吸血鬼）〟と呼ぶ、同僚のマルウェア分析者ドリュー・ロビンソンに託された。ロビンソンには、ブラックルームの吸血鬼社員ふたりとほぼ同程度のリバースエンジニアリング（訳注：ソフトウェアの構造を分析し、その作成方法や動作、コードなどを明らかにすること）のスキルがあり、ブルペンの陽があたる席にすわりながら、ハッカーの人物像や政治的な動機など、さらに幅広い視点からの分析を担当していた。パワーポイントに残された技術的な手がかりをたどり、姿の見えないハッキング工作のより大きな謎を解くことがロビンソンの仕事だった。

　水曜日の朝、ブルペンへやってきたハルトキストがゼロデイ脆弱性に総力をあげて取り組むよう指示したその数分後、ロビンソンは罠《わな》の仕掛けられた添付ファイルの中身を丹念に調べはじめていた。内容は、青と黄のウクライナ国旗の上にキリル文字で書かれた名簿のようなもので、黄の盾に青の三叉《さんさ》槍《そう》が描かれたウクライナの国章の透かしがあった。グーグル翻訳でたしかめると、名簿は〝テロリスト〟の一覧表らしく、その年にはじまったウクライナの紛争でロシア側に加担している人物たちのものだった。当時、ロシア軍はウクライナ東部とクリミア半島に侵攻し、現地の分離主義運動に火をつけ、その後もつづく紛争を引き起こしていた。

ハッカーが反ロシアのメッセージを選んで感染を引き起こしたことが、ロビンソンの最初の手がかりとなった。メールはおそらくウクライナを標的としたロシアの工作で、ウクライナの愛国心と国内の親ロシア派への恐怖心を煽《あお》るものだった。ところが、その策略の背後にいるハッカーの手がかりを調べるうちに、ロビンソンはまた別の糸口を見つけた。ゼロデイ攻撃でコンピュータに送られたファイルが、悪名高いマルウェアの亜種だとわかったのだ。その後さらに悪名を轟《とどろ》かせることになるマルウェア、BlackEnergy《ブラックエナジー》である。

悪名高いマルウェアの作者

その時点までのBlackEnergyの短い歴史を見れば、さまざまな種類のハッカー——最底辺の〝スクリプトキディ〟（スキルが未熟なために自分より知識のある人の書いたツールしか使えないハッカー）から、プロのサイバー犯罪者まで——を、ある程度知ることができる。

このマルウェアを作成したのは、ハンドルネーム Cr4sh として知られるロシアのハッカー、ドミトロ・オレクシクだ。２００７年ごろ、オレクシクはロシア語のハッカーフォーラムで BlackEnergy を約40ドルで販売していた。このツールのコントロールパネルの隅には、落書きしたサインのようなハンドルネームが記されている。[1]

このマルウェアには、ある明確な目的があった。分散型サービス拒否攻撃、いわゆるＤＤｏＳ攻撃である。これは、標的のウェブサイトへ向けて、多数のコンピュータから情報を不正に要求して接続不能にさせるものだ。BlackEnergy に感染すると、〝ボットネット〟と呼ばれる乗っ取られたコンピュータネットワークの一部となってしまう。ボットネットの運用者は、オレクシクの使い勝手のいいツールの設定を変更し、支配下に置いた複数のマシンを使って攻撃先を選んだり、攻撃の種類と割合をコントロールしたりできる。

機能が充実した進化版マルウェア

２００７年の後半までに、セキュリティ企業アーバーネットワークスは、BlackEnergy がつくったボットネットを30件以上確認した。大半のものがロシアのウェブサイトを標的にしていた。[2] サイバー攻撃には拙《つたな》いものから巧みなものまでかなりの幅があるが、たいていのＤＤｏＳ攻撃は未熟で、あからさまなものだ。結局のところ、サイトを接続不能にはできるが、より強力なハッキングで深刻なデータ侵害を起こすことはできない。

だが、その後の数年で BlackEnergy は進化する。セキュリティ企業が新たに発見した改良版は、ほかのマルウェアが持つ機能を多数具《そな》えていた。大量通信でウェブサイトを攻撃するだけでなく、スパムメールを送信したり、感染したコンピュータ内のファイルを破壊したり、銀行のオンライン口座のユーザー名やパスワードを盗んだりできるようになっていた。*

こうして、ようやくロビンソンの目の前に、BlackEnergy が別の形で現れる。ブルペンの席から観察したその姿は、これまで知っていたどの種類とも異なっているようだった——もちろん、ウェブサイトへの単なる攻撃ツールではないし、金融詐欺のツールでもなさそうだ。そもそも詐欺目的のサイバー犯罪で、ロシア贔屓《びいき》のテロリストの名簿を餌にするだろうか。この策略には政治的な目的があるように思えた。ロビンソンはウクライナで入手した BlackEnergy をはじめて見たときから、従来とはまったく別の目的を持ったコードではないかと思っていた。単なる犯罪ではなく、スパイ活動なのではないかと。†

ヘルプ文書に使用された言語

ロビンソンはそのあとすぐ、ゼロデイ脆弱性を最初に見つけた国際チームの班長からもらった別の手がかりを追いはじめた。これによって、マルウェアの目的はさらに明白になる。

このマルウェアを仮想マシンで実行させると、インターネット経由でヨーロッパのどこかのＩＰアドレスへ接続しようとした。そのＩＰアドレスは、プログラムを遠隔操作できるコマンド&コントロールサーバに割りあてられていた。ロビンソンはウェブブラウザを介して、遠くのそのサーバへアクセスした。あきれたことに、まったくセキュリティ保護されておらず、だれでも自由にファイルを閲覧できた。

そのファイルには、このBlackEnergy用のヘルプ文書が含まれていて、都合のよいことにコマンドが一覧になっていた。これでロビンソンの疑いは立証された。そこには、サイバー犯罪捜査で見つかる一般的なマルウェアよりもはるかに幅広いデータ収集機能があった。感染したコンピュータのスクリーンショットを撮影したり、ファイルや暗号化キーを取り出したり、キー入力を記録したりすることができた。あらゆる特徴が、金儲《かねもう》け目的の銀行詐欺ではなく、周到なサイバースパイ活動であることを示していた。

だが、そのヘルプ文書の中身よりもさらに重要なのは、そこで使われている言語だった。ロシア語だったのだ。

＊BlackEnergyを使用した巧妙なサイバー犯罪がひろがるにつれ、元々の作成者であるオレクシクはこのツールから慎重に距離を置いた——ロシアの銀行への金融詐欺に利用されてからは、なおさらだっ

た。西側諸国にサイバー攻撃が集中した時期には見て見ぬふりをしていたロシアだが、これは危険な動きだったからだ。２００９年、オレクシクはブログサービス《ライヴジャーナル》に「ちくしょう、おれはすっかり有名だ」と題した記事を投稿してこう説明している。「BlackEnergy のソースコードは民間の（あるいは半ば民間の）あらゆる人々が利用できたのだから、何者かが自身のために使った可能性もあるはずだ。この遠隔操作ソフトの作者が犯罪にかかわっていると疑うのはまったく愚かなことだ。３年前に公開されていたバージョンに署名までしていたわけだから」

† 実際、ロシアのセキュリティ企業カスペルスキーのセキュリティ分析者たちは、２０１３年初頭には何者かが BlackEnergy を巧妙なスパイ活動に利用しているとひそかに疑っていた。ハッカーフォーラムではもう販売していないさまざまなバージョンの BlackEnergy が出まわりはじめていた。そのなかにＯＳとして使用数の少ない Linux マシンに感染するよう設計されたものもあったことから、ハッカーたちがそれを場あたり的な窃盗ではなく、精度の高いスパイ活動に使っているのはまちがいないと思われた。カスペルスキーの分析者マリア・ガルナエヴァはわたしにこう話している。「クライムウェアとしての役目は終えました。そのときから、BlackEnergy を使ったハッカーたちは特定の標的を狙った独自の攻撃集団となったのです」

3　アラキス

〝特定〟の壁に頭を悩ませる

サイバーセキュリティ業界でいつも頭を悩ませるのは、〝特定〟の問題だ。遠い彼方《かなた》にいるハッカーの特定はほぼ不可能であり、巧妙な工作の背後にいるハッカーならなおさらだ。インターネットは、プロキシサーバ、誤認誘導《ミスディレクション》といった、所在を極力明かさない手段を数多く提供している。だが、ロビンソンはセキュリティ保護されていないコマンド&コントロールサーバを特定することで、わずかな所在情報を使って BlackEnergy の謎を解明した。ハッカーは、あらゆる注意を払ってパワーポイントに侵入したものの、国籍を示す強力な手がかりをうっかり残していったようだ。

だが、そんなもっけの幸《さいわ》いのあとも、ロビンソンはマルウェアのコードの中身を実際にくわしく調べるという課題に直面していた。どうにかして手がかりをたくさん見つけ、ほかのネットワークが同じマルウェアに感染しているかどうかをアイサイトやほかのセキュリティ企業のユーザーが見分けるのに使う〝シグネチャ（訳注：対象を同定するための目印となる情報）〟を作成しようとしていた。マルウェアのコードの機能を読み解くのは、コマンド&コントロールサーバを突き止めることほど簡単ではないようだった。それからの数日間、堅実で単調な作業に懸命に取り組んだロビンソンだったが、圧縮と暗号が交互に積み重なった3つの層によって、徹底的に攪乱《かくらん》された。

マルウェアの秘密へたどり着く道のりは、いわば借り物競争のようなものだ。ロビンソンは、そのマルウェアが自己完結型であり、その暗号を解読してコードを実行するのに必要な暗号鍵はすべてそこに含まれているにちがいないとわかっていたものの、各層の暗号鍵はその上の層を復号化《デコード》してからでないと見つけられなかった。さらに、一見でたらめに思えるノイズをスキャンして認識可能なパターンを見つけ、ハッカーが使った圧縮アルゴリズムの見当をつけたあとも、ハッカーが既存のものに独自に手を加えた暗号化の手順を特定するのに何日もかかった。ロビンソンはこの難題にのめりこみ、机から顔をあげると知らないうちに何時間も過ぎていることもあった。家でシャワーを浴びるときでさえ、暗号が頭のなかを何度もぐるぐるとまわった。

コードネームは〝アラキス〟

1週間の試行錯誤のすえに、ようやくロビンソンがその複雑な層を解明した見返りは、BlackEnergy のサンプルから現れた無数の1と0——一見しただけではまだまったく意味のないデータの連なりだった。要するに、これはプログラムをコンパイルしたもの、つまり人間が読めるプログラミング言語ではなく、機械が読み取れる2進数に変換したものである。2進数を理解するため、ロビンソンは自分のコンピュータ上でそのプログラムを少しずつ実行させ、検証しなくてはならなかった。実行中のコマンドの機能をコードに変換するIDA Pro という一般的なプログラム解析ツールを使い、リアルタイムで解き明かしていった。

「まるでDNAだけを見て、その人物がどんな見た目か判断しようとするようなものです」ロビンソンは言う。「おまけに、その人物を創造した神が、その過程をできるかぎり困難にしているんですから」

2週目にはいり、2進数に対する段階的かつ微細な分析が、ようやく実を結びはじめた。BlackEnergy の設定を解読したところ、そこには、いわゆる〝作戦コード〟が含まれていた。要するに、これはそのバージョンのマルウェアに関連づけられたタグであり、それを使ってハッカーは、感染したコンピュータを分類したり追跡したりすることができる。ウクライナのパワーポイントにあった BlackEnergy には、ロビンソンがよく知る名の作戦コードがついていた。すぐに認識できたのは、マルウェア分析者の経験からではなく、私生活のSFオタクとしての経験からだった。そのコードネームは、〝arrakis《アラキス》02〟だった。

ハッカーはSFオタク?

実際のところ、ロビンソンをはじめ、ＳＦにくわしいオタクのほとんどが、〝アラキス〟という語には気づくはずだ。『スター・ウォーズ』のタトゥイーンや『指輪物語』の中つ国と同じくらい有名で、ＳＦ文化の聖典の中核をなしている。アラキスとは、フランク・ハーバートが１９６５年に書いた傑作小説『デューン　砂の惑星』の舞台となった砂漠の惑星だ。『デューン　砂の惑星』の舞台は、はるか昔に人工知能を持った機械との世界規模の核戦争によって地球が荒廃した世界である。物語は、アラキス——砂の惑星《デューン》としても知られる——の統治者に任じられたアトレイデス公爵家が、邪悪な宿敵ハルコンネン家の妨害工作を受け、権力を追われてからの運命をたどっていく。

アトレイデス家が倒されたあと、物語の若き主人公ポール・アトレイデスは、その惑星の広大な砂漠に避難する。そこでは３００メートルもの長さの砂蟲《サンドワーム》が地中を徘徊《はいかい》し、ときおり地上へ出てきては、通り道にあるものを根こそぎ食いつくす。ポールは成長するなかで、惑星の先住民フレメンから、サンドワームを手なずけ、乗りこなす能力など、アラキスでの身の処し方を教わる。最後は、ポールが勇敢なゲリラの蜂起《ほうき》を指揮し、サンドワームの背に乗ってすさまじい戦いを繰りひろげ、ハルコンネン家から首都を奪還する。結果として、この反乱はハルコンネン家のクーデターを画策した全宇宙を統べる帝国の支配を終わらせる。

「どんな連中であれ、このハッカーはフランク・ハーバートのファンのようだ」ロビンソンはそう感じたことを覚えている。arrakis《アラキス》02 の作戦コードを見つけたとき、その名を選択したハッカーに関する唯一の手がかり以上のものに出くわしたとロビンソンは感じた。はじめて、ハッカーの頭の中と想像力を覗《のぞ》いている気がした。実際、ロビンソンは作戦コードが指紋のような役割を果たすのではないかと考えはじめた。ほかのサイバー犯罪の痕跡と照合できるかもしれない、と。

デューンの手がかりから浮かびあがる国

それからの数日間、ロビンソンはパワーポイントから見つけた BlackEnergy をひとまず脇へ置き、アイサイトが持っている古いマルウェアのサンプルと、グーグル傘下の企業が運営するデータベース VirusTotal を集中的に調べた。VirusTotal を使えば、セキュリティ技術者ならだれでもマルウェアのコードをアップロードし、市販の数十種類のアンチウイルスソフトと照合することが可能で、別のセキュリティ企業がすでに見つけているか、くわしく調べているか、すばやく確認できる。このシステムによって、VirusTotal には現在出まわっているコードのサンプルが10年以上かけて大量に集まり、技術者は料金を支払えばそのサンプルを利用できる。ロビンソンはそうしたマルウェアを片っ端からスキャンし、

BlackEnergy のサンプルから取り出したコードが、アイサイトや VirusTotal の目録にあった既知のコードに一致する部分を探した。

すぐに見つかった。４カ月前の14年5月に採取された BlackEnergy の別のサンプルは、ウクライナのパワーポイントにあったものとほぼ一致した。作戦コードを見ると、まさにロビンソンが探していたものだった。houseatreides《アトレイデス》94。これも、デューンに関連しているのはまちがいない。この BlackEnergy のサンプルはワード文書に隠されていたものであり、その資料はポーランドのエネルギー企業へのおとりとして作成された石油と天然ガスの価格に関するものだった。

ロビンソンは、それから数週間、悪意あるプログラムのアーカイブを漁《あさ》りつづける。ついには独自のプログラムを作成することで、マルウェアをスキャンして一致しているものを見つけ、暗号を難読化させている層の解除を自動化して、作戦コードを取り出せるようにした。作戦コードのリストは徐々に増えた。basharoftheSardaukars《サーダカーのバシャール》、salusasecundus《サルーサ・セクンドウス》2、epsironeridani《イプシロン・エリダニ》0。まるで、ハッカーがデューンのあまり知られていない些《さ》細《さい》な知識をロビンソンにひけらかしているかのようだった。

デューンに関連したコードは、どれもロビンソンが最初に発見した2件と同じく、マルウエアの標的を指し示すおとり文書と結びついていた。あるものは、ウクライナをめぐるヨーロッパとロシアの〝綱引き〟に関する外交文書で、同国がウクライナを西側に引き寄せる大衆運動とロシアの長引く影響力のはざまで苦悩する問題を扱っていた。別のものは、ウクライナ問題を議題としたウェールズでのサミットやロシアのスパイ活動をテーマとしたスロバキアでのＮＡＴＯ関連のイベントの参加者へのおとりとして作成されたようだ。さらに、アイサイトが公表していなかったもののなかには、ロシアの外交政策を専門とするアメリカの研究者を標的にしたと思われるものもあった。ハッカーが親切にもデューンを使ってくれたおかげで、別々の攻撃を結びつけることができた。

ところが、被害者の一部は、ロシアによる地政学的スパイ活動のいつもの対象ではなかった。たとえば、なぜハッカーはポーランドのエネルギー企業に狙いを定めたのだろうか。ほかにも、ウクライナの国営鉄道会社ウクルザリズヌィーツャが標的となっていたことが、アイサイトによってのちに明らかにされた。

だがロビンソンが、セキュリティ業界の屑山《くずやま》の奥深くまで行ってデューン関連の情報を探しているときに最も衝撃を受けたのは別のことだった。アイサイトが発見したパワーポイントのゼロデイ脆弱性は比較的新しいものだったが、より広範なハッカーの侵入工作は、数カ月前どころか数年前にまでさかのぼることができた。デューン関連のおとりが最初に現れたのは２００９年だった。ロビンソンはなんとかそうしたハッキング工作の断片をひとつにまとめたわけだが、それまで5年間、ハッカーはひそかにさまざまな組織へ侵入していたことになる。

ハッカー集団の名づけ親に

6週間の分析を終えて、アイサイトは調査結果を公表する準備ができた。それは巨大で、非常に洗練されたスパイ工作のようで、あらゆる痕跡がＮＡＴＯとウクライナを標的としたロシア政府の作戦であることを示していた。

ロビンソンがその作戦の解明に苦心していたとき、上司のジョン・ハルトキストも部下のコード分析者と同じくらい、ロシアのハッカー集団の仕事に取り憑《つ》かれるようになっていた。隣のブルペンにすわっているロビンソンに向かって、ハルトキストが声を張りあげて質問すると、テネシー訛《なま》りのそのどなり声は容易に隣の部屋まで届いた。だが、10月中旬にはいり、最初のパワーポイントのゼロデイ脆弱性の謎が解明されていくにつれて、ハルトキストはロビンソンからの最新情報を求めてほぼ毎日ブルペンへやってくるようになった。

ハッカーの仕掛けは巧妙なものだったが、この発見に注目してもらうにはマスコミをうまく使う必要がある、とハルトキストは感じていた。当時のアメリカのマスコミやセキュリティ業界にとって、最大の脅威はロシアのサイバースパイではなく、中国のサイバースパイだった。ノースロップ・グラマン、ダウ・ケミカル、グーグルといった企業が、中国のハッカーから立てつづけにデータを盗まれるという信じがたい侵害を受けていた。[1] 狙われたのはおもに知的財産と企業秘密で、当時、アメリカの国家安全保障局（NSA）長官だったキース・アレクサンダーは、こうした窃盗を「歴史上、最大の富の移転」と呼んだ。東欧の国々を標的とするロシアのスパイ工作は、どれも狡猾な技術を使い長期にわたるものであったにもかかわらず、雑音にまぎれてしまうおそれがあった。

そのハッカー集団には、覚えやすくて世間の注目を集める名前が必要だった。サイバーセキュリティ業界の慣例どおり、命名権はこのハッカーを発見したアイサイトにあった。サイバースパイが『デューン』に明らかに執着していることを表す名前にすべきなのは、はっきりしていた。[*]

10代から『デューン』のファンだったロビンソンは、このハッキング工作を〝ベネ・ゲセリット〟と呼ぶべきだと提案した。物語に登場する、魔法のごとき力で心を操る神秘的な女性組織だ。フランク・ハーバートの小説を読んだことのないハルトキストは、その呼称はあまりにも難解で、発音しにくいと言って反対した。

代わりに、ハルトキストはもっとわかりやすい呼称を選んだ。地表のすぐ下を動きまわり、ときおり恐ろしい力をふるう、姿を隠した怪物を呼び起こすのがいいだろうと考えた。これは、当時本人が考えていた以上にふさわしい呼称となる。ハルトキストはその集団を、〝サンドワーム〟と名づけた。

＊実は、最初にこのハッカー集団の情報をつなぎ合わせたのはアイサイトではなかった。同じころ、スロバキアの企業イーセットも同じ発見をしており、そのハッカー集団のマルウェアに使われている『デューン』由来のコードネームのことまで把握していた。イーセットは14年9月にシアトルで開催された《Virus Bulletin》誌の会議でこの調査結果を発表した。だがイーセットがそれをオンラインで公表しなかったため、アイサイトの技術者は並行しておこなわれていたその調査を知らなかったと語っている。その結果、サンドワームを最初に発見したのはアイサイトであると――おそらくはまちがいであるが――広く認められている。

4　戦力倍増

日本のトレンドマイクロ社員による追加調査

最初の発見から6週間後、アイサイトの社員たちは祝杯をあげた。集まったのは社内のバーで、会社が酒をたっぷり用意した。世界へのサンドワームのお披露目は、計画どおりに進んでいた。ゼロデイ脆弱性を狙った5年にわたるロシアのスパイ工作がデューンに関連していることを発表すると、ニュースは業界とマスコミの話題となり、《ワシントン・ポスト》紙や《Wired《ワイアード》》誌、セキュリティ関連の業界誌に記事が多数掲載された。ロビンソンはロシア人ハッカーの新種発見を祝して、ハルトキストとウォッカで乾杯した。

しかし、同じ日の夜、約4000キロメートル西では、別の技術者がまだ調査をつづけていた。日本のセキュリティ企業トレンドマイクロのマルウェア分析員カイル・ウィルホイトは、カリフォルニア州クパチーノのホテルで開催されている企業カンファレンスに参加するなか、サンドワームに関するアイサイトのオンライン報告書に目を留めた。ハルトキストの評判は知っていたので、夜にくわしく読もうと考えた。アイサイトに劣らぬ重要な発見の気配を感じた。それは、ウィルホイトとトレンドマイクロに新たな成果をもたらすことになるかもしれなかった。

その夜、ウィルホイトと同僚ジム・ゴゴリンスキーは、ホテルのバーのテラス席でノートパソコンを開き、アイサイトがそれまでに公表していたすべてのデータをダウンロードした――これは〝侵害指標〟と呼ばれるもので、サンドワームの被害者になりうるユーザーがその攻撃を検知・ブロックするのに役立つよう公表されていた。

そうした手がかりはビニール袋にはいった犯罪現場の証拠のようなものだが、そのなかには、BlackEnergy が送ったコマンド&コントロールサーバのＩＰアドレスがあった。夜も更けてバーにだれもいなくなると、ふたりはそのＩＰアドレスをトレンドマイクロのマルウェアアーカイブや VirusTotal と照合し、新たに一致するものがないか調べはじめた。バーの閉店後も、暗い中庭にふたりだけ残った。ウィルホイトは一致するＩＰアドレスを見つけた。サンドワームがストックホルムで使ったサーバのものだった。バックアップ用ファイル「config.bak」も、そのサーバに接続している。そのファイルはセキュリティ業界のふつうの人にはありきたりのものだが、たちまちウィルホイトの目を引いた。

産業用制御システムとの接続

ウィルホイトはセキュリティ分析員として異例の経歴を持つ。そのわずか2年前まで、セントルイスでアメリカ最大の石炭会社ピーボディ・エナジーのＩＴセキュリティ部長を務めていた。そのため、産業用制御システム（ＩＣＳ）——監視制御・データ収集システム（ＳＣＡＤＡ）とも呼ばれる——の事情に通じていた。このシステムのソフトウェアはただデータを送るだけではなく、産業用機器へコマンドを送ったりフィードバックを受けとったりすることができる。産業用機器は、デジタルの世界とアナログの世界をつなぐ接点である。

このソフトウェアは、たとえばピーボディの炭坑内の空気を循環させる換気装置をはじめ、石炭を洗う巨大洗浄槽、火力発電所で石炭を燃焼させる発電機、電力を供給する変電所のブレーカといったありとあらゆるものに使われている。工場、水力発電所、石油・天然ガスの精製所、交通機関——産業用制御システムのアプリケーションは、現代文明の基盤をなし、あってあたりまえだと思われている巨大で非常に複雑な機械設備のすべてを動かしている。

　産業用制御システムの定番ソフトウェアは、ゼネラル・エレクトリックが販売するCIMPLICITY《シンプリシティ》で、このソフトにはヒューマン・マシン・インターフェースと呼ばれるアプリケーションがはいっている。おもにデジタルから実際のマシンへコマンドを送るためのコントロールパネルだ。ウィルホイトが見つけたバックアップ用ファイル「config.bak」は、実際には CIMPLICITY 用に作成された .cim という拡張子のファイルで、通常「.cim」ファイルは、このソフトウェア内で、産業用設備の計器盤を自由に再設定するなど、カスタムコントロールパネル全体を読みこんだり、書き出したりするものだ。

　このファイルは、アイサイトがサンドワームのものだと特定したストックホルムのサーバに再接続する以外は、これといって何もしていなかった。しかし、産業用制御システムを扱った経験のある者なら、その接続自体がきわめて深刻な問題であることがわかる。こうしたデリケートなシステムを動かすインフラは、壊滅的な打撃を与えるおそれのあるハッカーから守るためにインターネットから完全に切り離さなくてはならないからだ。

産業用設備のある会社、特に産業化社会を支える電力会社は、一般のＩＴネットワークと産業用制御ネットワークとのあいだに厳格な〝空隙《エアギャップ》〟を設けることを対外的に保証している。しかし一部の気がかりなケースでは、産業用制御システムが会社のほかのシステムとの接続を一部残していたり、一般のインターネットと接続したりすることもある。たとえば、技術者がリモートでアクセスしたり、ソフトウェアを更新したりするときだ。

サイバースパイからサイバー戦争へ

驚きの結論を出すには、スウェーデンのサーバに接続するファイルとサンドワームのつながりだけでじゅうぶんだった。狙いは、スパイ行為だけではない。情報収集工作で産業用制御システムに侵入することはない。サンドワームは、被害者のシステムに手を伸ばし、設備を物理的に乗っ取ったり、物理的に破壊したりしようとしているようだった。

「ハッカーは第２段階へ進むための情報を集めている」ウィルホイトはホテルの外で涼しい夜気にふれながらそう考えた。「デジタルと現実世界の橋渡しをしようとしているのかも」ハッカーの目標は、スパイ行為を越えた、産業用設備の破壊行為のようだった。

その夜、ふたりが睡眠をとることはなかった。代わりにホテルのテラス席で、サンドワームが産業用制御システムで何をしているかをさらに探しはじめた。どのようにしてインターフェースのコントロールを奪ったのか。標的は？　答えはなかなか見つからなかった。

翌日、ふたりは会議をすべて欠席し、調査した内容をまとめてトレンドマイクロのブログに投稿した。ウィルホイトはＦＢＩの連絡相手に調査結果を伝えたが、向こうは口の堅い典型的な捜査官だけあって、情報は受けとるだけで何も教えてくれなかった。

そのころ、シャンティリーにあるアイサイトのオフィスでは、ジョン・ハルトキストがCIMPLICITY ファイルに関するトレンドマイクロのブログ記事を読んでいた。非常に興奮する内容で、自分たちの大発見のさなかにトレンドマイクロが未知の事実に気づいたことにも腹は立たなかった。「まったく新しい展開でした」ハルトキストは話した。

サンドワームの攻撃先にはふさわしくないと思われていたインフラの標的——ポーランドのエネルギー会社——の意味が突如として理解できた。その6週間前に手がかりを見つけたとき、ハッカーに対する認識は、単なるサイバー犯罪者から国家レベルのサイバースパイへ変わった。そして今回、ハルトキストのそうした認識は、スパイを越えてサイバー戦争へと変わった。「これはもう昔ながらのスパイ活動じゃない。自分たちが目にしているのは攻撃前の偵察だ」ハルトキストはそう考えた。

アフガニスタンとイラクでの経験

ある意味でハルトキストは、アイサイトで見つけるよりも前から、サンドワームのような相手をずっと探していた。サイバーセキュリティ業界にいる多くの人、とりわけ軍隊経験を持つ人と同じように、ハルトキストもサイバー戦争の到来を予期していた。戦争やテロといった旧来のなじみ深い世界に、ハッカーによるデジタルの威力がついに発揮される新時代だ。ハルトキストにとって、これは原点回帰だった。15年前に陸軍へ入隊して以来、敵と言えば、物を爆破したり、インフラを破壊したり、自分や友人や守るべき罪のない民間人を殺したりする冷酷な連中だと学んできた。

ハルトキストは、テネシー州東部の小さな町アルコアで暮らす陸軍の予備役だった。9・11のテロのあと、大学在学中にアフガニスタンでの任務に動員された20歳のハルトキストはカンダハール州の民事部隊に配属された。仕事は、6人のチームでその地方をまわり、村長たちに会って心をつかむことだ。「もちろん、完全武装で行きます」とハルトキストは言い、話のあいだに彼がよくはさむ甲高い笑い声をあげた。「大冒険でしたよ」黒い顎ひげを伸ばすままにしていたので、部隊では〝ティーン・ウルフ〟と呼ばれていた。

制服の肩の徽章《きしょう》には、「vis amplificans vim」という部隊のモットーが記されていた。上官からは、大まかに訳せば〝戦力倍増〟の意味だと聞かされていた。これは、タリバンの追放や殺害という、よりあからさまな任務を遂行するために地元民と関係を築くことを表していた。民事部隊がアメで、歩兵と特殊部隊がムチというわけだ。ハルトキストたちは村の長老たちとの昼食でヤギの肉と薄いパンを食べながら、地元に必要なもの、たとえば井戸はどうでしょう、と尋ねた。「数週間経って村にもどってくると、弾薬庫の隠し場所を教えてくれることもありましたよ」ハルトキストは話した。

戦争の初期、タリバンの大部分は国を離れ、アメリカの侵攻を避けてパキスタンの山間部へ逃げこんでいた。しかし、その後の数カ月で徐々にアフガニスタンへもどりはじめ、暴力行為がまた増える。ある夜、タリバンのゲリラがハルトキストの所属部隊が寝ている建物へ向けて2発のロケット弾を撃った。1発ははずれ、彼方へ飛んでいった。もう1発も幸いなことに爆発せず、爆発物処理班によって信管が取り除かれた。だがわずか数日後、隠されていたタリバンのロケット弾貯蔵庫で突然爆発が起こり、作業中だった同じ処理班の隊員たちが死亡した。ハルトキストの所属部隊は最初に現場に到着し、ばらばらになった仲間の遺体を何時間もかけて回収した。

２００３年のアメリカのイラク侵攻後、ハルトキストは現地へ転属となる。アフガニスタンでの任務は血なまぐさくなるまでに時間がかかったが、イラクではそうした状況がすぐに訪れた。戦いは、ほとんど姿を現さない、隠し爆弾を仕掛ける破壊活動勢力の捜索へ早々に移行した。つまり、ゲリラとのきわめて非対称的な戦いだ。予測不可能で致命的な爆発の繰り返しが、心理的にどれほどこたえるかを、ハルトキストは身をもって知った。軍用車両に乗った仲間の部隊が道端に仕掛けられた爆弾にやられたとき、ハルトキストは爆発で生き残ったふたりに応急処置と点滴を施した。この勇敢な行為に対して、ハルトキストはのちに陸軍称揚章を受けた。

しかし、車両の銃座にいた機関銃手はその爆発で即死した。爆弾が炸裂《さくれつ》したとき、発射器にすばやく装塡《そうてん》できるようグレネードが胸に引っかけられていた。仲間の体が燃え、グレネードがひとつひとつ爆発していく音をハルトキストはいまでも覚えている。

国務省のサイバーセキュリティ担当者に

ハルトキストは軍務を全うすると、帰国して大学へもどった。卒業後は、ニュージャージー州フォートディックスの軍施設で心理戦術について教えた。それから、9・11以後に全米に設置された情報共有分析センター（ＩＳＡＣ）へ転職し、起こりうるテロの脅威に対処することになった。配属先では、幹線道路の安全、のちには水道システムや鉄道の安全に取り組み、たとえば、大型車が群衆に突っこんだり、乗り物の貨物室に爆弾を仕掛けられたりといった、ぞっとするようなシナリオへの対策を検討した。スリランカではすでにそのような事例があり、ハルトキストはそれについて研究していた。

ハルトキストがデジタル上のセキュリティの脅威にふれたのは、２００６年に情報分析担当者として国務省と契約してからだ。当時は、中国の国家支援によるサイバースパイ工作がアメリカの国家安全保障、さらには商業的優位性への深刻な問題として注目されつつあった。２０００年代半ばには、中国人民解放軍のために働くサイバースパイによる一連の侵入事件〝タイタン・レイン〟があり、ロッキード・マーティン、サンディア国立研究所、アメリカ航空宇宙局（ＮＡＳＡ）が被害を受けた。当初は、毎週のように中国のスパイ活動に関する報告があがっていた。スパイは、標的である防衛関連の請負業者やテック企業のネットワークに侵入していた。「連中はアメリカのあらゆる知的財産を集めて、注目も集めていたわけです」ハルトキストは中国のハッカーのことをそう話した。

最初の数年間、アメリカ政府内で国の支援を受けたサイバースパイを追いかけるなかで、ハルトキストはそれとはちがう、あまり注目されていないサイバー攻撃に興味を引かれる。陸軍やＩＳＡＣでテロリストや暴徒を出し抜こうとしていたハルトキストにとって自然と目が向くのは、スパイ活動ではなく、敵に精神的なダメージを与えたり、民間設備の操業を停止させたり、混乱を引き起こしたりできる脅威だった。

たとえば、２００７年にエストニアは、いずれもロシアからと思われる前例がないほど大規模なＤＤｏＳ攻撃を受けた。少数派のロシア系住民が暴動を起こし、それをエストニアの警察が取り締まると、エストニア政府、メディア、銀行のサイトへジャンクトラフィックが大量に送られ、何日間も接続不能となった。世界でも過去に例がないほど組織化された猛攻撃だった。翌年、同じく旧ソ連を構成していた隣国ジョージアとロシアのあいだで戦争が勃発した際にも、ジョージアの政府とメディアに対して激しいサイバー攻撃があった。ハルトキストには、旧来の物理的攻撃と大量のデジタル妨害攻撃を組み合わせる手法をロシアが試しているように感じられた。

当時のハルトキストは、ほとんど傍観者だった。エストニアとジョージアへのサイバー攻撃を調べ、それを突き止めた研究者に会い、政府高官へ説明はした。だが、中国のハッカーが国家機密や知的財産を大量に盗み出すことのほうがアメリカの国益にとってはるかに差し迫った脅威と思われていたため、高官たちにほとんど関心を持ってもらえなかった。

数年以上が経ち、アイサイトがサンドワームを発見したことによって、ハルトキストははるかに進化したロシアとのサイバー戦争で、最前線に立つことになった。ロシアがウクライナへ侵攻しているさなか、ロシアのハッカー集団が、巧妙な侵入ツールを使ってウクライナのインフラへはいりこみ、前線から数百マイル離れた市民社会の基盤を攻撃する土台を築いているかもしれなかった。ハルトキストは、工場が操業を停止したり、交通機関が麻痺《まひ》したり、停電が起こったりする光景を思い浮かべた。

サンドワームの目的がハルトキストのなかで明確になると、陸軍の民事部隊にいたときの〝戦力倍増（vis amplificans vim）〟というモットーが、10年以上の時を越えて頭によみがえった。

国土安全保障省、ついに動く

トレンドマイクロのレポートを読んだあと、ハルトキストはさらに興味が湧いた。心のなかで、サンドワームが悩ましい謎から、めったに経験することのない危険な地政学的現象に変化した。同僚の分析員、記者、セキュリティ業界の関係者、ワシントンＤＣの情報機関の関係者と話すときには、サンドワームのことをたえず持ち出した。オフィスでのハロウィンパーティーでは、子供が遊びに使う緑のトンネルでサンドワームのコスチュームをつくった。このこだわりペットの内輪ジョークは、おそらく一部の人にしかわからなかっただろう。

「サンドワームはわたしのお気に入りでした」ハルトキストはそう無邪気に言った。

　アイサイトが発見した当初は盛りあがったものの、サンドワーム研究会のメンバーが増えないことにハルトキストは苛立《いらだ》ちを覚えていた。さしあたり、主流メディアの興味はほぼ尽きたようだった。インフラ攻撃と技術的に複雑なつながりが漠然とあるだけではじゅうぶんではなかったらしく、アイサイトが最初にサンドワームのゼロデイとデューンの手がかりを発表したときの注目にはほど遠かった。

だが、ハルトキストはこの時点では知らなかったものの、ほかにもサンドワームを追跡する者がいて、さまざまな情報をもとに、この集団の正体を明かそうとしていた。

サンドワームとインフラ攻撃のつながりに関するトレンドマイクロの報告書が発表されてから13日後、米国土安全保障省の一部門である産業用制御システムサイバー緊急事態対応チーム（ＩＣＳ‐ＣＥＲＴ）が独自の報告書を公表した。[1] ＩＣＳ‐ＣＥＲＴはインフラに特化したアメリカ政府のサイバーセキュリティ監視機関で、差し迫るデジタルセキュリティの脅威を国民へ警告する役割を担い、電気・水道などの公益事業と深いかかわりがある。おそらくアイサイトとトレンドマイクロの調査が引き金となって、ようやくＩＣＳ‐ＣＥＲＴはハルトキストが最も恐れていたサンドワームの魔の手に気づいた。

その報告書によると、サンドワームはトレンドマイクロが指摘したゼネラル・エレクトリックのCIMPLICITYのほかに、主要ベンダー2社、シーメンスとAvantech/Broadwinが販売する同様のソフトウェアをハッキングするツールも作成していたという。産業用制御システムへの侵入は、早くも２０１１年にははじまり、サンドワームが発見された14年9月ごろまでつづいていた。ハッカーは標的とする複数の重要なインフラへの侵入に成功したが、具体名は報告書に記されていなかった。報告を読むかぎり、この工作は偵察の段階に達しただけで、実際に破壊活動に及んではいなかった。

アイサイトの分析員は、その報告書をセキュリティ業界の情報源とていねいに突き合わせ、すぐに言外の意味を読み取った。サンドワームはウクライナやポーランド以外のインフラも標的としていた。侵入先はアメリカのインフラだった。

最初の痕跡を見つけてから2カ月も経たないうちに、ハルトキストのサンドワームへの認識はまたしても変わった。「国際的な組織がゼロデイ脆弱性を利用して、アメリカの重要インフラへ故意に侵入を試みていたわけです」ハルトキストは言う。「わたしたちは地球の裏側でスパイ活動をする集団を見つけ、その連中のツールをくわしく調べました。それは、まちがいなくアメリカの脅威となるものだったのです」

サンドワーム、地中へもどる

サンドワームがロシアとつながりを持つ完全装備のインフラハッキング集団で、全世界への攻撃を計画していることが明らかとなったが、世間の注目はハルトキストが考えていたほどではなかった。ホワイトハウスの公式声明もなかった。セキュリティやインフラ業界の専門メディアはこのニュースで一時ざわついたが、すぐにほかの話題へ移った。「だれも興味を示さない添え物扱いでした」ハルトキストは珍しく苦々しさをこめてそう話した。

だが、そうしたわずかながらの注目は、ある者のもとには届いた。サンドワームである。すべての調査報告書が出たあとに、アイサイトがマルウェアと結びついているサーバを再度調べたところ、すでにオフラインになっていた。15年初頭には、同じ作者がつくったと思われる別の BlackEnergy を見つけたが、作戦のコードネームはデューン関連のものではなかった。その後、そのような明確な痕跡が見つかることは二度となかった。この集団は、SF趣味を明かす愚からすでに学んでいた。

こうしてサンドワームは地中へもどった。このあと1年は、地表へふたたび姿を現さない。つぎに現れるときには、偵察に重点を置かず、攻撃態勢にはいっていた。

5　スターライト・メディア

ウクライナのテレビ局でサーバが2台同時にダウン

２０１５年10月の穏やかな日曜日。その1年少しあと、オレクシー・ヤシンスキーは停電した街をキッチンの窓からながめることになるのだが、その朝はキーウの高層アパートメントで同じ窓のそばにすわり、紅茶を飲み、コーンフレークを食べていた。そこへ突然、会社のＩＴ管理者から電話がかかってきた。

当時ヤシンスキーは、ウクライナ最大のテレビ放送コングロマリット、スターライト・メディアの情報セキュリティ責任者だった。昨晩、会社のサーバ2台がなぜかオフラインになったという。緊急事態ではない、とその部下は請け合った。サーバもバックアップによってすでに復旧ずみだった。

だが、事情をさらにくわしく訊《き》くと、ヤシンスキーはたちまち不安を覚えた。2台のサーバはほぼ同時にダウンしていた。「1台の停止ならわかるけれど、2台同時に？　怪しいな」

週末の休日をあきらめ、ヤシンスキーは会社へ向かった。長いエスカレーターでおりていく先は世界でも有数の深さのキーウの地下鉄だ。そこは冷戦時代に防空壕《ぼうくうごう》としての利用も想定して設計された。地下で40分過ごしたあと、ヤシンスキーは涼しい秋空のキーウ中心部へ出た。景色のよい道を進み、タラス・シェフチェンコ公園と隣の大学キャンパスを通る。ストリートミュージシャンやデート中の大学生、葉が色づきはじめた植物園の横を歩いていると、東部で勃発した陰鬱《いんうつ》な戦争が遠くの出来事のように感じられた。

ヤシンスキーは静かな通りに面した5階建てのスターライト・メディアビルに到着した。オフィスでＩＴ管理者たちと破損したサーバ1台ぶんのイメージファイル、つまり、すべてのデータを複製したデジタルレプリカを調べはじめた。サーバの停止は事故ではないというヤシンスキーの直感は正しかった。サーバのマスターブートレコード（ハードディスクにある最も基本的な頭脳で、コンピュータにOSの場所を伝える）は、すべて「0」で上書きされていた。しかも、リセットされたその2台のサーバはランダムに選ばれたわけではなかった。2台はドメインコントローラであり、社内のネットワーク上にある何百台ものマシンにアクセスできる強力な権限を持つコンピュータだった。

　2台のサーバ以外にも被害が及んでいることに、ヤシンスキーはすぐに気づいた。この2台はデータが消去される前に、従業員のノートパソコン13台にマルウェアを仕掛けていた。朝の番組のスタッフがキーウの地方選挙のニュースを準備していたところ、突然パソコンが真っ黒の画面になり、無用の塊と化した。感染したパソコンのハードディスクは、サーバと同じく、ブートレコードが上書きされていた。

　それでも、会社は運がよかったとヤシンスキーは気づいた。というのも、社内ネットワークの記録を見ると、ドメインコントローラは予定よりも早く自滅したようだ。本来ならさらに２００台のパソコンが感染し破壊させられるところだった。何者かが社内ネットワークの中枢に論理爆弾（訳注：条件が満たされると作動する時限爆弾型の悪質なプログラム）を慎重に仕掛け、可能なかぎり大きな混乱を引き起こそうとしていたのだ。

　ヤシンスキーはバックアップデータから破壊的なマルウェアのコピーをなんとか取り出し、その夜、キーウ北部の自宅で精査した。コードは何層にもわたって難読化されており、マルウェアはあらゆるウイルス対策ソフトを回避していた。それどころか、マイクロソフトのウイルス対策ソフト「ウィンドウズ・ディフェンダー」になりすましていた。家族が寝たあと、ヤシンスキーはコードを印刷した紙をキッチンのテーブルと床にひろげ、偽装された文字列を二重線で消し、コマンドに蛍光ペンを引いて、マルウェアの真の姿をたしかめようとした。

ヤシンスキーはセキュリティ業界で20年間仕事をしてきた。陸軍での兵役のあと、ウクライナ最大の通信会社キーウスターでセキュリティ分析員として13年間勤務した。巨大ネットワークを管理し、巧妙なサイバー犯罪者たちを撃退した。だが、そんなヤシンスキーでさえ、これほどうまく隠され、標的に狙いを定めたデジタル兵器は分析したことがなかった。

セキュリティ研究者としてヤシンスキーは、情報セキュリティ問題への自身の冷静で科学的なアプローチを誇りにしてきた。敵の心理に執着することなく、サイバー防衛の実践的な手段を掘りさげてきた。だが、スターライトのネットワークを通じてサンドワームの痕跡をたどるうちに、これまで見たこともない洗練された敵に直面していることに気づいた。

ソ連時代のキーウでプログラミングと出会う

子供のころから、ヤシンスキーは直感として理解していた。デジタルは現実世界に劣らずリアルであり、生と死も、同じくらいデジタルの世界に左右されかねない、と。

１９８５年、まだソビエト連邦だったキーウで育った9歳のヤシンスキーは、毛布のなかに政府発行の雑誌《若者の技術》と、懐中電灯、宝物のＭＫ‐61計算機をこっそりと持ちこんだ。ページをめくり、架空のソ連人宇宙飛行士、コルシュノフとペレピョルキンの果てしない冒険譚《ぼうけんたん》に没頭した。ふたりは運命のいたずらによって、短距離用の月面輸送車しかない月面で立ち往生していた。さらに悪いことに、燃料は少なく、電子誘導システムもない。毛布にくるまったヤシンスキーの秘密の任務は、雑誌に書かれたコマンドをプログラム可能な計算機に打ちこんで、ふたりを地球へ帰還させることだった。

「なす術《すべ》なく宇宙に取り残されたふたりの命は、この小さな少年にかかっていた」ヤシンスキーは雑誌でこのように述べ、はじめてのプログラミング経験が強烈だったと説明している。

> 雑誌の黄色いページに印刷された、きれいに並んだ謎めいた文字の意味が当時はまだわからなかった。まるで魔法使いの写本か何かから破り取られたページのようだった。わたしは計算機のなめらかな灰色のキーを押して、新たな冒険を楽しみに待った。その当時でさえ、これはまったく異なる世界への鍵、いや、より正確に言えば、みずからつくり出せる無数の世界への鍵だ、と理解していた。

ヤシンスキーは、フルシチョフの時代に建てられたソ連の典型的な5階建て団地のふた間部屋で育った。両親はともにエンジニアだった。父親はレコードプレーヤーの工場で働き、母親は大学で航空宇宙用金属の研究をしていた。自身で話すとおり、ヤシンスキーはいかにもソ連らしい子供時代を過ごした。通学時にはレーニンの「共産主義少年団《ピオネール》」の象徴となっている赤いスカーフの制服を誇らしげに身につけ、友人たちと団地の中庭で遊び、たまにサッカーボールで近所の窓を割っていた。記憶では、自宅で政治の話をすることはなかった。曾祖《そうそ》父母《ふぼ》のもとへ秘密警察がやってきた話を両親がキッチンで話すのを少し聞いたことがあったが、近所の人たちの盗み聞きを恐れ、ふたりは会話をすぐにやめた。

学校は、ＭＫ－61計算機で解き明かす冒険ほどおもしろくはなかった。計算機はヤシンスキーにとってはじめてのコンピュータだった。当時は、AppleIIや任天堂のゲーム機といった西側諸国の商品が鉄のカーテンをまだ突破していなかった。しかし、ヤシンスキーが12歳ぐらいのころ、父親がシンクレアのコンピュータ「スペクトラム」の部品を苦労して集め、組み立ててくれた。ヤシンスキーにはすさまじいグレードアップだ。地元の無線機売場で見つけたマニュアルのコピーを何時間もかけて丹念に読みこみ、ＢＡＳＩＣ（のちにはアセンブリ）でコードを書き、ワイヤーフレームの宇宙船のドット絵で画面をいっぱいにした。

とはいえ、コンピュータへの異常な関心が趣味から仕事に変わった理由は、プログラミングではなく、リバースエンジニアリングだったとヤシンスキーは考えている。古いシューティングゲームのコードを数バイトぶん変更するだけで、残り機数や弾薬を無限に増やせることがわかったからだ。彼にとって、そうした単純なハッキング行為は、くだらないゲームでただ不正《チート》をする手段ではなかった。むしろ、現実そのものをつくり変える新しい力を手に入れたように感じた。「世界をひっくり返したんです。わたしは画面の向こう側へはいっていったんですよ」ヤシンスキーはそう振り返った。

この力がデジタルの世界を変えられるなら、現実の世界もコントロールできるはずだと直感的にわかった。「世界はこの目で見ているものではないことに気づきました。ハッキングは残り機数を増やすことじゃありません。自分がいるこの世界を変えることだったんです」

独立後のウクライナでサイバーセキュリティの道へ

ところが１９８０年代後半、ゴルバチョフの「情報公開《グラスノスチ》」政策によって、西側諸国の娯楽が大量に押し寄せた。ヤシンスキーとティーンエージャーの友人たちにとって、世界のマスメディアの流入はジャン＝クロード・ヴァン・ダムとブルース・リーのカンフー映画という形をとった。そのため、一時はコンピュータよりも空手と柔道に夢中になった。ヤシンスキーには武術の才能もあり、93年には空手でウクライナ（訳注：91年にソ連崩壊により独立）の全国選手権に出場するほどだった。しかし、トーナメントの試合で対戦相手に膝《ひざ》の下を反則蹴《はんそくげ》りされて脚の後ろの靭帯《じんたい》を切り、短い格闘技人生を終えた。「幸いにも、わたしにはまだアセンブリがあった」とヤシンスキーは雑誌で述べている。

　キーウ工科大学でコンピュータサイエンスを2年間学んだあと、陸軍に徴兵された。軍隊での1年半は、規律、組織、自信、骨の折れるつらい仕事を教わる長い授業だった。「兵士の親友はシャベルだ。兵士はいいぞ」上官にはそう叩きこまれた。わずかな人格形成を別にすれば、軍隊ではベッドメイキング以外は何も学ばなかった。

　兵役のあと、ヤシンスキーは大学でのコンピュータサイエンスの研究へようやくもどる。そこで、勃興しつつある新しい分野に出会う。世界には隠された構造があり、それを動かす手段があるというヤシンスキーの感覚に訴えかけてきたのは、サイバーセキュリティだった。

　大学では最低限の基礎だけを学んだ。卒業後すぐに、当時ウクライナ最大の通信会社だったキーウスターに就職した。ここでの仕事が本人にとって真の教育となる。秘密保持契約のためにその仕事内容を知ることはできないが、ヤシンスキーは詐欺などに対処する班で働き、警察の相談にのることもあったらしい。また、この仕事は膨大なデータをふるいにかけることで、知的で悪意を持った相手と戦うことを学んだ最初の経験だった。「まるで『マトリックス』の世界です。数字を見れば、人間の実際の行動がわかるんですから」

6年後、ヤシンスキーは純然たるデジタルの世界に移り、同様に追いつ追われつの戦いをつづけた。追いかけるのは、生身の犯罪者ではなく、キーウスターのシステムを悪用しようとするハッカーだった。2000年代の終盤、ハッカーの犯罪は場あたり的なものから高度に組織化された詐欺工作へ移りつつあった。気がつくと、ヤシンスキーは10代のころに夢中になったのと同じリバースエンジニアリングに取り組んでいた。だが今回は、単なるゲームのコードを解析するのではなく、会社のネットワークに巣くう寄生虫の目的をたしかめるために、その巧妙な侵入とマルウェアを解析していた。

いたちごっこがエスカレートしても、それはフェアな戦いのように思えた。サイバーセキュリティでは攻撃側が有利だ。侵入口は防御側が守れる数よりも多く、熟練したハッカーならひとつあればじゅうぶんだ。それでも、ほとんどの犯罪工作は小規模であり、それに対処するのはよく組織化された企業のセキュリティチームで、侵入を特定して被害を抑えられた。

その後、ヤシンスキーがスターライト・メディアのセキュリティ責任者になってすぐに、ウクライナとロシアのあいだで紛争がはじまった。気がつけば、会社もウクライナも全世界もまだ準備ができていない新しい形の戦いにヤシンスキーは直面していた。

ついに突き止めたデータ破壊ツール

２０１５年の秋になっても、その戦いの規模はようとして知れなかった。ヤシンスキーは何日もかけて、スターライトへの不可解な攻撃に関する基本的事実をたしかめようとした。難読化されたコード、すなわち会社のネットワークをあやうく破壊しかけたデジタル版の簡易爆弾をバックアップから取り出し、解析を試みた。ありとあらゆる隠蔽《いんぺい》や偽装の下から現れたのは、KillDisk と呼ばれるマルウェアだった。その10年ほど前からハッカーのあいだで出まわっていたデータ破壊ツールだ*。

この破壊的なプログラムの会社のシステムへの侵入方法がわかるのは、何週間もあとのことになる。ヤシンスキーは同僚ふたりとチームになり、会社のネットワークログを何度も徹底的に調べ、夜も週末も関係なく働いて、よりこまかな条件でデータを解析し、手がかりを探した。

不正にアクセスされた会社のユーチューブのアカウント、担当者の病欠時にログインされた管理者用ネットワークなど、ハッカーの存在を示す証拠が見つかりはじめた。ヤシンスキーのチームは底しれぬ恐怖を感じながら、侵入者が攻撃をはじめる何週間も前から会社のネットワークに潜んでいた証拠を突き止めていった。別の手がかりから、侵入は３カ月前だったことがわかり、のちにはそれが半年前になった。

ついに、ハッカーに最初の足がかりを与え、感染した添付ファイルを介して社員のパソコンに侵入させたマルウェアを特定した。このマルウェアも、アイサイトが1年前にサンドワームと関連づけたものと同じく、BlackEnergy の一種だった。しかし今回は、ウイルス対策ソフトを回避するよう書き換えられていて、ハッカーが同じネットワーク上のほかのマシンにも広く侵入し、KillDisk を実行してデータを消去できる新しいモジュールが含まれていた。

会社が被害を受けた経緯を示す科学的証拠をヤシンスキーが調べていると、同業他社や政府の関係者からも、ほぼ同じ手法でハッキングされたという情報がはいってきた。競合するメディア企業ＴＲＫの被害は深刻で、KillDisk 攻撃によって１００台以上のコンピュータを失った。ウクライナ最大の鉄道会社ウクルザリズヌィーツャも攻撃された。のちには、キーウの空の玄関口ボルィースピリ国際空港への攻撃も明らかになった。ほかにも、被害に遭ったことを内密にしてほしいとヤシンスキーに言ってくるところもあった。ハッカーはアクセスと偵察には万能のマルウェア BlackEnergy を、データの破壊には KillDisk を毎回使った。動機は不明のままだったが、痕跡はいたるところに残されていた。

「前へ進むごとに、わがタイタニック号が氷山を見つけたのがはっきりとしたんです。深みを見れば見るほど、氷山はますます大きくなりました」とヤシンスキーは話した。

＊セキュリティ研究家マイケル・ゴーデカーとセキュリティ企業ＳＯＣプライムの代表アンドレイ・ベズベリは、スターライト・メディアの調査に深くかかわったと語っている。しかし、ヤシンスキーはこれを否定し、ベズベリと一部の情報を共有したり、ＳＯＣプライムからツールの提供を受けたりはしたが、スターライトの分析結果に両者は貢献していないと話している。

6　ホロドモールからチョルノービリまで

ロシアとウクライナ共通の祖国、キエフ大公国

この時点ではまだ知らないが、ヤシンスキーはウクライナの長く過酷な歴史を特徴づけてきた出来事の真っ只中《ただなか》にいた。外国からの侵略だ。

ウクライナが世界初の本格的なサイバー戦争の戦場となる理由を理解するには、１０００年にわたる紛争と支配の歴史を振り返るのが役立つ。ウクライナはヨーロッパとアジアがぶつかる最も血なまぐさい場所だ。過去１０００年のあいだに、モンゴルの遊牧民には東から、リトアニアの異教徒とポーランドの帝国主義者には西から侵入された。「ウクライナ」という国名自体が、スラブ語の「国境地帯」に由来している[*1]。その存在は、隣り合う強大な国々

にはさまれた立地に左右されてきた。だが、ウクライナの永久不変の敵はひとつしかない。長大な国境を共有するだけでなく、大半の歴史と文化も共有する国――より大きく、より攻撃的で、同じ母から生まれた疎遠な兄――ロシアだ。

　ロシアとウクライナ、ふたつの文明の起源をたどると、共通の祖国として、中世に繁栄をきわめたキエフ大公国に行き着く。この国は10世紀にキーウ（キエフ）を中心に形成され、王ヴォロディミル1世が国民を異教からギリシャ正教にやや独断的に改宗させたあと、ヨーロッパ文化の東の前衛地となった。ウクライナ人が好んで話すとおり、１０３７年にヴォロディミルの息子、ヤロスラフ賢公がキーウの象徴となる聖ソフィア大聖堂を建てたとき、モスクワはまだヴォルガ川のほとりにある森のような存在だった。

　しかし、地勢はウクライナにまったく有利ではなかった。13世紀、キエフ大公国は残忍なモンゴル軍に滅ぼされる。チンギス＝ハンの孫のひとりバトゥに率いられた騎馬軍団が、守りようのないステップ地帯を抜けてウラル山脈から南西に侵入した。長い包囲戦のあと、侵略者はキーウの住民を虐殺し、何百もの教会を焼き払い、城壁を完全に打ち壊した。

　ロシア人によると、この大規模な破壊によって、キエフ大公国の初期スラブ社会の難民たちがモスクワへ移り、そこでロシア人となったという。ウクライナ人に言わせると、自分たちが最初に定住したのは黒海北部の広々とした肥《ひ》沃《よく》な黒土の地域で、ウクライナの文化はそこで静かに育ち、外国人――モンゴル、ポーランド、トルコ、タタール、最後はロシアも――がとめどなく押し寄せたにもかかわらず、その文化に組み入れられずに何世紀も生きながらえてきた。

三つ巴の戦いとなったウクライナの内戦

その後１９９０年代にはいるまで、実際に独立を試みたウクライナは、激戦をともなう痛ましい失敗をつづけることになる。過去１０００年で、ウクライナの自己統治への希望は３度高まり、３度潰《つい》えた。ステップ地帯に住む武装自治集団ウクライナコサックによる17世紀の反乱、１９１７年のロシアのボルシェビキ革命後に起こる内戦、第２次世界大戦中にナチス占領軍と誤った同盟を結んだために起こる内戦の3回だ。アンナ・リードが『国境地帯ウクライナの歴史をめぐる旅』で書いているように、ウクライナの反乱はつねに「暴力と血にまみれていたが、何よりも短い」ものだった。20世紀初頭までに、ウクライナ、あるいは〝ウクライナ地方〟――国ではなく地域にすぎないと考えられていた――はロシア帝国の領土となり、俗に「南西ロシア」あるいは「小ロシア」と呼ばれた。[2]

暗黒時代がつづくウクライナの歴史だが、最大の恐怖がやってきたのは、20世紀、つまり、ロシアに支配された時期と言えるかもしれない。第１次世界大戦では３５０万人のウクライナ人が徴兵され、ロシアの支配者のために戦った。ボルシェビキ主義がロシアを席巻《せっけん》し、戦争から撤退したあとも、ウクライナの独立勢力、ロシアの帝政になおも忠誠を誓う「白軍」、そしてウラジーミル・レーニンの「赤軍」、という三つ巴《どもえ》の勢力が何年も戦いを繰りひろげた。[3]

内戦は、第１次世界大戦以上にウクライナの地を見境のない悲劇的な混乱へ導いた。あらゆる陣営の兵士やゲリラが民間人に残虐行為をおこなった。そのなかにはユダヤ人を標的にした多くの集団虐殺も含まれ、世界じゅうに離散した多くのユダヤ人のあいだでは、〝コサック〟は〝殺人者〟の代名詞となっている。１９１４年から１９２１年の悲惨な時期には、合わせて１５０万人のウクライナ人が殺された。[4]

３９０万人の死者が出た〝ホロドモール〟

ところが、このあとの大戦と大戦のはざまの10年間は、さらに許しがたい弾圧の記憶として、いまも多くのウクライナ人の心に刻みこまれている。ソビエト政府がウクライナで飢《き》饉《きん》を人為的に起こし、３９０万人もの死者が出たのだ。[5]この想像を絶する悲劇は、今日では〝ホロドモール〟と呼ばれている。ウクライナ語の「飢饉」と「絶滅」を合わせたことばだ。

飢餓は単なる搾取からはじまる。ウクライナの肥沃な黒土は、ロシアの魅力的な穀倉地帯だった。１９１７年から１９２２年の内戦の期間、ロシアは戦時の食糧不足を抑えるために、集められるかぎりの穀物を銃で脅して押収した。「すべての労力、すべての革命的手段を用いて、穀物、穀物、穀物をもっと送りたまえ！」１９１８年、レーニンはウクライナにいるソビエト軍へ送った電報でそう書いている。[6]ＫＧＢとして知られるソビエトの秘密警察は、最初はチェーカー、のちに統合国家政治保安部（ＯＧＰＵ）と呼ばれたが、この組織が結成された理由のひとつは、ウクライナの農民からなんとしてでも穀物を略奪するためだった。[7]アメリカ救援局の職員が食糧危機を救うためにロシアへ派遣されたときにも、ソビエト軍はウクライナには立ち入らせず、ウクライナが最も深刻な食糧不足に直面していることを覆い隠した。[8]

　１９３２年までに、ソビエト連邦は飢餓をさらに目的にかなった支配の手段にする。当時のスターリンが統治するソ連は、農業集団化を強要し、何世代にもわたって所有していた土地から共同所有の農場へ農民を移動させた。同時に、クラークと呼ばれる富農に階級反逆者の烙印《らくいん》を押し、追放、投獄、虐殺の対象とした。当然のことながら食糧生産は大幅に不足したが、ソ連はウクライナの農民からの穀物の押収を可能なかぎりただ増やすだけだった。[9]その際にはフックや釘のついた棒を使い、壁の裏、床下、家の外の地面のなかまで、隠された食糧を徹底的に探した。[10]押収した穀物は鍵のついた倉庫に積みあげた。ＯＧＰＵの警備員が野外を見張り、侵入者は見つけしだい撃たれた。

ウクライナの農民は、各所でこれに抵抗する。家畜を集団農場へ送らずに殺したり、武器を手にとってゲリラを組織したりした。こうした行為は、スターリンに対してウクライナのナショナリストの反乱への被害妄想的な恐れを煽っただけであり、少し前にこの国の自由の戦士と戦ったボリシェビキの記憶を呼び覚ました。そのため、飢餓はウクライナ滅亡の原因となるだけでなく、すぐに最終解決策にもなった。ソビエト政府はウクライナ国民が服従するまでただ飢えさせたのだ。[11]

ソビエト政府は移動を制限し、飢えた農民がほかの地域や国へ逃げられないようにした。[12]死体が鉄道の駅や道路脇に山積みにされた。歴史家アン・アップルバウムがホロドモールについて書いた『赤い飢饉』（未邦訳）には、瀕死《ひんし》の農民が革や牧草、ネズミを食べ、飢えの極限状態では自分の子供まで食べた話が紹介されている。[13]そうしたすべての出来事が世界で最も肥沃な穀倉地帯のひとつで起こったのだ。

結果として、当時のウクライナの人口の約13パーセントが死亡し、その時代を生き抜いた人々もそろって心に傷を受けた。その10年後にホロコーストで親族を49人亡くし、のちに〝ジェノサイド〟という造語をはじめて使ったポーランド系ユダヤ人弁護士のラファエル・レムキンは、１９５３年におこなわれたニューヨークの演説で、ホロドモールをその典型例にあげて、こう話している。[14]「これはただの大量虐殺の事例ではありません。人間を殺すだけではなく、文化や民族まで絶滅させるジェノサイドの事例なのです[15]」

スターリンにも、ヒトラーにも蹂躙される

ウクライナの最大の不幸は、ロシアの影から逃れられないことに加えて、東側諸国と西側諸国の戦場となる運命だったことだ。第２次世界大戦も例外ではない。赤軍とヒトラーの戦いは20年前の内戦を血なまぐさく再現するかのように、ウクライナを３つの勢力に分けた。スターリン時代よりもましな生活を送りたいというむなしい望みを持つナチス支持派と、ソビエト軍に徴集された兵と、ウクライナ独立のためにむなしく戦う少数の者だ。

実際のところ、ソビエトの残虐行為はナチスが来るよりも前、独ソ不可侵条約を結んでいた短い期間にはじまる。１９３９年にヒトラーがポーランドを占領すると、それまでポーランドが支配していたウクライナ西部のガリツィアという地域が、突如モスクワの手に落ちる。スターリンとその配下であるウクライナ共産党のニキータ・フルシチョフは、ポーランド人、ユダヤ人、弁護士、聖職者、集団農場に反対する農民、政府官僚などソ連への編入に抵抗するおそれのある者を、すぐさまその地域から追放した。[16]

80万人から１６０万人の人々が逮捕され、カザフスタンとシベリアにある強制労働収容所

に送られた。これは、この地域の人口の5分の1ほどになる。[17] 2年後、ヒトラーが独ソ不可侵条約を破棄して奇襲的に侵攻してくると、ソビエト軍はまだ強制移送していないウクライナ人捕虜を急いで虐殺してから、東へ逃げ去った。

　その後の数年間は、こんどはナチスがウクライナを残忍に扱う番となる。ヒトラーの軍が東へ進むと、親衛隊《SS》もそれにつづき、見つけ出せるかぎりのユダヤ人民間人を殺害した。ほとんどは列車で強制収容所へ送られることもなく、銃殺隊に殺され、死体は集団墓地へ投げこまれた。ドイツ人を歓迎し、ホロコーストに協力するウクライナ人もまた、スラブ人、ロシア人、ウクライナ人はみな同じく〝劣等人種《ウンターメンシュ》〟として扱われるという仕打ちを受けた。ナチスはソ連市民を280万人検挙したが、そのうちの200万人以上がウクライナ人で、逮捕後はドイツへ送られ、工場でひどい低賃金で働かされた。[18]

　1943年に赤軍がスターリングラードで多大な犠牲を払って――100万人以上のソ連兵が死傷した――勝利し、戦局を逆転させてからも、ナチスは集団殺戮《さつりく》をつづけ、西へ死の行進をさせられた200万人のソ連兵捕虜が餓死した。[19] 第2次世界大戦では、ウクライナ人の6人に1人、ロシア人のおよそ8人に1人が死亡している。ソ連全土では合計2660万人という驚異的な死者数で、これは戦争の歴史のなかでも突出した数字である。[20]

　戦後の数十年間、ソ連によるウクライナの扱いは、従属国へのよりゆるやかな弾圧に落ち着く。スターリンの恐怖政治の晩年とそれに代わってフルシチョフが台頭する１９５０年代、ウクライナは、ソ連を構成するほかのどの共和国よりも多くの住民を強制労働収容所に送られた。[21] 60年代から70年代にかけて、人権擁護団体ヘルシンキグループのウクライナ支部などの活動家グループがウクライナの言語と文化を守るために戦ったが、すぐに逮捕され、シベリアの強制労働収容所で窮乏と絶望の生活を送る羽目になった。

１９８０年代とゴルバチョフの登場は、８００年ぶりにウクライナが独立する端緒を開いた。しかしその独立の前に、ソビエト支配の形見が未来永劫《えいごう》残されることになる。

チョルノービリ原発事故後の悲劇

１９８６年4月25日の夜、ウクライナ北部の人口5万人の町プリピャチに近いチョルノービリ（チェルノブイリ）原子力発電所で、エンジニアたちがある実験をおこなっていた。[22] この実験は、電源の完全喪失時に原子炉がどれくらい作動しつづけるかを調べるためのものだった。0時過ぎ、緊急時に炉心を水で冷却するシステムを停止し、実験を開始した。

このあと正確に何が起こったのかは、今日でも科学者のあいだで意見が分かれている。[23] 午前1時23分、大規模な爆発――おそらく蒸気圧が突然上昇して爆発したか、核爆発がその蒸気爆発を引き起こした――が建屋を吹き飛ばして、原子炉の炉心を破壊し、エンジニア２名が死亡した。噴出した放射性物質はたちまち約１０００メートル上空まで達した。[24]

消防士は炎上する発電所を消火するために現場へ駆けつけるが、その多くが知らぬ間に致死量の放射線に被曝《ひばく》した。それだけでなく、プリピャチ周辺の住民に対して、当局はなんの警告も出さなかった。[25]ほんの数キロ下流の町では、住民がメルトダウンからの放射性降下物に気づかずに、土曜の日課をこなしていた。36時間後、共産党幹部はようやく住民を避難させはじめたが、発電所から約10キロ圏内のかぎられた範囲だけだった。すでに放射性雲《プルーム》は大気を通じてスウェーデンにまで届くほど拡散していた。それが被害者の健康に目に見えない影響をどれほど与えたのか、いまなおわかっていない。

それから何週間も、モスクワを拠点とする国営通信社は進行中の災害にいっさい言及しなかった。ミハイル・ゴルバチョフ書記長も同様だった。爆発の6日後も、チョルノービリの有毒な雲から核分裂片は降りつづいていた。そんななか、共産党幹部は自分たちの子供は安全のためにクリミア半島へ避難させたが、ウクライナの住民には毎年恒例のメーデーパレードを開催させた。爆発地点から南へわずか１００キロのキーウのフレシャーチク大通りを、多くの子供を含む何千もの人々が花や旗やソビエト指導者たちの肖像画を掲げて行進していた。[26]その指導者たちが、自分たちを史上最悪の産業災害による死の灰にさらしているとは、露ほども知らずに。

＊この解釈は、英語で書かれたほとんどのウクライナの歴史書で見られるが、何人かのウクライナ人は本書の初版を読んだあと、その語源はかなり疑わしいとわたしに指摘した。多くのウクライナ人は、「国境地帯」という訳はロシアのプロパガンダであり、「ウクライナ」のほんとうの由来は、「土地」もしくは「国」を意味する語だと主張している。

7　マイダンからドンバスまで

マイダン革命の現場へ

２０１７年春、わたしはキーウを訪れた。初日の夜、そびえ立つホテル・ウクライナ——ソ連時代はホテル・モスクワという名の高級ホテルだったが、いまでは社会主義の雰囲気が残る安っぽい場所になり果てている——を出て、下のマイダン広場、すなわちウクライナの首都の中央広場へはいった。時差ぼけが解消される間もなく、わたしは〈キーウ創始者たちの記念碑〉の階段のまわりに集まる一団のなかにいた。そこでは、ギターを持った黒い服の男が拳《こぶし》を胸にあて、ウクライナ国歌を歌っている。両側には迷彩服を着た兵士が控えていて、ひとりは暗闇のなかでサングラスをかけていた。

歌っている男の背後には、バラクラバ帽とヘルメットをかぶった親しみを感じさせる顔の写真が並んでいる。あとでわかったことだが、それらの写真は、3年前にまさにこの場所の近くで殺されたウクライナ市民だった。その多くは、わたしがチェックインしたばかりのホテル・ウクライナの最上階からスナイパーに撃たれた。ホテルのロビーも革命側に徴用され、ある場所は負傷した抗議者の野戦病院となり、別の場所は死体安置所となった。

マイダン広場の群衆は大声で国歌を斉唱していた。みな手を胸にあて、なかにはウクライナの国旗を身にまとっている者もいる。歌声には得体の知れない激しさがあり、わたしは鳥肌が立った。「ウクライナの自由はまだ失われていない。栄光も失われていない。わが母国をけっして他国には支配させない」そう歌っていた。わたしはウクライナでの最初の1時間で、戦いをつづける革命後の国家の騒然とする中心部へと足を踏み入れた気がした。

共産主義からクレプトクラシーへ

何世紀にもわたる独立を求める血なまぐさい戦いのあと、ウクライナの自由は1991年にまずやってきた。これはほとんど偶然の出来事だった。ソ連崩壊に呆然《ぼうぜん》とするウクライナ議会は、主権国家となることを投票で決めた。ただし、ウクライナ国内で民族的に最もロシア寄りの東部ドネツク地域だけは、この決定に反対した。[1]

しかし、それからの20年あまり、モスクワはウクライナへの強大な影響力を維持し、両国は共産主義からクレプトクラシー（訳注：少数の権力者が国民や国家の金を収奪する政治体制）へそろって移行した。ウクライナ独立後の最初の13年間に首相、のちに大統領を務めたレオニード・クチマは、たえず無駄な事業で公金を横領し、取り巻き連中へ低利で融資した。２０００年、クチマのボディガードが録音テープを公開した。そのテープでクチマは、キーウ南部の森で遺体として見つかった調査ジャーナリストに対する拷問と殺害について相談し、同様に、不正投票、収賄、サダム・フセインへのレーダーシステムの売却などについても話していた。[2]

腐敗に慣れ、昔から国営ニュースで嘘を流されてきたウクライナ国民には、このクチマゲートをもってしても、大統領を追放させることはできなかった。それどころかクチマの政権は存続し、ヴィクトル・ヤヌコーヴィチを自身の後継者に選んだ。彼はウラジーミル・プーチンと密接な関係を持つオリガルヒで、２００４年の大統領選に立候補する。ヤヌコーヴィチの対立候補ヴィクトル・ユシチェンコはウクライナのナショナリストであり、財務家、改革者として最終的にロシアの支配から国を取りもどすことを約束していた。

変化を察知したクレムリンは、ウクライナの手綱を引き締めることにする。ヤヌコーヴィチを支援するロシアの政治工作員が秘密裏に動きはじめると、すぐにユシチェンコの演説会場は閉鎖され、遊説先へ向かう飛行機の進路が変えられた。さらに選挙の1カ月前、不可解にもユシチェンコはダイオキシン中毒にかかり、死の淵《ふち》をさまよう。かろうじて生き延びたが、皮膚にはひどい痕《あと》が残り、端整な顔が台なしになった。その後、ふたりのロシア人がキーウにあるユシチェンコの選挙対策本部の爆破未遂で逮捕された。

ウクライナの真の独立、オレンジ革命

11月の大統領選挙では、ヤヌコーヴィチの勝利が発表されるも、不正選挙であるのは疑いようもなかった。それまでに、ユシチェンコはダイオキシン中毒から回復して選挙活動にもどり、世論調査では10ポイント以上の差で優勢だった。投票結果の集計前にプーチンがヤヌコーヴィチに祝辞を送ったことからも、不正がおこなわれたのは明らかだった。[3]

ウクライナ国民はもう我慢できなかった。数十万人の人々がキーウの大通りやマイダン広場を埋めつくし、ユシチェンコの選挙運動で使われたオレンジ色のスカーフを振りまわした。大規模な抗議運動に直面したヤヌコーヴィチは1カ月後に辞任した。このオレンジ革命によって、ついにウクライナは真の独立への第一歩を踏み出す。ユシチェンコは翌月に正当な大統領選挙で勝利し、ウクライナの歴史の新時代を宣言した。

だが、ウクライナの政治はそれほど単純ではない。ユシチェンコは世間を沸かせはするが支離滅裂な指導者だとわかり、ユーリヤ・ティモシェンコ首相と対立した。政府は膠着《こうちゃく》状態

に陥り、経済は崩壊する。驚くことに、ここでヤヌコーヴィチが表舞台へ返り咲く。これはロシアの後押しと、のちにドナルド・トランプの選挙対策責任者となるアメリカ人ロビイスト、ポール・マナフォートによるイメージ戦略のおかげもあった。06年から07年まで、ヤヌコーヴィチは最大の宿敵だったユシチェンコのもとで首相さえ務めることになる。10年、ヤヌコーヴィチは大統領選挙でティモシェンコを破り、はじまって５年が経過していたオレンジ革命はここで完全に終焉《しゅうえん》した。[4]

流血の事態となったマイダン革命

ウクライナがもう一度沸き立つまでに４年かかった。大統領としてのヤヌコーヴィチは、クチマよりもさらに強欲で、公然と国庫の金を略奪した。[5] 図々《ずうずう》しいほど腐敗したヤヌコーヴィチの一派〝ファミリー〟は、１０００億ドルもの公金を自分たちの個人口座へ隠した。キーウの北にある、メスィヒリャーと呼ばれるヤヌコーヴィチの私邸はギャングの桃源郷となり、さまざまな種類の珍しい鳥が飼われ、ボウリング場、射撃場、ボクシングのリング、４６５０万ドルのシャンデリアなどを具えていた。

とはいえ、駄目押しとなったのは、汚職ではなく、ヤヌコーヴィチのロシアとの協調関係だった。ユシチェンコ政権のとき、ウクライナはＮＡＴＯの一員となる長い道のりを歩きはじめた。その見通しは、まちがいなくプーチンを激昂《げきこう》させ、恐れさせた。ウクライナ人のヨーロッパに対する希望は、ヤヌコーヴィチ政権下でも欧州連合（ＥＵ）と締結する連合協定の形でまだ残っていた。西側入りへの最初の一歩となる貿易交渉だ。しかし、署名する1週間前、プーチンからの圧力を受けたヤヌコーヴィチが協定を破棄した。

　このあとの暴動と弾圧は、オレンジ革命時の無血主義の理想とはかけ離れたものとなった。13年11月、数十万の人々がふたたびマイダン広場に押し寄せると、警察は放水銃、ゴム弾、催涙ガスを使用して、なんとか群衆を追い払おうとした。一方の抗議者たちはバリケードと火炎瓶で応戦した。

　暴力が激しさを増すなかで、マイダン運動の参加者たちはデジタル攻撃の最初の兆候にも気づいた。親欧米派や革命賛成派の政府高官のところへ、不審な電話やＳＭＳメッセージが殺到した。通信会社キーウスターではオレクシー・ヤシンスキーをはじめとするエンジニアたちが、モバイルネットワークを懸命に守っていた。マイダン広場に近い通りでは、ＩＭＳＩキャッチャーと呼ばれる携帯電話の基地局になりすました機器が、抗議者へ帰宅を促すスパムメッセージを送りつけていた。[6] しかし、広場で現実の衝突が激しくなると、そうしたデジタルによる干渉の兆候に気づく者はいなくなった。

　その年の冬が終わるころには、銃弾はもはやゴム弾ではなくなっていた。問題となった最後の突撃では、抗議者たちがマイダン広場の坂をホテル・ウクライナのほうへ向かっていたところを、スナイパーに上方から撃たれた。この狙撃を主導したのは、ベルクート——ウクライナ語で「鷲《わし》」の意味——として知られる親ロシアの残忍な警察部隊だ。多くのウクライナ人は、ベルクートにはヤヌコーヴィチが連れてきたロシア兵が加わっていたと考えている。[7] 死者は１０３名に達し、犠牲者たちは現在では「天国の戦士」と呼ばれている——わたしのキーウでの初日の夜、マイダン広場で追悼されていた義士だ。[8]

革命の最後に起きたこの悲劇的な流血事件のあと、ヤヌコーヴィチは暴力が自身への抗議運動を強固にしただけだと悟った。彼はロシアへ逃げた。

プーチンがこの機会をのがすはずはなく、すぐに別の手段をとった。侵攻である。

ロシア、ドンバス地域へ侵攻

マイダン広場の混乱が冷めやらない２０１４年２月下旬、ウクライナ南部の半島にあるクリミア自治共和国で、ベルクート隊員をはじめとする徽章をつけていない武装集団が議会に突入し、親露派の政府を発足させた。[9] その後すぐに、３万５０００人のロシア軍が侵攻し、１発の銃弾も使わずにその地域を制圧した。[10] ２カ月後、さらなるロシア兵——すぐに「緑の男たち」と呼ばれるようになる——が国境を越えはじめ、ロシア語圏であるウクライナ東部のドンバス地域へはいった。分離派の武装は強化され、ロシア軍の戦車と大砲でドネックとルハンスクの街をすぐに制圧した。

それ以来、ロシアはクリミアの完全領有に成功し、ウクライナ東部では、戦線布告なしの過酷な戦争に突入している。ウクライナ人２００万人が国内で難民となり、１万人が殺された。14年7月、クレムリンの支援を受けた軍の非情さが世界に衝撃を与える。親露派のウクライナ軍を装ったロシアの対空部隊が、ウクライナ領空を飛行中のマレーシア旅客機をブークミサイルで撃墜し、乗っていた２９８名全員を死亡させたのだ。[11]

サイバーベルクートによるウクライナ大統領選への妨害

侵攻の初期から、ウクライナでは別の種類の戦線が形成されていた。14年5月、革命後にはじめておこなわれる選挙の3日前、サイバーベルクートと名乗る親露派のハッカー集団――マイダン革命で抗議者たちを殺害した警察部隊をほのめかしている――が、cyber-berkut.org というウェブサイト上で、大統領選挙を妨害する意向を表明した。「反国民の暫定政権は、西側諸国に管理されたこの見世物を催すことで、自分たちを合法化しようとしている。そのようなことは絶対に許されない！」メッセージはロシア語でそう書かれていた。[12]

その夜、ハッカー集団はウクライナの中央選挙管理委員会に対して巧妙なサイバー攻撃を開始した。選挙管理委員会のネットワークに侵入し、何十台ものコンピュータのデータを消去した。「システムを破壊して選挙結果の発表を妨害し、暫定政権を非難しようとしたんでしょう」当時、同委員会のセキュリティ業務を請け負っていたヴィクトル・ゾラはそう語った。「選挙プロセスの信用を傷つけることが目的だったのです」

選挙管理委員会のＩＴ管理者たちは、投票日までになんとかネットワークを再構築した。しかし当日、ハッカーが委員会のウェブサーバに偽の選挙結果の画像を埋めこんでいることがわかる。画像は、極右の大統領候補ドミトリー・ヤロシの勝利を示しているようだった。管理者は投票が終了する前にこの画像ファイルを検出し、表示されないようにした。ところがロシアの国営テレビは、このハッカーの動きに合わせたかのようにヤロシが勝利したという誤った結果を先行して放送した。このあからさまな企《たくら》みは、真の勝者で政治的に穏健なチョコレート王ペトロ・ポロシェンコの選出に疑問を投げかけるものだった。翌朝、選挙管理委員会は3度目となる最後の攻撃を受ける。こんどは、サーバをオフラインにし、正当な選挙結果を発表させまいとする大規模なジャンクトラフィックだった（何年ものちに明らかになることだが、サイバーベルクートは、アメリカの大統領選挙にも干渉したロシアのハッカー集団ファンシー・ベアとつながっていた[13]）。

この選挙妨害は、はるかに広範なデジタル攻撃の序章であり、このあと何万台ものコンピユータが破壊され、標的となった組織が麻痺させられることになる。２０１７年のはじめにわたしがキーウを訪れるまでに、メディア、エネルギー、交通、金融、政府、軍など、ウクライナ社会のほとんどすべての階層の企業や団体が、組織化されたハッカーの破壊工作につぎつぎと襲われていた。ＮＡＴＯのサイバーセキュリティ特使ケネス・ギアーズは、当時わたしにこう語った。「ウクライナでは、攻撃されていない場所がありません。どの岩をひっくり返しても、コンピュータネットワークへの工作の痕跡が見つかるんです」

元大統領ユシチェンコからの警告

その年に大統領のユシチェンコはわたしとの電話で、ロシアの戦術の目的はオンラインにせよオフラインにせよただひとつであり、「それはウクライナ情勢を不安定化させ、政府を無能で脆弱に見せることだ」と話した。そして、サイバー攻撃を、ウクライナメディアに氾《はん》濫《らん》するロシアによる偽情報や、東部でのテロリストによる戦闘、十数年前に自身の身に降りかかった毒殺未遂などとひとまとめにした——それらはすべて、ウクライナを東側に引きとどめたり、破綻《はたん》した国家に見せかけたりすることを狙った卑怯《ひきょう》な動きだ。「ウクライナが主権国家で、独立した国であることをロシアはけっして受け入れないでしょう」ユシチェンコは語った。「ソ連崩壊から25年、ロシアはいまだにそうした帝国主義症候群に陥っているんです」

プーチンのウクライナへの執着には、利益のあがるヨーロッパへのパイプラインルートとしての立地や、不凍港の利用といった経済的な嫉妬《しっと》が含まれているのはまちがいない。しかし、外交政策の専門家たちはこう主張していた。プーチンは小ロシアをクレムリンの帝国へなんらかの形で再統合したいわけではない。むしろ、プーチンとしては「凍結された紛争」の状態をつくり出したい。ウクライナの領土をある程度奪うことで永久的な戦争状態に閉じこめ、ＥＵやＮＡＴＯへの参加が歓迎されない状況にし、モスクワと西側諸国のあいだの戦略的緩衝地としての位置に固定しようとしているのだ、と。

しかし、わたしとの会話でユシチェンコは、別の点も強く主張していた。あまり説明が加えられていなくて、より不吉な点である。ロシアのウクライナに対する攻撃は、破壊的なマルウェアであれ、ブークミサイルであれ、ウクライナだけの問題として捉えるべきではない。隣国への侵略によって、ロシアの邪悪な青写真が明らかになった。これは遅かれ早かれ世界のほかの地域へひろがっていくだろう、とユシチェンコは話した。

「だれに対して警鐘が鳴っているかは問題ではありません」ユシチェンコは警告した。「鐘はわれわれ全員へ向けて鳴っています。世界じゅうのすべての国への脅しなんです」

国防総省からの呼び出し

２０１５年11月下旬、ウクライナへのサイバー攻撃が加速するなか、ジョン・ハルトキストは国防総省《ペンタゴン》本部に呼ばれ、ブリーフィングをすることになった。世界最強の軍隊に話を聞いてもらい、契約を勝ち取るまたとない機会だ。ハルトキストは、巨大な建物の奥深くにある、勲章が並ぶ統合参謀本部議長の部屋で情報将校に交じって会議の席についた。

自分の番が来ると、ハルトキストはサンドワームの経緯をかいつまんで説明した。ロシアの痕跡、洗練された危険な手口、そして標的はポーランドからアメリカにまで及ぶが、とりわけウクライナに集中していて、不安なことに重要インフラに焦点があてられていることなどを話した。進行中のロシアとウクライナの戦争は激しさを増し、ロシアは物理的な侵略から、メディア企業から政府機関まで、あらゆる組織に対する破壊的なデジタル攻撃へ移行していることも指摘した。親ウクライナの活動家はローテクの妨害工作でロシアに報復し、クリミア半島へ電気を供給する鉄塔を破壊し、ロシアの占領地域を大規模な停電に陥れていた。もちろんプーチンは、その妨害行為をウクライナ政府のせいにした。

ハルトキストはさらに話をつづけ、これらの要素をすべて考慮すると、ロシアのハッカーがサイバーセキュリティ史上はじめての形となる攻撃を近いうちにはじめるはずだ、と予測した。「その可能性は高い。ハッカーたちは停電を起こすつもりです」ハルトキストは国防総省の高官にそう話した。

出席者は警告を受けとめたようだった、とハルトキストは記憶している。しかし、インターネット上にはほかにもたくさんの潜在的な脅威があり、会議はつぎの議題へ移った。「率直に言って、じゅうぶんに理解されたとは思えません」とハルトキストは言った。

8　停電

自分の結婚式よりも重要なニュース

最初、ロバート・リーはリスのしわざかと思った。

それが起こったのは、２０１５年のクリスマスイブで、リーが故郷のアラバマ州カルマンで結婚式をあげる前日でもあった。赤毛で、顎ひげを生やし、がっしりした胸板をした27歳のリーは、少し前に国家安全保障局（ＮＳＡ）の上級職を辞めたばかりだった。ＮＳＡでは分析チームを率いて、重要インフラを脅かすハッカーを追いかけるという独自の任務に従事していた。だが、目下のリーの関心事は、セキュリティ関連のスタートアップの立ちあげと、海外赴任中に知り合ったオランダ人女性との結婚だった。

結婚式の準備に追われていたが、ニュースを見てすぐにその作業をやめた。スマートフォンの画面には、ハッカーがウクライナ西部の送電網をダウンさせたという記事が表示されている。ウクライナのかなりの地域が6時間停電していた。最初のアドレナリンの波が去ったあと、リーのいつもの懐疑主義が頭をもたげる。これはおそらくただのメディアのばか騒ぎだ。そう考えたのは、送電網がハッキングされたというまことしやかな主張をこれまで何度も聞かされてきたからだ。たいてい、原因はリスか鳥だ。送電網にとって、リスはハッカーよりも大きな脅威だというのが業界では笑い話になっている。

ところが、翌日の結婚式の直前、リーの携帯電話にメールが届き、事件に意識を引きもどされる。メールは、サンズ・インスティテュートで産業用制御システムのセキュリティを指導するマイク・アサンテからだった。サンズはサイバーセキュリティ分野のエリート養成所で、リーもそこで教えていた。リーにとって、アサンテからの連絡はどんな報道機関からのものよりもはるかに重要だった。送電網へのサイバー攻撃にかけては、アサンテは世界でも指折りの専門家だ。そんなアサンテのメールに、ウクライナで起こったハッキングによる停電はどうやらほんとうのようだ、と書かれていた。

リーはメールを携帯から削除し、結婚式に集中しようとした。だが、誓いのことばを言って花嫁にキスした直後、ウクライナの関係先からもメッセージが送られてくる。ハッキングによる停電は事実であり、リーの助けが必要だという。

リーは仕事をはじめてからずっと、この瞬間のために準備してきた。NSAでは、送電網、パイプライン、水道システムを標的にする高度な技術を持ったハッカー集団を長年追跡し、文明の最も大切な基盤を守ることに誇りを持っていた。政府高官にそうした脅威を説明したこともある。ついには自宅地下に、テスト用に産業用制御システムのモックアップまでつくった。そしていま、とんでもなくひどいタイミングではあるが、何年も前から予期していた歴史上の大きな節目がついに訪れたらしい。ハッカーによるはじめての停電だ。

選択の余地はほとんどなかった。リーは家族とのクリスマスだけでなく結婚披露宴もあきらめ、部屋の片隅の静かな場所を見つけ、ウクライナの送電網への攻撃の特徴について、アサンテとテキストメッセージでやりとりしはじめた。

リーは結婚式のスーツを着たまま、最後は近所にある実家のデスクトップパソコンの前へ移動した。連絡相手のアサンテは、アイダホ州の田舎で友人のクリスマスパーティーの隅に隠れてノートパソコンを開いている。ふたりでウクライナの地図と送電系統図を調べた。被害に遭った3つの電力会社の変電所は、それぞれ数百キロも離れた別の地域にあり、接続されていない。「こいつはリスのしわざじゃないな」リーはそう結論づけた。

ウクライナの停電にふたたびサンドワームの影

その日の夜まで、リーはマルウェアの分析に忙殺された。このマルウェアはウクライナの関係先から送られてきた電力会社をハッキングしたKillDiskで、数カ月前にスターライト・メディアのヤシンスキーが扱ったものと同じだ。「妻はよく我慢してくれました」結婚式の夜をコンピュータの前で過ごしたことについて、リーはそう語った。

その後の数日間で、ウクライナの関係先から別のコードサンプルと攻撃時のフォレンジックデータを受けとった。分析すると、侵入のはじまった経緯がわかった。発端は、ウクライナ議会からのメッセージになりすましたフィッシングメールだった。ワードの悪意ある添付ファイルが、被害者のマシン上でマクロと呼ばれるスクリプトをひそかに実行していた。

実行手順は、２０１４年にサンドワームがパワーポイントのゼロデイ脆弱性を利用して感染させた手口と同じだが、ちがうところもあった。ゼロデイ脆弱性なしにスクリプトを実行させるには、被害者をだましてボタンをクリックさせる必要がある。そのワードのドキュメントは、クリックするまで内容がないか、壊れているように見えたため、ほとんどの人はロードしようと無意識にクリックした。ゼロデイ脆弱性を利用することなく、より単純な手段を使うのでハッカーははるかに目立たずに仕事ができた。こうした攻撃は、まれな脆弱性をマイクロソフトに秘密のままにしておかなくても可能だ。

そのワードのスクリプトがこっそりとBlackEnergyを感染させていた。このマルウェアは、この時点までにウクライナのＩＴネットワークのいわば国民病になっていた。それを足がかりに、ハッカーは電力会社のシステムに侵入し、電力会社がそのシステムへリモートアクセスするときに使っていた仮想プライベートネットワーク（ＶＰＮ）へ不正にアクセスしたらしい。電力会社のシステムには高度に専門化された産業用制御ソフトウェアも含まれていて、オペレーターは配線用ブレーカなどの機器をコントロールできる。

　攻撃者の手口とBlackEnergyの使用を踏まえ、リーはアイサイトが少し前に発表した調査結果と、ＮＳＡ時代の自分の知識を結びつけ、サンドワームのしわざにちがいないと考えた。長年身を潜め、能力を高め、偵察活動をしてきたサンドワームは、これまでどのハッカーも踏み出したことのない一歩を踏み出した。実際に停電を引き起こし、数十万人の民間人が利用する現実世界のインフラを無差別に破壊したのだ。

　すべてのピースがひとつになった。サンドワームにつながるということは、停電がロシアによる攻撃である可能性はきわめて高くなり、ロシアが真っ先に被害を与えたいウクライナを標的としたのも納得がいく。だが、サンドワームのこれまでの経緯をたどってみると、ＩＣＳ‐ＣＥＲＴが、アメリカの重要インフラのネットワークへBlackEnergyを感染させたのはサンドワームだと言っていたのを思い出した。つまり、ウクライナで約25万軒の停電を引き起こした、まさにその集団が、わずか1年前にアメリカの電力会社のコンピュータにまった同じマルウェアを感染させていたわけだ。

リーの頭のなかで警報が鳴った。ウクライナへの攻撃は、単にはるか遠くの外国で起こった事例ではない。「過去にアメリカの電力会社を標的にした敵が、ついに一線を越えて送電網を破壊したのです」リーは言った。「これは、アメリカにとって差し迫った脅威でした」

軍人一家の変わり種がアフリカで経験したこと

リーはずっと、単純なルールを説いてきた。「民間の産業用制御システムは、何者にも侵されるべきではありません。絶対に」

現実にある、非軍事のインフラに対するサイバー攻撃は、クラスター爆弾や生物兵器と同様に、倫理的な国家が使うにはあまりに危険で制御不可能な兵器だとリーは考えている。送電網へのすべてのハッカー攻撃が、今回のようにたった6時間で解消できるとはかぎらないし、攻撃者は被害の大きさを知ることもないかもしれない。リーは、重要なインフラに対するサイバー攻撃が連鎖反応を起こすおそれを長年検討してきた。数週間から1カ月に及ぶ停電がハッカーによって引き起こされる最悪のシナリオだ。その影響の予測はむずかしく、病院や製造業、食品流通が機能不全に陥る可能性もあるという。「人道に反する巻き添え被害を民間が受けるおそれがあります」とリーは言う。「これはまさに、戦争のほかの局面で国際的な条約や規範を通じて排除してきた類《たぐ》いの被害ですよ」

　インフラを標的にしたハッキングは禁止すべきというリーの信条は、軍人一家に生まれたにもかかわらず、実に平和主義的だ。リーの祖父のひとりは第2次世界大戦中の無線通信士で、もうひとりは陸軍特殊部隊《グリーンベレー》に所属していた。リーがアラバマで育つあいだ、両親はふたりともアメリカ空軍の下士官兵だった。父親はベトナムで戦ったことがあり、リーが生まれてすぐ、両親は湾岸戦争の砂漠の嵐作戦へ派遣された。母親はリーと妹たちの世話をするためにアメリカ本国での勤務となったが、リーがティーンエージャーになると、またイラクとアフガニスタンの戦地に赴き、イリノイ州の基地から来るC‐17輸送機の運航を調整した。

　父親は母親より10歳年上で、ベトナム戦争で青銅星章を受けたが、なんの勲章だったのか、はっきりとリーに話すことはなかった。イラクでは空軍の機上輸送係《ロードマスター》として、軍用機が標的に投下するすべての兵器を手配した。リーは父親に爆弾の写真を見せられたのを覚えている。そこには「リー家からサダムへ」とのメッセージが記されていた。

　しかし、リー自身は別の道を歩んだ。アメリカの空軍士官学校にはいったあと――どうせ無理だから受けてみろと父親にだまされて入学した、とリーは話している――果てしなくつづく工学と物理の授業よりも、アフリカ研究のほうに興味を引かれた。ある年の夏、リーは人道支援の任務でカメルーンへ行き、再生可能エネルギーと水の供給に注力する現地のNG

Oと仕事をした。田舎をまわり、その土地の村で寝て、魚料理と〝フフ〟と呼ばれる澱粉《でんぷん》質を練ったものを食べ、単純なつくりの水の濾過《ろか》システムと太陽光発電器を設置した。

　リーは技術オタクだったことは一度もない。ほかの子と同じようにテレビゲームをしたり、コンピュータを組み立てたりはしたが、プログラムを学んだことはなかった。ところが、カメルーンで制御システムに魅せられてしまう。ごく簡単なプログラマブル・ロジックコントローラ（ＰＬＣ）があれば、設置する機械の効率を大幅に向上させられることがわかった。シーメンスやロックウェル・オートメーションといった企業が販売する、点滅するＬＥＤがいくつかついた本と同じくらいの大きさの灰色の箱があれば、川に設置した太陽光発電の浄水システムのプログラムをつくり、フィルターを手作業なしで交換できた。あるいは、同じコントローラでプログラミングすれば、ソーラーパネルや風力タービンに取りつけたバッテリーを充電することもできる。これは村の人々に、より多くのきれいな水と、ＬＥＤランプを灯すためのより多くの電力を提供することを意味する。毎日の明かりをつけておける時間が増えれば人間の生活が真に改善するということだ。

　リーはそうしたコントローラ、つまり、村人たちのまわりの現実世界を変えられるデジタルの脳を、インフラと経済発展を築く基礎と見なすようになった。「エネルギーをつくって、村へ供給する方法は教えられます。それが文明社会への変化です。制御システムこそが変化への道だとわたしは考えました」とリーは話した。

空軍で制御システムの経験を活かす

リーは2010年に空軍士官学校を卒業したあと、ミシシッピ州ビロクシーにあるキースラー空軍基地へ送られ、通信担当士官としての訓練を受ける。当時の空軍は、サイバーセキュリティを深刻に受けとめはじめたばかりで、この新しい分野を通信担当士官の広範な訓練区分の一部分としていた。リーはそこでセキュリティの基本を学んだ。ネットワーク分析、フォレンジック、防御側の「ブルーチーム」と攻撃側の「レッドチーム」に分かれての演習などだ。

しかし、制御システムとそのセキュリティに関する授業で、教官はしばしば知識に疎かった。まだあまり知られていないコンピュータの特定の分野については、実際にコントローラをプログラミングして学んだリーのほうがくわしかった。

キースラーにいるあいだに、リーが関心を寄せるその特定の分野が、突如、争いの起こっている新しい分野となった。中東や南アジアの何万台ものコンピュータに〝Stuxnet《スタックスネット》〟と呼ばれる謎めいたマルウェアが出現しはじめていた。その目的は、だれにもはっきりとはわからなかった。しかしこのマルウェアは、それまでのものとはちがって、プログラマブル・ロジックコントローラを操作できるようだった（リーも他国の多くの人と同じく、Stuxnet が実はアメリカ製であることを知らなかった。Stuxnet は、リーがこのあと勤めることになるNSAとイスラエルの諜報機関が協力して作成したもので、イランの核濃縮施設の設備を破壊することを直接の目的としていた。このサイバー戦争の新時代を告げる事件については、あとで説明する）。

当時リーは、マルウェアが現実にあるインフラを攻撃できるというだけで腹立たしかった。「この世界には、制御システムを標的にするろくでなしがいるのか」と考えたのをリーは覚えている。「世界をよりよくする方法が制御システムでした。それを危険にさらす者がいることに、わたしは怒りを覚えました」

Stuxnet の情報が世間へ漏れ出すにつれて、産業用制御システムのセキュリティに対するリーの関心は異常なまでに高まる。授業の合間に、この話題に関するあらゆる資料を読みふけった。やがてオークリッジ国立研究所にいる親切な核科学者をどうにか探し出す。その科学者に何度も電話をかけ、プログラマブル・ロジックコントローラに関する詳細と、それを破壊するよう設計された史上初のマルウェアの最新情報を、機密扱いすれすれの線までしつこく訊き出した。

Stuxnet のコードがイランのナタンツにある特定の核施設を狙い打ちするよう設計されて

いるのが明らかになるにつれ、そのマルウェアに対する自身の見方も変わったとリーは言う。この施設は、核兵器をなんとか手に入れたいイランにとって、要となる可能性があった。そうこうするうちに、リーは産業用制御システムのセキュリティに関しては、キースラー空軍基地で最も専門家に近い存在になっていた。ほかの訓練生に教えたり、ときには訪問中の将校に説明したりすることさえあった。

空軍からＮＳＡの産業用制御システム担当官に

訓練を終えたリーは、ドイツのラムシュタイン空軍基地の情報部隊に配属された。空軍で最初に担当した仕事は、機密扱いの要素が強く、わたしにはくわしくは話してくれなかった。しかし、この部隊では対テロの諜報任務にかかわり、グローバルホークやプレデターなどの遠隔操縦機を扱っていたことをほのめかした。リーはそうした無人機の制御システムのセキュリティに注力していたが、数カ月のうちに、キャリアを根本的に変えることになる。アメリカの別の機関、ＮＳＡに発見されたからだ。

リーは、ラムシュタイン空軍基地に腰を落ち着かせる間もなく、ドイツの別の施設へ移るよう命じられる[*]。そのＮＳＡの小さな部署には、奇妙ながらも気分を高揚させる任務が待っていた。メリーランド州にあるＮＳＡの巨大本部フォートトミードには潤沢な資金を持つチームがすでにいくつもあり、アメリカの国家安全保障への既知の脅威に関しては、事実上すべて対応している。リーのいる１００人ほどの現場部隊は独立して動く権限が与えられ、巨大組織の思考パターンを離れ、ＮＳＡの他部門が見ていないところへ目をやった。「まだ見つかっていない問題を見つけるのがわたしたちの仕事でした」とリーは言う。

当然、産業用制御システムを脅かすハッカーを追跡するＮＳＡの責任者はだれなのか、とリーは尋ねてまわる。だがその任務を担うチームはなく、リーは驚いた。ＮＳＡには産業用制御システム機器の脆弱性を見つけ出し、それに対処するチームはあった。Stuxnet によって明らかになったように、インフラを自在に操る技術を開発した攻撃チームもある。しかし、インフラを標的にするハッカーを追いかける専門チームはなかった。

そこでリーは、その専門チームの編成を提案する。事務手続きはほとんど必要なく、拍子抜けするほど簡単だった。局内初の産業用制御システム・脅威情報チームは、所定の用紙１枚に記入するだけでできた。「一夜にしてわたしは、ＮＳＡを代表して産業用制御システムへの脅威を発見する仕事をすべて指揮する立場になったわけです」とリーは話した。

リーはまだ22歳だった。「すごいと思いませんか」

*この基地に関して、リーはこれ以上の言及を避けたが、あらゆる点でダルムシュタットにあるダガ

ー・コンプレックスのことだと思われる。このＮＳＡの前哨《ぜんしょう》基地はドイツ西部の小さなアメリカ陸軍基地にあり、当時、そこでの諜報活動は極秘扱いだった。のちにＮＳＡの内部告発者エドワード・スノーデンがリークした機密文書によって、その役割が明らかにされた。

9　視察団

ＮＳＡでサンドワームを追う

ＮＳＡで仕事をするのは、自分の脳を巨大で超知的な集団精神につなぐようなものだとロブ・リーは説明する。

専門知識を持つ同僚に加えて、組織に集積された機密扱いの資料も突然利用できるようになり、情報収集能力は大いに高まった。もちろんリーは、情報をどこで手に入れたのかは語らない。しかし、エドワード・スノーデンのおかげもあって、ＮＳＡには〝シギント〟と呼ばれる通信傍受による諜報活動など、極秘のデータ収集ツールが数多くあることがわかっている。海底ケーブルなどから生のインターネットデータを大量に吸いあげるものをはじめ、敵のシステム管理者をハッキングして肩越しからプライベートネットワークを調べるものまでさまざまだ。「アメリカのシギントシステムを事実上すべて利用できて、地球上で最も賢い人たちに囲まれると、羽が生えたように感じますよ」とリーは話す。

その後の4年間、リー率いる6人ほどの小さな分析チームは就業時間中ずっと、Stuxnet以後の世界で台頭しつつある、産業用制御システムを狙うハッカーを追いかけた。「毎日、仮説を立ててから追跡します。もし自分がハッカーだったら、産業用制御システムへ侵入するにはどうするだろうか、と自問するんです。それから実際にそれを探しにいきます。従来の対処方法ではすぐに限界が来たので、わたしたちは独自のモデルや手法、習得手順を考えなくてはなりませんでした」やがてリーは重要なインフラをハッキングする新たな脅威について報告書を書くようになり、それはオバマ大統領の執務室にまで届いた。また、ＮＳＡのキース・アレクサンダー長官にもブリーフィングをするようになった。

リーは、このチームの成果についてくわしい言及は避けた。しかし、ある外国政府がほぼ週に1回、産業制御システムへハッキングしているのを突き止めたことを示唆した。こうしたハッカー集団のうち、メディアに特定されているものはごく一部にすぎない（リーの説明は慎重で、この期間に追いかけたハッカーは産業用制御システムを〝標的〟にしていたとしか言わなかった。Stuxnet のように現実世界の設備を破壊したり、稼働を止めたりしたハッカーが仮にいたとしても、リーはその数を明かそうとはしなかった）。

インターネットが重要なインフラを脅かすという大局的な考えを持つリーから見ても、サンドワームは特に突出していた。早い段階からその集団を厄介者として注目していた。「わたしたちがサンドワームに目をつけ、追いかけていたことはたしかです」リーは慎重にことばを選びながら言う。「サンドワームは、監視していたほかの脅威と比べて特に攻撃的でしたよ」

「生涯」の仕事である空軍を去る

２０１４年、リーの夢の仕事は突然終わりを迎える。昇進の早いリーは、生意気な成りあがり者として、軍隊の厳格な階級制には特に従ってこなかった。ＮＳＡの比較的自由な気風によって、そうしたシステムからは解放された。それでも、空軍の新兵の扱いにリーは不満を持っていた。ＮＳＡでは新兵が一定の周期でリーの部隊へやってきたが、彼らがすぐれた才能を見せたとたん、低い階級に見合うつまらない仕事のために引きもどされた。

そこでリーは、軍事雑誌《シグナル》に「空軍サイバー部隊の失敗」という只ならないタイトルの記事を書き、歯に衣着《きぬき》せぬ意見を述べた。そこでは、サイバーセキュリティにおける空軍の無能さを非難し、階級という官僚的ドグマが改善を阻み、知的資源を浪費していると不満をぶちまけた。[1]

リーはその反動を予想していなかった。あるいは、非難した階級構造にまだ自分が縛られているという認識が足りなかった。記事が発表された直後、リーは人事異動でハッカー追跡チームを離れ、空軍情報部隊へもどされることになった。

糊《のり》のきいた襟つきの制服の生活にもどると、リーはＮＳＡで得た専門知識を持っていない将校に従うことに苛立ちを覚えた。さらにひどいことに、配属されたのはサイバー戦における反対側のチームだった。テキサスに拠点を置くアメリカ空軍の飛行大隊の一員となり、サイバーセキュリティではなく、サイバー攻撃を担当することになった。つまり、以前自分が許しがたいと考えていたインフラへのハッキングを担うよう命じられたのだ。産業用制御システムを標的にした〝ろくでなし〟をはじめて発見してからわずか4年で、リーはそのろくでなしになった。

　リーはきわめて機密性の高い仕事をして1年間不幸に過ごしたあと、指揮官に話をして退職を認めてもらった。生涯を空軍に捧《ささ》げる家系としては考えられない行動だ。空軍士官としての最後の日に基地を出るとき、リーは涙したという。

　２０１５年秋、テキサス州を離れてメリーランド州へ移り、ＮＳＡのときのドリームチームを民間部門で再現しようと考えた。しばらくしてクリスマスがやってくる。そして、クリスマスとともにサンドワームがふたたび現れた。

サイバー攻撃による停電か

世界でも有数の秘密主義の組織で働いていたにもかかわらず、リーに慎重さはまったくなかった。クリスマスにおこなった短縮版結婚式の直後、リーはウクライナで起こった停電を、ある活発なハッカー集団と結びつける。その集団は、すでにアメリカのインフラにも探りを入れていた。リーは働きだしてからはじめて、情報を秘匿するというセキュリティのくびきから解き放たれていた。すぐに世界へ警告する決心をする。

新年を迎えるほんの数日前、リーとマイク・アサンテ、そしてサンズのもうひとりの研究者ティム・コンウェイは、ウクライナへの攻撃の大まかな特徴をまとめあげる。リーはすべてを公開したいと考えた。「12月29日まで、わたしたちは一般の人々に知らせるべきだと考えていました」とリーは言う。

停電の背後にサンドワームの影がちらついたが、特定のハッカー集団によるものだと公に非難するのは時期尚早だとアサンテは考えた――ロシアに言及するのはなおさらだ。3人の意見は一致した。アサンテが詳細をぼかした記事をブログに投稿することにする。話を大げさにしたり、不正確に伝えたりするかもしれないメディアの報道に先んじるためだった。

翌日3人は、サンズのウェブサイトにアサンテ名で記事を投稿する。「ロシアとウクライナにいる数少ない情報源の話では、停電はサイバー攻撃によるもので、外部からのウイルスで引き起こされたようだ。ただし、言及されている停電の裏づけはむずかしく、まだ確証は得ていない」と書いた。[2]

　ところがわずか2日後の元日、リーはブログ記事を投稿し、入手した BlackEnergy のサンプルのことをはじめて書いた。ここでも慎重な姿勢を崩してはいないが、結論部分でいくつかの情報をほのめかした。「ウクライナの停電は、考えていた以上にサイバー攻撃である可能性が高い。当初の報告では断言しなかったが、電力会社のネットワークから手に入れたマルウェアのサンプルはその主張を裏づけている」と書いた。[3] 極力抑えながらも、BlackEnergy に感染していないかどうか、すぐにネットワークをたしかめるべきだとアメリカの電力会社にはっきりと伝えたかった。サンドワームの足がかりとなるおそれがあったからだ。

　その後の1週間、リー、アサンテ、コンウェイの3人は、ウクライナ政府、アメリカの国土安全保障省、エネルギー省と、そのサイバー攻撃に関する情報交換をつづけた。しかし、8日経ってもアメリカの当局者はだれも声明を発表しないので、3人はアサンテ名で別の投稿をして、停電がまちがいなくサイバー攻撃だと知らせた。停電の原因ではないかもしれないが、攻撃に使用されたツールとして BlackEnergy と KillDisk の名前をあげる。さらに、自分たちの分析に基づき、攻撃に関する詳細な報告書を発表することにした。

しかしこのとき、国土安全保障省の幹部職員からサンズの研究者にこれ以上の暴露を控えるよう話があり、リーの不満は大いに高まった。その要請はアサンテに伝えられた。アサンテはアイダホ国立研究所とアメリカの安定した送電網を担う北米電力信頼度協議会に長年勤務したことから、政府とまだ深いつながりがあった。

オバマ政権のサイバーセキュリティ調整官J・マイケル・ダニエルがのちに説明したところによると、政府は脆弱性について公表する前に公益事業者にこの問題を内々に処理させたかったという。脆弱性の情報はそれに便乗するハッカーの攻撃を招きかねないからだ。だが、リーは激怒した。この遅れを官僚特有の引き延ばしと捉えた。

その後、サンズのふたりと当局者は、リーの反対に歩み寄る。ウクライナへ視察団を派遣して、実情調査をおこなうことにしたのだ。サイバー攻撃の被害に遭った電力会社の関係者に会って、政府向けの機密報告書と一般向けの機密扱いではない報告書をそれぞれまとめることにし、それまでは黙っておくことになった。

アサンテとコンウェイは視察団のメンバーに選ばれる。すでに当局からせっかちな問題児と見なされていたリーは呼ばれなかった。

遠く離れた場所から送電を遮断

数週間後、アメリカの視察団は凍《い》てつく冬の明るい日にキーウに到着した。一行は、１００年の歴史を持つ聖ソフィア大聖堂の金色のドームから１ブロック離れたハイアットを出発した。マイダン広場から通りを少し進んだところだ。メンバーは、ＦＢＩ、エネルギー省、国土安全保障省、北米電力信頼度協議会の職員、サンズのアサンテとコンウェイで構成されていた。ウクライナの停電の全容を解明するのが任務である。

初日、一行は送電網攻撃を受けた３つの会社のひとつで、キーウ地域に電力を供給するキーウオブルエネルゴの社員とホテルの殺風景な会議室に集まった。同社の冷静沈着な幹部とエンジニアがネットワークを襲った狡猾な攻撃を時系列順に数時間かけて説明した。

リーとアサンテが気づいていたとおり、感染したマルウェアには回路用ブレーカを実際にコントロールできるコマンドはまったく含まれていなかった。ところが同社のエンジニアたちは、12月23日の午後、マサチューセッツ州ほどの広さのウクライナ中心部にある数十もの変電所の回線がつぎつぎと断線するのをなす術もなくながめることになる。それは、目に見えないネットワーク上のコンピュータから命令されているようだった。実際にエンジニアは、遠く離れた場所にいる攻撃者が手もとのパソコンに制御用ソフトウェアの完全なコピーを用意していたことを突き止める。その不正なクローンを使って、送電を遮断するコマンドを送信していたのだ。

回路用ブレーカが作動して、ウクライナ国民数十万人ぶんの電力が失われると、ハッカーの攻撃はつぎの段階へ進み、変電所のシリアル・イーサネット信号の変換器にある目立たないコードを上書きした。この変換器は変電所のサーバ棚に置かれた小さな箱で、現代のインターネット通信を古い機器でも読める形式に変換する。侵入者はこうした機器を乗っ取ることでこの箱を永久に無用の長物とし、正当なオペレーターを締め出して回路用ブレーカをデジタル制御できないようにした。

この乗っ取る仕組みを考えるだけでも数週間はかかるだろう。アサンテは会議室でそう思いながら、その工作の徹底ぶりに驚嘆した。

またハッカーは、見覚えのあるものを名刺代わりに残した。同社のパソコンを破壊したKillDiskだ。そのあと、最も激しい攻撃の局面がやってくる。地域への送電が遮断され、変電所自体も電力を失う。制御室には、こうした場合に備えてバックアップ用のバッテリーがあるが、ハッカーはその電源をも遮断し、電力会社のオペレーターを真っ暗闇のなかへほうりこんで復旧作業を遅らせた。きわめて正確に、停電中に起こる停電を仕組んだわけだ。

「『どこにいようと攻撃してやる』というハッカーからのメッセージですよ」アサンテは、困惑したオペレーターの視点から攻撃をそんなふうに想像した。「きっと攻撃者が神のように見えたはずです」

画面上をひとりでに動くカーソル

その夜、視察団は飛行機に乗りこみ、つぎの訪問先であるウクライナの西部、カルパチア山脈のふもとの町イヴァーノ＝フランキーウシクへ向かう。吹雪の舞うなか、ソビエト時代につくられた小さな空港に到着した。翌日の午前中、一行はクリスマス前に大きな被害を受けた電力会社、プリカルパッチャオブルエネルゴの本社を訪れる。

電力会社の幹部たちは、施設内で廃墟《はいきょ》となっている石炭発電所の煙突の下にある現代的な建物へアメリカ人視察団を丁重に迎え入れた。一行は、中世の戦いのあとを描いた油絵が飾ってある役員室へ案内され、長い木のテーブルにすわった。

幹部の説明によると、同社が受けた攻撃は、キーウオブルエネルゴに対するものとほぼ同じで、BlackEnergy や KillDisk が使用され、ファームウェアやバックアップ電源システムが破壊された。だがハッカーはこれまでの攻撃に加えて、同社のコールセンターへ大量の偽の電話をかけていた。停電に関する顧客からの通報を妨げ、混乱と屈辱を与えるためだ。まるで観衆に、自分たちハッカーが全能であることを印象づけようとしているか、あるいは武器の攻撃範囲をテストしようとしているかのようだった。

ほかの電力会社への攻撃とのちがいはまだあった。視察団のひとりが、キーウ地域と同じようにクローン化された制御ソフトウェアが電源を遮断するコマンドを送ったかどうかを尋ねると、プリカルパッチャオブルエネルゴのエンジニアはそれを否定し、回路用ブレーカは別の方法で遮断されたと答えた。

ここで同社の技術主任が議論に加わる。背が高く、黒髪で薄青色の目をしたまじめな男は、通訳を介してハッカーの手口を説明するのではなく実際に見せましょう、と提案する。男は使い古しの iPhone 5s で撮影した動画の「再生」ボタンをクリックする。

56秒間の動画には、制御室のコンピュータの画面上をカーソルが動く様子が映っていた[4]。マウスの矢印がブレーカのアイコンへ移動し、コマンドをクリックして開く。映像はサムスンのモニターからマウスへ移るが、そのマウスは動いていない。やがて矢印はまたひとりでに動きはじめ、別のブレーカのアイコンの上で止まり、また電力の供給を止めようとする。部屋にいるエンジニアたちは、だれが動かしているのかと互いに尋ねている。

ハッカーは、自動化したマルウェアからの停電コマンドも、キーウオブルエネルゴでおこなったクローン化したマシンからの停電コマンドも送信していなかった。代わりに、電力会社のＩＴヘルプデスク用のツールを利用し、変電所のオペレーターのマウスを直接コントロールしていた。制御室ではマウスの操作がまったくできなくなった。そして目の前で、幽霊のごとき手が別の地域へ電力を供給する何十個ものブレーカを順にクリックしていく——するとそれらは、ひとつ、またひとつと切断されていった。

第2部　起源

かつて人間は、考えることを機械に委ねた――そうすれば、考えるという煩雑なことから逃れられると期待して。しかしそれは、機械を持ったほかの人間に対して、みずからを奴隷化させる道を開くだけのことでしかなかった。

10　回想　オーロラ

砂漠の極秘実験〝オーロラ〟

ウクライナへの視察の9年前、２００７年3月の突き刺すような寒い風の吹く朝、マイク・アサンテはアイダホフォールズから西に約50キロのところにあるアイダホ国立研究所（ＩＮＬ）の施設に到着した。建物は雪とヨモギに覆われた広大な高地砂漠の風景のど真ん中にある。アサンテがビジターセンターの広い部屋にはいると、小さな人だかりができていた。そこには、国土安全保障省、エネルギー省、北米電力信頼度協議会（ＮＥＲＣ）の職員、国内のいくつかの電力会社の幹部、そしてアサンテのような研究者やエンジニアたちがいた。一行は、アメリカの重要インフラに対する破滅的な脅威に想像をめぐらすためにここへ呼ばれたのだ。

部屋の前には、ロケット発射時の管制室さながらにビデオモニターに各種データが並んでいて、その向かいには階段状の座席がある。画面に映っているのは、複数の角度から捉えた巨大なディーゼル発電機のライブ映像だ。ミントグリーン色の発電機はスクールバスほどのサイズの巨大な鋼鉄の塊で、27トンという重さはＭ３ブラッドレー戦車にほぼ等しい。発電機は部屋から約１・５キロ離れた変電所に置かれ、轟音《ごうおん》を絶え間なく発しながら、病院ひとつぶん、もしくは戦艦1隻ぶんに供給するのにじゅうぶんな電力を生み出す。画面では、表面から発せられた熱が波紋となっていた。

　アサンテとＩＮＬの研究者たちは、発電機をアラスカ州の油田から30万ドルで購入し、数千キロ離れたこの試験場まで運んできた。試験場はおよそ２３００平方キロメートルの広さの土地にあり、ＩＮＬはこの試験のために、全長約１００キロの送電線と７つの変電所を具《そな》えた、かなりの規模の送電網を用意した。

　アサンテたちの準備が順調であれば、このあと発電機は破壊されることになる。ここに集まった研究者たちは、非常に高価で壊れにくい機械を物理的な道具や武器を使うことなく、１４０キロバイトほどのデータだけで完全に破壊しようとしていた。そのデータ量は、今日ツイッターでよくシェアされているネコのＧＩＦ画像よりも少ない。

　アサンテはこの3年前、テキサス州からケンタッキー州までの11州に顧客が何百万人もいる電力会社、アメリカン・エレクトリック・パワーで最高セキュリティ責任者を務めていた。海軍士官からサイバーセキュリティエンジニアに転身したアサンテは、ハッカーが送電網を攻撃する可能性を以前からひしひしと感じていた。しかし、電力業界の仕事仲間のほとんどが、まだ仮説にすぎない遠い将来の脅威について比較的単純な見方をするのを目のあたりにして、アサンテは失望する。当時の業界の常識は、もしハッカーが電力会社のネットワークに侵入して回路用ブレーカを作動させたら、その侵入者をネットワークから追い出し、電源を入れなおせばいいという程度のものだった。「嵐みたいに対処すればいい」同僚たちがそう言ったのをアサンテは覚えている。「こんなふうに言っていました。停電のようなものなら、復旧させられる。それがリスクモデルに沿って考える限界でした」

だが、送電網の設計とコンピュータセキュリティという異なる分野にまたがったまれな専門知識を持つアサンテは、もっとたちの悪い考えに不安を覚えていた。攻撃者は単に電力会社のオペレーターが使う制御システムを乗っ取り、スイッチを切り替えて短時間の停電を起こすだけではないかもしれない。自動化された送電網の一部を再プログラミングして、だれのチェックもなしに勝手に送電網の運用をしたらどうなるだろうか。

アサンテは、特に保護リレーと呼ばれる装置についてずっと考えてきた。この装置は電気系統で起こる危険な状況を回避するよう設計された安全機構だ。送電線が過熱したり、発電機が同期しなくなったりした場合、保護リレーが異常を検知して回路用ブレーカを作動させ、問題があるところを遮断する。そうして大切な設備を守り、火災を防ぐ。保護リレーは送電網にとって、ある種のライフガードとして機能している。

だがその保護リレーが、無効化されたり、もっとひどい場合には改竄《かいざん》されたりして、攻撃者のデータを運ぶ手段になったらどうなるだろうか。

　その懸念はアサンテが電力会社にいたころからＩＮＬへ提言してきたことだった。いま、研究所の実験場でアサンテと仲間のエンジニアは、最も悪意のあるアイディアを実行しようとしている。この秘密実験につけられたコードネーム〝オーロラ〟は、のちに物理的な被害を生むデジタル攻撃の可能性を指すことばになる。

黒煙を噴きあげる発電機

「午前11時33分です」試験責任者が時刻を読みあげた。安全技術者にディーゼル発電機のまわりに人がいないか確認させる。それが終わると、研究所のサイバーセキュリティ研究員のひとりに攻撃開始のゴーサインを送る。実際のデジタル破壊攻撃と同じく、この指示は遠く離れた場所からインターネットを通じて送られる。この試験で想定されるハッカーは、バスと同じ大きさのディーゼル発電機に接続された保護リレーに、自分のコンピュータから30行ほどのコードを送った。

　発電機の内部は、破壊されるまさにその瞬間まで、接続されている送電網と、ある種の目には見えない完全に調和したダンスを踊っている。ディーゼル燃料は燃焼室で霧状となり、人間には感知できないタイミングで爆発してピストンを動かし、内部にある鋼鉄のロッドを

1分間におよそ600回転させる――この装置が〝原動機〟だ。回転は、どんな揺れも低減させるグロメットを介して電気を発生させる部分に伝えられる。ここには銅線が巻かれたアームのついた棒があり、ふたつの巨大な磁石ではさまれていて、1回転するごとに回路に誘導電流が発生する。銅線のアームをじゅうぶんな速さで回転させると、60ヘルツの交流電流が発生し、接続されているはるかに巨大な送電網へ電力を供給する。

保護リレーは、発電機が最初に60ヘルツの周波数にぴったり同期していなければ、電力システムのほかの部分とは接続しないように設計されている。しかし、アサンテたちエンジニアは保護リレーを再プログラミングして、その論理回路を逆にした。

午前11時33分23秒、保護リレーは発電機が完全に同期しているのを確認する。しかしその後、改竄された回路は本来の設計とは逆のことをする。回路用ブレーカを作動させ、装置を遮断したのだ。

INLの送電網という大きな回路から切り離され、巨大なシステムとエネルギーを共有する負荷から解放されると、発電機はすぐに加速しはじめ、荷車をはずした馬の群れのように回転の速度をあげる。保護リレーは、発電機がほかの送電網とまったく同期することなく加速しているのを確認すると、意図的に論理回路を逆にした発電機を送電網に再接続させる。

巨大なシステムにふたたび接続した瞬間、ディーゼル発電機は送電網全体のすさまじい力とぶつかる。小さなディーゼル発電機の回転装置はもとの遅い速度にさげられ、送電網全体の周波数に同期される。

集まった観衆が見守るなか、ビジターセンターの画面に映る大きな装置が突然激しく揺れ、強く鞭《むち》で打つような音が聞こえてくる[1]。悪意あるコードが実行されてから最初の激しい揺れが起こるまでは、ほんの一瞬だ。

研究員が発電機の内部を観察するために開いていた点検パネルから、黒い塊が飛び出しはじめる。発電機の2本のシャフトを連結していた黒いグロメットが内部で裂けたのだ。

数秒後、装置がまた揺れる。保護リレーのコードが同じ順序で破壊を繰り返す。発電機の接続を切り、同期していない状態で再接続する。灰色の煙が発電機から立ちのぼりだすが、これは中でゴムくずが燃えているのだろう。

政府資金を何百万ドルも費やし、開発に何カ月もかけた攻撃であるとはいえ、アサンテは、内部から分解していく機械にある種の同情を覚えた。「発電機がいじらしく思えて、いつの間にか応援していました」とアサンテは思い出す。「『きみなら耐えられるはずだ！』とね」

だが、発電機は耐えられない。3回目の攻撃のあと、灰色の大きな煙を噴きあげる。「おしまいだな、あの発電機は」アサンテの隣にいたエンジニアが言った。4回目の攻撃のあと、発電機は真っ黒な煙を噴き、その煙は最後の叫びのように10メートルほどの高さまで立ちのぼった。

衝撃の結果に静まり返る面々

実験が終わると、試験責任者は破壊されて死んだように動かない発電機を送電網から切り離した。つづけて研究員がフォレンジック分析をおこなう。エンジンのシャフトが内壁にぶつかってどちらも深くへこみ、内部が金属の削りくずだらけになっている。発電側の銅線や絶縁体も溶けたり、焼けたりしている。発電機は完全に破壊されていた。

実演の結果を受けて、ビジターセンターは沈黙に包まれた。「しーんと静まり返っていました」とアサンテは振り返る。攻撃者が発電設備の稼働を一時的に中断させるだけでなく、きわめて重要な装置を修復不可能なほど損傷させられることを、エンジニアはまちがいなく証明した。

「あまりにも生々しい光景でした。実際の発電所で起こる惨事を想像しましたよ」とアサンテは言う。「これはつまり、たった数行のコードが、われわれが頼りにする装置に物理的に大きなダメージを与えられるということです」

だがアサンテは、オーロラ実験が終わった直後、どこか厳粛な気持ちになったのを覚えている。まるで60年前にアメリカの別の国立研究所で最初の原爆実験に立ち会ったロバート・

オッペンハイマーが、恐ろしいほど強力な歴史的兵器の誕生を目撃したのと同じ感覚だった。「みぞおちがきりきりと痛みましたよ」とアサンテは言う。「まるで未来を垣間《かいま》見《み》たような気がしました」

11　回想　エストニア

世界有数のデジタル国家でインターネットがダウン

トーマス・ヘンドリク・イルヴェスの使うインターネットがダウンした。

２００７年4月下旬のある土曜日、家族の農場で目を覚ましたエストニアの53歳の大統領には、そう感じられた。農場が起伏に富んだ丘に囲まれた辺鄙《へんぴ》な場所にあるので、最初はネット接続に問題があるにちがいないと考えた。苛立ちの種がまたひとつ増える。前日、首都タリンの大統領宮殿から自分を退避させるという、国の治安部隊からの提案をしぶしぶ了承した。避難先は首都から１５０キロメートルほど南にある家族の別荘〝アルマ〟だ。まわりを国家警備隊が見張っていた。

イルヴェスが土壇場で避難したのは、緊迫の度合いを増すタリンから身を守るためだ。暴力が何日間も街を揺るがしていた。怒れる暴徒の大半は国内にいる少数のロシア系住民で、車を横転させたり、店の入口を破壊したりして、何百万ドルもの損害を与えた。警察と揉《も》み合い、政府の退陣を要求していたが、これはロシア政府の声明が反映されたものだ。

ある象徴的な侮辱が混乱の引き金となった。ソ連崩壊から16年、ついにエストニア政府は第2次世界大戦の犠牲者の墓に囲まれたソ連兵の銅像をタリンの中心部から移設することを決める。国内のロシア系住民にとって、墓と高さ2メートルの銅像は、エストニアを占領したナチス軍を打ち破るためにソ連が払った血の犠牲の記念だ。だが大半のエストニア人にとって、それらはシベリアへの大量の強制移送や数十年間にわたる経済停滞といった、その後の残忍なソ連による占領を思い出させるものだった。

銅像は何年間も、エストニアとロシアおよびロシア語話者の住民との緊張関係の火種となっていた。２００７年4月下旬、エストニア政府の職員がソ連の戦没者墓地を掘り起こし、銅像といっしょに街のはずれにある軍の墓地へ移したところ、親ロシアの住民がタリンの中心部に殺到し、街は騒然となる。

イルヴェスは不本意ながらタリンを離れたが、ますます激しくなる暴動を心配しつづけていた。早朝、農場の2階の寝室で起床すると、まず MacBook Pro を開き、エストニア最大の新聞《ポスティメース》のウェブサイトで、暴動やロシアによるエストニア政府転覆の要求についての最新情報をたしかめようとした。ところが、なぜか画面にニュースサイトが出ない。ブラウザの接続要求が時間切れとなり、エラーメッセージが表示された。

エストニアのほかのニュースサイトも試したが、そちらもダウンしている。イルヴェスのコンピュータの Wi-Fi カードの問題なのだろうか。あるいはルータの問題か。しかし、イギリスの《フィナンシャル・タイムズ》のサイトは問題なく表示される。そのあと、エストニア政府のウェブサイトをいくつか見ようとしたが、どこにもつながらなかった。

ＩＴ管理者に電話をかけ、アルマのインターネット接続に問題があるかどうか尋ねた。大統領担当の技術スタッフは途方に暮れた声で、アルマだけではないんです、と話した。エストニアのサイトはどこからも見ることができないようだった。エストニア国内のほとんどのウェブサイトがなぜか利用できなくなっていた。

エストニアはそれまでの10年間でソ連時代の停滞状況から抜け出し、世界有数のデジタル先進国となっていた。インターネットはエストニアの国民生活にとって重要な柱だ。銀行取引の95パーセントをウェブですませ、所得税の80パーセント近くをオンラインで申告する。またエストニアは、選挙でインターネット投票が可能になった世界初の国だ。イルヴェス自身も、大臣として、のちには大統領として、こうした取り組みの多くを進めたことを大きな手柄にしていた。だがいま、イルヴェスが推進した比類なくウェブにやさしい社会は、ウェブで起こった比類ない崩壊を経験しているようだった。

人里離れた農場で、表示されないサイトをいろいろ試しながら、イルヴェスは単なる技術的な不具合よりもはるかにひどいことを感じていた。戦場の霧に迷いこんでいた。これは、紛争の重大な局面で戦略的に何も見えず、孤立した感覚だ。「これは何かの前触れなのか？」イルヴェスは自問した。「いったい何が起こっているのだろうか」

押し寄せるＤＤｏＳ攻撃に最後の手段をとる

攻撃はその前夜にはじまった。ヒラー・アーレライドは攻撃をずっと待ちかまえていた。エストニアのコンピュータ緊急対応チーム（ＣＥＲＴ）の責任者であるアーレライドは、何日ものあいだ、ハッカーフォーラムを監視していた。数人の匿名者が、兵士の銅像を排除した報復として、エストニアのウェブサイトに大量のジャンクトラフィックを流す作戦の計画を進めていたからだ。匿名者は志願者のコンピュータから多くの標的へ繰り返し ping コマンドを送信させ、そのサイトのサーバに総あたり型のＤＤｏＳ攻撃を集中させていた。

最初の大波が押し寄せたのは、アーレライドがアイルランドの小さな町の警察学校で2週間にわたるフォレンジック解析の訓練を終え、近くのパブでギネスを飲んでいるときだった。ＣＥＲＴから電話がかかってきて、同僚は「ついにはじまった」と言った。いつものように会話は短く、ふたりは攻撃を調べ、計画どおりに以下の対策をとることを決めた。サイトの管理者と協力して帯域幅を増やす。バックアップサーバをオンラインに移す。悪意のあるトラフィックを排除する。元パトロール警官のアーレライドは、短く刈った髪型でつねに無精ひげを生やし、口数は少ない。10秒も経たないうちに電話を切り、ギネスを飲みに席へもどった。

　翌朝、エストニア南部の農場で大統領がネット接続にまだ頭を悩ませているころ、アーレライドはタリン空港に迎えにきたＣＥＲＴの同僚からサイバー攻撃の被害状況を聞いていた。悪意のあるデータがますます押し寄せ、標的にされたサイトも増加していた。メディア、防衛省や議会などの政府サイトの大半が大規模な集中攻撃を受け、その多くがオフラインにされていた。

　アーレライドは動じなかった。この種のＤＤｏＳ攻撃は技量のないハッカーでも実行可能で、そのほとんどはつまらない恐喝に使われる。この時点でアーレライドは、こうした迷惑行為への通常の対応をしていれば、やがて攻撃者はせめぎ合いに飽きるので、自分たちは勝利を収められるだろうとまだ思っていた。「おれたちで対処できる」ＣＥＲＴの同僚に言った。攻撃は単なる「サイバー暴動」であり、タリンの通りで起こっているカオスがインターネットに延長された程度のものだと考えた。

　しかし攻撃３日目の時点では、これらはよくあるウェブサイトのダウンではなく、通常の対応では防ぎきれないと、はっきりと理解していた。悪意のあるトラフィックの洪水を遮断しようとするたびに、攻撃者は手口を変え、その網目をかいくぐって新たに襲いかかってくる。害をもたらすその洪水に、ますます多くのコンピュータが戦力として加わっていく。攻撃側の主体は、個人の志願者から、数万台もの奴隷化されたコンピュータからなる巨大なボットネットへ移った。それらをコントロールするのは犯罪組織のハッカーで、そのなかには、インターネット上のスパムメールやクレジットカード詐欺といったサイバー犯罪のかなりを担う悪名高いロシアン・ビジネス・ネットワークも含まれていた。これはマルウェアで奴隷化されたパソコンがベトナムからアメリカまで世界じゅうにひろがり、エストニアへ向けて大量のデータを送っていることを意味する。

　攻撃者の目的は、単なるＤＤｏＳ攻撃からサイトの改竄へと変化し、表示するコンテンツをナチスの鉤十字《かぎじゅうじ》やヒトラーの口ひげをつけたエストニアの首相の写真に置き換えた。どちらも組織的にエストニア人を反ロシアのファシストに仕立てようとしたものだ。被害先はすさまじく増えつづけ、銀行、電子商取引サイト、さらにはタリンのアパートメントの住人フォーラムまで、あらゆるサイトが標的となっていた。「その数は20、50、１００と増えつづけ、そのうち対応できるような数ではなくなってしまいました」とアーレライドは話す。「日曜日になるころには、通常の対応ではどうにもならないことに気づきました」

月曜日の朝、アーレライドは標的にされた主要な商業サイトと政府サイトの管理者をタリン中心部のＣＥＲＴのオフィスに集めた。会議では、きわめて過酷な手段を新たにとることで合意した。判明している悪意あるトラフィックの発信元を除外するのではなく、エストニア国外からのすべての接続を除外リストに入れることにしたのだ。

エストニアのウェブ管理者たちがトラフィックをひとつずつ除外リストに入れると、サーバの負荷は緩和された。これによってエストニア国内から送信されるわずかな攻撃のトラフィックもたやすく吸収できた。しかし、この戦略には一定の代償がある。エストニアのメディアをほかの世界から切り離したことで、国外から暴動やサイバー攻撃の記事を見ることができなくなった。エストニアという小国は、外国からの攻撃をうまく締め出したが、見方を変えれば、みずからを閉じこめたことになる。

戦勝記念日の総攻撃

海外からのトラフィックを締め出してからの数日間で、エストニアのＣＥＲＴはインターネット上の鎖国を徐々に解きはじめる。アーレライドと同僚は、世界じゅうのインターネット・サービスプロバイダと協力し、それぞれのトラフィック元で管理されている悪意ある感染したマシンをなんとか特定し、排除した。攻撃はなおもつづき、変異し、発生元を変えたが、攻撃がはじまって1週間後、なんの前触れもなくおさまった。

　しかし、その後の不気味な静けさのなかでも、エストニアの防御陣は攻撃者がもどってくることがわかっていた。５月９日はロシアの戦勝記念日で、ソ連が4年間の計り知れない損失と犠牲のあとにヒトラーを打ち負かしたことを祝う。ハッカーフォーラムのチャットによると、つぎの攻撃の手はその象徴的な日のために温存されているのは明らかで、大義のための攻撃に参加する仲間が呼び集められていた。ある投稿者は「ｅＳＳｔｏｎｉａ《エストニア》の連中の方針には反対だよな?」とロシアのフォーラムに書きこんでいた[1]。〝ＳＳ〟とＳを重ねているのは、エストニアとナチスを無理やり結びつけるためだ。「この状況に自分はなんの協力もできない?　インターネットなら、それが可能だ!」

「攻撃は大規模になるだろう。計画どおりなら、エストニアはぶっつぶれるはずだ!」別の投稿にはそう書かれていた。

　モスクワ時間で５月９日の午前０時ちょうど、何十ものボットネットに駆り出された１００万台近いコンピュータがエストニアのインターネットに新たな集中砲火を浴びせると、58のサイトが同時にダウンした[2]。

　アーレライドはその夜ずっと、さらにその後数日間、親しくなったインターネット・サービスプロバイダと協力して、この新たな悪意あるトラフィックを排除した。だが、攻撃の第

2波で、一部のハッカーは単なる総あたり攻撃の先へ進む。アーレライドが目にしたのは、ソフトウェアの脆弱性を悪用した、より高度な攻撃だった。ハッカーはこの攻撃でインターネットルータを一時的に麻痺させ、ＡＴＭやクレジットカードなど、インターネットを利用したシステムをダウンさせた。「牛乳やパンを買いに店へ行ったとしても、支払いにカードは使えません。ＡＴＭで金をおろすこともできません。それでしかたなく、牛乳とパンを手にすることなく店を出ることになります」アーレライドはそう話した。

しかし、攻撃がエスカレートするにつれ、エストニアのウェブ管理者や国民が受ける衝撃や驚きは逆に弱まっていく。アーレライドと国内のＩＴ管理者たちは、攻撃に対してエストニア流の冷静さを身につけたという。毎晩、寝ているあいだは攻撃者に標的を好きなように破壊させる。翌朝起きると、見つけた混乱を処理し、新しいトラフィックを排除し、ルータを再起動して、勤務時間がはじまるまでに国内のデジタルインフラを正常にもどす。ルータへのより高度な攻撃でさえ、効果は一時的で、再起動すれば元どおりになるという。

アーレライドは、この籠城《ろうじょう》防衛の一連の作業を冬のエストニア人の1日になぞらえる。1日に数時間しか太陽が出ない氷点下の気温を耐える能力は、何千年もかけて育《はぐく》まれたものだ。「仕事をはじめる時間はまだ暗いんです。それなのに帰宅する時間はもう暗くなってます。長時間、光をまったく目にしないので、こうしたことへの準備はできています」とアーレライドは言う。「薪《まき》を用意すればいいんですよ」

サイバー攻撃の背後にいるのはだれ？

攻撃は戦勝記念日以降も断続的に繰り返されるが、月末までにはようやく減り、やがてなくなった。ハッカーは、10年経ったあともはっきりとはわからない疑問を残した。攻撃の背後にはだれがいたのか。何を実現させたかったのだろうか。

イルヴェスやアーレライドのような騒動の中心にいた人は、エストニアへの猛攻撃の計画と実行には、愛国心を持ったハッカーだけではなく、ロシア政府がかかわっていると当初から考えていた。最初のごくわずかな悪意のあるトラフィックのあと、攻撃は洗練され、タイミングや手法はきわめて専門的なものとなり、はぐれ者のハクティビストの仕事とは思えなくなる。何十個ものボットネットをコントロールしているロシアの犯罪組織を束ねているのは何者なのか。セキュリティ企業アーバーネットワークスの分析で、これらのトラフィック元の重要部分は、ロシアでクレムリンを公然と批判した野党の大統領選候補者ガルリ・カスパロフ（訳注：チェスの元世界チャンピオン）のウェブサイトをはじめてＤＤｏＳ攻撃したときのものと同じであることがわかった[3]。

「非常に組織化されていました。こうした組織をつくることができるのはだれでしょうか。

犯罪組織ではありません。政府です。そしてこれをいちばん望んでいるのはロシア政府です」とアーレライドは話す。

　攻撃の真っ只中にいるほかのエストニア人は、それらを非政府系のハッカーと政府の管理者のある種の共同作業と考えた。あるいは、ロシアン・ビジネス・ネットワークのような犯罪集団とも考えられた。警察が不法なビジネスに目をつぶる見返りに、サイバー犯罪集団はクレムリンの支援者の指示を受ける。「まるで封建制ですよ。ある商売をするには、その地域の親分の許しを得て、感謝の贈り物をするわけです」攻撃を受けた当時、エストニア最大の銀行ハンザバンクでＩＴセキュリティ部門の責任者だったヤーン・プリッサルは言う。「親分が戦争をはじめようとしたら、子分も戦わなくてはいけません」

　２００７年初頭、ロシアの親分は実際に戦争をはじめようとしたか、少なくとも新しい冷戦への舵《かじ》を切ろうとした。エストニアへの攻撃の2カ月前、プーチンはミュンヘン安全保障会議の壇上で、世界の地政学に危うい不均衡をつくり出したアメリカとＮＡＴＯを激しく非難する歴史的な演説をおこなう。冷戦後の「一極」体制ではアメリカと同盟国の力を対抗勢力が抑制できないと批判した。

　プーチンは突出する超大国による一極同盟体制に直接的な脅威をまざまざと感じていた。3年前にエストニアは、同じバルト3国のリトアニア、ラトビアとともにＮＡＴＯに加盟し、サンクトペテルブルクから１６０キロメートルも離れていないロシアの玄関口まで、軍事同盟をはじめて連れてきたからだ。

「ＮＡＴＯはわれわれの国境に前線部隊を置いた」プーチンはミュンヘンでの演説でそう述べた。[4] そしてＮＡＴＯの拡大は「相互の信頼を著しく低下させる重大な挑発行為で、われわれはこの拡大がどこへ向かっているのか問いかける権利がある」とつづけた。言及されなかったその問いに対する答えは、むろん、ロシアとプーチン自身だ。

ＮＡＴＯの無為無策

３カ月後、エストニアへのサイバー攻撃がピークに達したとき、ロシア政府が関与を否定しているにもかかわらず、プーチンは攻撃への支持を隠さなかった。５月９日の戦勝記念日の演説では、ハッカーたちに暗黙の承認を与えた。「戦争の英雄の記念物を冒瀆《ぼうとく》する者は、自国民をも侮辱し、不和と新たな不信の種を蒔《ま》いている」モスクワの赤の広場に集まった聴衆にプーチンはそう語った。[5]

それにもかかわらず、ＮＡＴＯはエストニアへのサイバー攻撃をロシアによる加盟国へのあからさまな侵略行為として扱わなかった。ＮＡＴＯの規則を定めた北大西洋条約第５条では、加盟国への攻撃は全加盟国への攻撃と見なし、相応の集団的行動をとる、とされている。

ところが、サイバー攻撃をされた最初の週にイルヴェス大統領がＮＡＴＯ大使と話し合いをはじめると、ほかの加盟国から、ロシアの挑発に対して第５条の適用を検討するつもりはないと言われる。これは単なるインターネット上の攻撃であり、生命を脅かす実際の戦闘行為ではないというわけだ。

イルヴェスは、代わりに第４条について問い合わせるよう、自国の外交官に命じた。第４条は、加盟国の安全が脅かされた場合、「協議」のためにＮＡＴＯ首脳を招集することになっている。外交官はすぐにもどってきた。そうした穏やかな手段さえもうまくいかない。挑発の背後にロシアがいるとどうして確定できるのか。そもそもＮＡＴＯの外交官や首脳は、ＤＤｏＳ攻撃の仕組みをほとんど理解していなかった。トラフィックの発信元は組織に属さないロシア人のハッカーや犯罪者と思われ、さらに傍観者にとってわかりにくいことに、発信元は世界じゅうの国々にある乗っ取られたコンピュータのようだった。

こうした無為無策の根底には別の動機があった、とイルヴェスは話す。それは、西ヨーロッパのＮＡＴＯ加盟国とロシアの脅威に直面する東ヨーロッパのＮＡＴＯ加盟国のあいだのある種の亀裂《きれつ》だ。「『向こう側』とか『そちらはわれわれとはちがう』という感覚です」イルヴェスはそう語り、さらに西ヨーロッパのＮＡＴＯ加盟国の〝高慢かつ横柄〟な口ぶりをこんなふうに真似した。「『まあ、東ヨーロッパの人はロシア人が好きじゃないから、失敗をすぐにロシアのせいにする』とね」

結局NATOは、エストニアへの攻撃に対してロシアに毅然《きぜん》とした対応をとることはなかった。プーチンは、クレムリンまでたどるのが事実上不可能なツールを使用することで、NATO加盟国の鼻を血で染め、自国の関与を否定する新しい手立てをテストしたようだった。そして、NATOは東ヨーロッパのNATO加盟国を新しい形の大量破壊行為から守る政治的意思はないと正確に見きわめた。

エストニアで起こったこの2カ月間の出来事は、一部の専門家のあいだでは、史上初のサイバー戦争、あるいは、刺激的に〝第1次ウェブ大戦〟と言われるようになる。実際のところ、このサイバー攻撃は現実の戦争ほど悲惨ではなかった。「サイバー版真珠湾攻撃」の脅威は未来に残された。だがロシア政府は、敵対国の政府と市民社会に対して無差別で前例のない破壊を見せつけることに成功し、しかもなんの咎《とが》めを受けることもなかった。

12 回想 ジョージア

南オセチア紛争下の首都トビリシ

ロシア軍の戦車が自分のいる場所へ向かってくるのをカトゥーナ・ムシュヴィドバゼが知

ったのは、日が暮れて数時間過ぎたあとだった。

２００８年８月11日、旧ソ連の共和国ジョージア（グルジア）の首都トビリシ中心部にあるＮＡＴＯ情報センターのオフィスで、ムシュヴィドバゼは夜遅くまで働いていた。当時彼女は、ジョージア防衛省の一部門であるこの組織で副所長を務め、このコーカサス地方の小国がＮＡＴＯの一員となれるよう懸命に活動していた。その大半は、イベントを開催し、ジョージアが黒海の向こうの西側諸国と協力関係を築けるよう報道してもらうことだった。ところがその夏、ＮＡＴＯ情報センターは、はるかに緊急性の高い新たな仕事をかかえていた。ロシアの侵攻をめぐってメディアの主張を牛耳ろうとするクレムリンとの戦いだ。

紛争は数日前にはじまった。ロシアはジョージア領内にある分離主義派のふたつの地域、アブハジアと南オセチアへ軍と大砲を移動させた。これに対抗し、ジョージア軍は先制攻撃をはじめる。８月７日、ジョージアは南オセチアのツヒンヴァリにある軍事目標を砲撃し、ロシアの侵攻によって不可避となりそうな紛争で主導権を握ろうとする。だがこの案はどう見ても、圧倒的な力で反撃するロシアを考慮に入れていなかった。

ロシアはジョージアに弾圧されているアブハジアと南オセチアを保護すると主張し、２万５０００人以上の兵士、１２００台の砲兵車両、２００機の軍用機、40機のヘリコプターで大挙してこの小国に押しかけた。１万５０００人にも満たないジョージア軍、８機の軍用機と25機のヘリコプターしかない貧弱な空軍をはるかに上まわる数だ。[1] 戦争の2日目、ロシアは第2次世界大戦以来はじめて黒海艦隊を派遣し、対岸のジョージアの海岸線を封鎖する。ジョージアはわずか数日のあいだに戦力で圧倒され、包囲された。

8月11日までに、ロシア軍は分離主義派の地域からジョージアの領土の中心部へ移り、ゴリ市を占領する。こうして、侵攻されたジョージアはふたつに分割された。その日の夕方までに、ロシアの戦車はゴリから首都までの約65キロの区間を封鎖する。

トビリシの中心街のオフィスで働くムシュヴィドバゼにとって、8月11日の夜は人生で最も混沌《こんとん》とした夜になる。まず、建物のインターネットがなぜかダウンし、ロシア軍のプロパガンダ――南オセチアとアブハジアでジョージア人が民間人を虐殺したというデマなど――に対抗する作業がほとんどできなくなった。

高まる無力感のなか、上司であるNATO情報センターの所長から電話がかかってくる。所長は数日前、進行中の紛争をジャーナリストとして取材するために南オセチアの前線へ向かい、留守中の組織の運営を副所長であるムシュヴィドバゼに託していた。所長はロシア軍がトビリシに向かっていると警告する。全員が避難する必要に迫られた。

それからの1時間でムシュヴィドバゼと職員は、占領された場合に備えて、ロシアの手に渡るかもしれない機密ファイルを削除したり、文書を裁断したりした。そして、最後の混沌が訪れる。突如、街じゅうが停電した——侵攻した軍による破壊工作の結果だろう。深夜0時ごろになって、ようやくスタッフは真っ暗な建物から飛び出し、そこで別れた。

当時、ＮＡＴＯ情報センターがはいっているガラスの建物は、トビリシのベイク地区の脇道をはいったところにあった。繁華なこの界隈《かいわい》は、ソビエト時代に街の知識人が集まった場所として知られている。ムシュヴィドバゼが近くの通りまで1ブロック歩くと、そんないつもの賑《にぎ》やかな景色が一変していた。停電で街灯は暗く、歩道を照らしているのは車のヘッドライトしかなかった。ドライバーはあらゆる交通法規を無視して信号の消えた交差点を突き進むので、道路を渡ることさえできない。彼女がむなしくタクシーに合図をするあいだにも、恐怖で泣いたり叫んだりする人たちがそばを駆け抜けていった。

ムシュヴィドバゼは、妹といっしょに暮らす郊外のアパートメントへ帰ることにした。しかし、妹に連絡することも、タクシーを電話で呼ぶこともできない。混乱したトビリシ市民が電話回線に殺到したせいで、携帯電話は断続的にしかつながらなかった。

30分かけてようやくタクシードライバーに連絡がつき、大混乱のなか、自分を見つけてもらった。それまで彼女は交差点で凍りつき、パニックと化す街を見ていた。「恐ろしく、正気とは思えない光景でした。この感覚は、戦場以外ではわからないでしょう」ムシュヴィドバゼはそう話した。「いろんなものが脳裏を駆けめぐりました。妹、家族、自分自身のこと。

そして、わが国の将来のことも」

ボットネットを監視するブレードランナー

1カ月ほど前、ホセ・ナザリオがジョージアで紛争が起こるのをながめていたのは、コーカサス地方の前線ではなく、アメリカのミシガン州のオフィスだった。サイバー攻撃を追跡するアーバーネットワークスのセキュリティ研究員であるナザリオは、7月の朝、アナーバーにあるミシガン大学のキャンパス南端から1ブロック離れたオフィスへ出社し、1日をいつもの作業ではじめた。昨晩のボットネットとの戦いの影響をチェックする作業だ。

インターネット上のあらゆるサイバー攻撃をリアルタイムで分析するため、アーバーネットワークスは BladeRunner《ブレードランナー》 というシステムを運用している。名前の由来はボットネットの追跡を目的としていることからだ。このシステムは、何百万もの〝ハニーポット〟群——世界各地に置かれた同社のサーバで動作する仮想コンピュータ——の一部であり、わざとハッキングされることで、奴隷化されたパソコンのボットネットの群れに組みこまれるよう設計されている。仮想コンピュータをある種のモルモットとして使い、マルウェアのサンプルを採取する。同社のビジネスモデルとしてさらに重要なのは、ボットネットのコマンド&コントロールサーバから受けとった指令を監視することで、こうした指令をたしかめることで、ハッカーの標的、使用している武器を判断できるようになる。

その朝の分析結果は、どこかおかしなものだった。ジョージアのミヘイル・サーカシビリ大統領のウェブサイトで、ある大きなボットネットが有害な ping を大量に仕込んでいた。このサイトは悪質なトラフィックの被害を受け、閲覧できない。サイトのサーバを圧倒したクエリ（訳注：データベースを検索する際の語句）には、管理者へのメッセージと思われる、以下のような奇妙な文字列が含まれていた――「win+love+in+Rusia」。

この奇妙でわずかに綴《つづ》りをまちがえた文字列（訳注：ロシアの正しい綴りはRussia）を見て、ナザリオはすぐに、この攻撃はただのゆすりなどではなく、政治的なものだと気づく。むしろ、前年にエストニアを猛攻撃したボットネットの手口に近いように思えた。これまでナザリオと同僚たちは、エストニアの出来事を興味深く追いかけていた。

「ほんとうのロシア語のほうが耳心地はよいかもしれません」ナザリオはメッセージについて語る。「でも、意味はかなりはっきりしています」ナザリオはある親しい人物に連絡をとり、ウェブ上の地政学的な争いについて話をすることにした。相手は、当時国務省でサイバーセキュリティと東ヨーロッパを担当していた若手アナリスト、ジョン・ハルトキストだ。

ハルトキストは国務省にはいって数カ月のあいだに、ナザリオと持ちつ持たれつの関係を築いていた。アーバーネットワークスが持つ攻撃のデータを利用したいハルトキストは、国務省へ売り込みにやってきたナザリオに自分のほうから電話をかけ、空港まで車で送ると申し出た。ナザリオのほうも、アーバーが追跡する攻撃の外交政策上の位置づけについて、ハルトキストの意見を聞きたかった。それ以来、ふたりのあいだに決まりごとができる。ナザリオがワシントンDCを離れるときには、ハルトキストの車でクリスタルシティにあるタパスレストラン《ジャレオ》まで行き、夕食をとることにしたのだ。そこでエストニア、イングーシ、チェチェンなど、さまざまな国を標的とする最新のサイバー攻撃について語り、そのあと、ナザリオの帰りの便のために空港へ急いだ。

ナザリオがジョージアの大統領のウェブサイトへの攻撃を発見したあと、ふたりはすぐにその全体像を検討した。ロシアとジョージアの緊張状態は限界に近づいている。ウクライナと同じく、ジョージアで新たに再選された西側寄りの大統領は、NATO加盟をめざしていた。ジョージアが加盟すれば、NATOはヨーロッパから最も遠い、ロシアの勢力圏にまでさらに拡大することになる。もちろん、その考えはクレムリンを激怒させた。

対するロシアは、アブハジアおよび南オセチアに駐留する軍を、平和維持軍の一部と称して、徐々に増強する。ジョージアはロシアが自国の主権をひそかに脅かしているとNATOに訴えるも総じて無視され、巨大で強力な隣国と紛争を起こさないようにと逆に警告される。その間も、ジョージア領内のロシアが支援する分離主義派の地域では小競り合いや暴力事件が頻発する。さらに爆撃や断続的な砲撃によって、ジョージアの警察や兵士だけではなく、多くの分離主義者も死傷した。

ナザリオとハルトキストの目には、ロシア政府、もしくはその目的に同調する愛国的ロシア人ハッカーは、エストニアとの紛争で試した新しいツールを使って、ジョージアへの圧迫を強めているように映った。ただし今回は、サイバー攻撃が実際の爆撃の前触れになっているかもしれなかった。

実際の爆撃と連携するサイバー攻撃

紛争が起こった8月7日の翌日、38のウェブサイトがＤＤｏＳ攻撃の波にほぼ同時に襲われた。そこには外務省、ジョージア国立銀行、議会、最高裁判所、トビリシにあるアメリカ大使館とイギリス大使館が含まれ、サーカシビリ大統領のウェブサイトもふたたび襲われた。ハッカーはエストニアのときのように、いくつかのサイトを改竄し、ヒトラーの写真と大統領の写真を並べて載せた。連携されている集中攻撃だった。30分以内にすべてがはじまり、ロシアが停戦交渉を開始する8月11日の正午過ぎまでつづいた[2]。

エストニアのときと同じく、攻撃を直接モスクワと結びつけるのは不可能だった。あらゆるボットネット攻撃がそうであるように、あらゆる場所から一気に攻めてくるからだ。しかし、セキュリティ企業セキュアワークスと非営利組織シャドーサーバ財団の研究員は、攻撃をロシアン・ビジネス・ネットワークと結びつけることに成功する。[3]このサイバー犯罪組織のボットネットは、エストニアへの攻撃にも加担していた。ほかにも、StopGeorgia.ru といったサイトを通じて組織された草の根のハッカーたちもいた。

　デジタル攻撃と実際の爆撃が不気味なほどに連携していることもあった。たとえば、ハッカーがゴリ市の公式サイトや報道機関を攻撃したのは、ロシアの戦闘機が同市への爆撃をはじめる直前だった。

「首都ではなくゴリに爆弾を落とすことを、ハッカーはなぜ知っていたんでしょうか」セキュアワークスの研究者ドン・ジャクソンはそう問いかける。[4]「わたしが見た様子からは、ある程度のレベルで連携や指揮、あるいはその両方がとられていました」

　ムシュヴィドバゼはジョージア紛争後に政治学とサイバーセキュリティ政策の博士号を取得し、現在はセキュリティ研究員、コンサルタントとして働いている。クレムリンがサイバー攻撃に直接関与していたのは、いまではほぼまちがいない、と彼女は主張する。「証拠はいくらでもあります」声に怒りがこもる。「これはロシア政府のしわざです。関与を否定するためにプロキシ（訳注：表向きには政府の協力者とわからない形にした組織）やオリガルヒや犯罪者を使って、身元の特定を困難にしています。でも、そうした手はもう通用しません。相手も、目的もわかっているんですから」

ジョージアへの攻撃の詳細は、ジョン・ハルトキストの頭にそのまま残った。6年後にサンドワームを追跡しているとき、記憶のファイルにしまっていたある手がかりがふたたび姿を現す。ジョージアを攻撃したハッカーの多くは、あるマルウェアを使ってデジタル部隊を指揮・統制した。このマルウェアはまだ初期の段階にあったが、時間の経過とともに、サイバー戦争のためのより洗練されたツールへと進化していくことになる。そのツールこそ、BlackEnergy だ。

紛争でのサイバー攻撃の役割

２００８年8月12日、ロシアとジョージアは停戦に合意した。その後も数日間、ロシアの戦車は最後の挑発としてジョージア領内に進軍をつづけるが、ついには引き返して撤退する。首都へは一歩もはいらなかった。砲撃は止まり、ロシア艦隊は黒海の封鎖を解いた。

撤退はしたが、ロシアがジョージアとの短い戦争で利益を得たのはまちがいない。この結果、アブハジアと南オセチアにいる親ロシアの分離主義者が支配を強化し、ロシアはジョージア領土の約20パーセントにあたる恒久的な足場を得た。[5] ロシアは、14年のウクライナのときのように、小さな隣国を征服したり占領したりはせず、その領土内でさほど激しくない戦争が長くつづく「凍結された紛争」にジョージアを閉じこめることにしたのだ。ムシュヴィドバゼのような多くのジョージア人の夢は、自国がＮＡＴＯの一員となってロシアの侵略から守られるということだが、それは無期限に停止された。

　ロシアのサイバー攻撃はこの紛争でどんな役割を果たしたのだろうか。実際のところ、何もないとムシュヴィドバゼは言う。「あのころはサイバーなんてだれも考えていませんでしたし、何も知りませんでした」当時のジョージアはまったくと言っていいほどエストニアとはちがった。ジョージア人１００人のうち７人しかインターネットを使っていなかった。[6] そのうえ、ウェブサイトにアクセスできないことよりもはるかに差し迫った問題があった――街や村のいたるところで砲弾が爆発し、戦車が自宅に向かって音を立てて走っていたのだ。

　しかし、サイバー攻撃はジョージアの国内外で幅広い混乱を引き起こした。ジョージア人が西側諸国へ助けを求め、ロシアとの戦争を語る重要な機会を奪った。たとえば、戦争がはじまるきっかけはロシアがその数週前にジョージア領内にひそかに軍隊や資材を集めたことではなく、ジョージアがツヒンヴァリを砲撃したことである、と一般的には思われている。ムシュヴィドバゼはそのことについていまだに憤慨している。

　そしておそらく、サイバー攻撃の実際の効果よりも重要なのは、ロシアが歴史的前例をつくったことだ。ハッカーによる破壊工作と伝統的な戦争をこれほど公然と連携させた国はこれまでになかった。ロシア人は戦争のあらゆる領域で敵を支配しようとしてきた。陸、海、空、そしてこんどはインターネットだ。ジョージアは、デジタルと現実世界をつなぐ新種のハイブリッド戦争の最初の、粗野な実験場となったのだ。

ジョージア紛争とエストニア紛争の両方をいま振り返れば、このあと起こったことの原型がハルトキストには見える。その背後にいるロシア人ハッカーは、サンドワームとは技術面でも資金面でもまったく比べものにならない。しかし、軍事と民間の境界をほとんど考慮しない、無制限で無差別のデジタル攻撃の時代が到来することを暗示している。

「停電を起こすハッカー？　まだそこには到達していませんでした」とハルトキストは話す。「とはいえ、サイバー戦争が今後どうなろうとも、このときにはじまったのはまちがいありません」

13　回想　スタックスネット

歴史上最も洗練されたサイバー兵器

２００９年１月、バラク・オバマは大統領就任の数日前にジョージ・Ｗ・ブッシュ大統領と会い、最高機密のさらに下に隠された問題について話し合った。国家安全保障に関するほとんどのことは、たとえ核ミサイルを発射する命令手順のような敏感なものであろうと、担当者から次期大統領へ説明する。[1] だがブッシュは、そのことについてはオバマ本人と話す必要性を感じていた。[2] 前代未聞の計画を継続してもらいたかったからだ。ブッシュ政権下でNSAが何年も開発してきた作戦が実を結びはじめたばかりだった。その作戦とは、のちにStuxnet《スタックスネット》と呼ばれる歴史上最も洗練されたサイバー兵器である。

　Stuxnetの構想は、２年以上前に絶望的なジレンマの結果として生まれた。２００５年、イランの大統領に就任した強硬派のマフムード・アフマディネジャドは、自国の核開発能力を進展させる意思を公に宣言する。このなかには、原子力発電に利用可能なレベルまでウランを濃縮することも含まれていた。しかし国際監視団は、イランには原子力発電所がひとつしかなく、濃縮ウランはすでにロシアから供給されていると指摘する。[3] 監視団は、より不純な動機を疑う。アフマディネジャドは核兵器を所持したいと考えているのではないか。この望みは、イスラエルには自国の存在を揺るがしかねない脅威と映るだろう。中東全体に火をつけかねない潜在的な危機である。

　イラン政府はイラクとの残忍な戦争に巻きこまれた１９８０年代のはじめ以降、核兵器を入手しようとしていた。イラクのサダム・フセイン大統領が自国で核爆弾を製造するのではないかと疑ったからだ。しかし、両国ともに実際には核の野望は達成していない。あれから数十年が経ったが、世界の核超大国入りに向けたイランの歩みは遅々として進んでいなかった。

ところが２００５年夏、アフマディネジャドが大統領に選ばれてから２カ月も経たないうちに、イランは国際原子力機関（ＩＡＥＡ）と結んだ核開発を停止する合意を破棄した。[4] イランはこの合意までの長年のあいだに、イラン中部の都市ナタンツの砂漠に、広さ約２万５０００平方メートルの大半が地下８メートルにある施設をふたつ建設していた。この巨大地下施設の目的は、ウランを濃縮して、兵器に使える純度にすることだった。アフマディネジャド政権下で、このナタンツの施設での活動がふたたび本格化する。

２００５年、アメリカの情報機関は、イランが核爆弾を開発するにはあと６年から10年かかると推定した。イスラエルの情報機関は、より短い５年と推定した。だが、イランがナタンツのウラン濃縮計画を再開すると、イスラエルの情報機関はその推定値をわずか２年に縮める。イスラエルはアメリカの当局者に、イランは６カ月で核爆弾を準備できるかもしれないと非公式に伝えた。危機は迫っていた。[5]

極秘計画〝オリンピック・ゲームズ〟

その期限が近づくと、ブッシュ政権の国家安全保障チームは、ふたつの選択肢を検討する。

どちらも魅力的な選択肢とは思えなかった。非常に攻撃的で予測のできないイランに大量破壊兵器を入手させるか、アメリカがナタンツをミサイルで攻撃するという戦争行為しかなかった。実際のところ、どちらを選んでも戦争は避けられないように思えた。イランが大胆にも核の野望を満たす点にかぎりなく近づくようなことがあれば、強硬路線のイスラエル政権は、すぐにでもイランをミサイル攻撃するだろう。「３つ目の選択肢が必要だな」ブッシュはまわりの者たちに何度もそう話した[6]。

その３つ目の選択肢が Stuxnet である。期待を持たせるアイディアだった。これはイランの核計画をミサイル攻撃と同じくらい効果的に阻止するためのコードである。しかも、本格的な軍事攻撃の危険や巻き添えの被害なしに、ナタンツの地下で実行できる。国防総省の戦略司令部は、テイラード・アクセス・オペレーションズ（ＴＡＯ）として知られるＮＳＡの精鋭からなる攻撃ハッキングチームと、ユニット８２００として知られるイスラエルのサイバーセキュリティチームとともに、これまでにないマルウェアの開発をはじめた。それは、ナタンツの重要な設備を混乱に陥れるだけでなく、設備そのものを破壊することになる。

エネルギー省の国立研究所は、07年までにイランが使用しているものと同じＰ１型遠心分離機を何台か手に入れていた。分離機の輝くシリンダーは電柱ほどの太さで、高さは２メートル近くある。研究所では、この本物を使って装置の特性を何カ月もひそかにテストし、デジタル上のコマンドだけで破壊する方法を試した[7]（いくつかのテストはアイダホ国立研究所で実施された。ほぼ同時期に研究所の職員たちは、巨大なディーゼル発電機を数行のコードで破壊できることを示す実証実験〝オーロラ〟に取り組んでいた。この実験を主導したマイク・アサンテは、Stuxnet に関する質問にはいっさい答えていない）。

テストがはじまって間もないころ、ブッシュの情報顧問が、コードだけで破壊した遠心分離機の金属くずをテーブルにひろげた。[8] ブッシュ大統領は感心し、悪意ある、すばらしいソフトウェアを開発する計画にゴーサインを出す。作戦のコードネームはオリンピック・ゲームズとした。このサイバー戦争のツールは、エストニアやジョージアでのサイバー攻撃が、まるで中世の投石器のように見えるほど洗練されていることがのちに証明される。

２００９年はじめにブッシュ政権が終わりを迎えるとき、オリンピック・ゲームズはまだ初期段階だった。Stuxnet は、イランのウラン濃縮過程に侵入し、破壊する潜在力を示しはじめたばかりだった。そこでブッシュはオバマとの緊急の引き継ぎ会議を開く。退任予定の大統領が後任の大統領へ、サイバー戦争の地政学的な重要性と扱いにくさについて直接説明した。こうした試みはこれまでに一度もなかった。

オバマはブッシュの話に耳を傾けた。Stuxnet の作戦をただ継続するつもりはなかった。オバマは作戦を大幅に拡大することになる。

ウランを濃縮する遠心分離機とは

人類の存続にとって幸いなことに、世界で最も破壊力のある兵器に使用できる純度までウランを濃縮するのは、とんでもなく複雑な手順が必要である。地中から掘り出されるウラン鉱石の大部分は、ウラン２３８と呼ばれる同位元素でできている。そのなかに1パーセント未満しか含まれていないのがウラン２３５という銀色の金属状の物質であり、ウラン２３８よりもわずかに軽い。核分裂反応に利用でき、都市全体に電力を供給したり、都市をまるごと破壊したりするほどのエネルギーを放出する。原子力発電に使用する場合には、ウラン２３５が全体の約３パーセントから５パーセント含まれていればいいが、核兵器に使用する場合には、この希少なウラン２３５が全体の95パーセントも必要となる。

そこで遠心分離機の出番だ。濃度をあげて核爆弾に使用できる物質にするには、ウランをガス化して、遠心分離機の長いアルミニウムのシリンダーに注入しなくてはならない。その長いシリンダーの内側にあるチャンバーは、一方の端にあるモーターで1分間に何万回転もするので、いちばん外側は音速以上のスピードで動く。[9] 回転するシリンダーの中心から壁に押し出される遠心力は、重力の１００万倍にも達し、ウラン２３５を重いウラン２３８から分離させて、吸いあげられる状態にする。核兵器に使うレベルの濃度にするには、遠心分離機の〝カスケード〟を通してこの過程を何度も繰り返さなくてはならない。そのため、地下深くに隠されたナタンツのようなウラン濃縮施設には、高さがあって壊れやすく、高度な技術を使った何千台もの回転装置の巨大な森が必要となる。

Stuxnet は、こうした機械に投げこまれる、目には見えない理想的な破壊物として設計された。

２００８年のある時点から、ナタンツのエンジニアは不可解な問題に直面するようになった。遠心分離機のひとつが、なぜか不定期に制御不能となって回転しはじめ、内部のチャンバーは入念に設計されたベアリングが耐えられる以上の速度で動くのだった。別のケースでは、チャンバー内の圧力が上昇し、シリンダーが回転の軌道からはずれてしまった。回転するシリンダーは超音速で筐体《きょうたい》に衝突し、装置は内部からばらばらになった——ちょうど1年前にアイダホ国立研究所でおこなわれたオーロラ実験で、ディーゼル発電機がみずから分解したのとまったく同じように。

ナタンツのオペレーターは突然機械が自壊するのを解明するため、遠心分離機の数値をチェックしたが、なんの兆候も警告も見つからない。さらに、自壊は起こりつづける。最終的に工場の管理者は、職員を遠心分離機の横にすわらせて直接監視させ、この謎を解明する手がかりがないかたしかめた。問題を特定するために、１６４台の遠心分離機からなるカスケード全体の使用を停止した。しかし何もわからない。
「故障によって、科学者たちにみずからを愚かだと思わせる意図は果たされました」極秘に進めたオリンピック・ゲームズに参加したひとりは、のちに《ニューヨーク・タイムズ》の記者デービッド・サンガーにそう語った[10]。アメリカとイスラエルの情報機関は、イランの科学者たちのあいだで、度重なる大事故の責任を追及するといった内紛の兆候を確認した。何人かの科学者は解雇された。

　時間が経つにつれ——この作戦を進めるにつれ——ナタンツの遠心分離機の問題はますます深刻な事態となった。09年末から10年頭にかけて、イランの核開発を注意深く監視していたＩＡＥＡの職員は、イランが通常の故障率をはるかに上まわるペースで、ウラン濃縮施設から廃棄する遠心分離機を運び出している証拠を見つけた。ＩＡＥＡの関係者の話では、当時ナタンツにあった８７００基の遠心分離機のうち、２０００基が破損したという[11]。

　つまり、オリンピック・ゲームズはうまくいっていた。アメリカとイスラエルのハッカーは、中東を戦争の瀬戸際まで追いこんだ装置のど真ん中にデジタルの破壊コードを埋めこんだ。そして、不気味なほど精密にそれを破壊した。Stuxnet は、相手に攻撃を受けていると思わせることすらなく、クーデターを成功させたのだ。２０１０年の夏までは、すべてが計画どおりに進んだ——だがそのとき、Stuxnet の背後にいるハッカーは自分たちの創造物のコントロールを失い、それを世界にさらしてしまった。

感染はＵＳＢメモリを利用か

Stuxnet の発見は、サンドワームの発見と同じようにはじまる。ゼロデイ脆弱性だ。

２０１０年６月、ベラルーシのミンスクに拠点を置く、あまり知られていないウイルス対策企業ウイルスブロック・アダは、イランの顧客のコンピュータがクラッシュと再起動を繰り返すループに陥っていることに気づいた。同社の研究員が調べたところ、クラッシュの理由は想像していたよりもはるかに洗練されていたことがわかる。「rootkit」と呼ばれる超ステルス型のマルウェアが、コンピュータのＯＳの奥深くに潜んでいた。そのマルウェアを分析すると、さらに驚くべきことが判明する。感染した理由はひどいゼロデイ脆弱性によるもので、これはウィンドウズがＵＳＢメモリの内容を表示する機能を利用したものだった。コンピュータに差しこまれるとすぐに、ＵＳＢメモリからマルウェアが飛び出し、使用者にまったく気づかれずにマシンにインストールされる。[12]

ウイルスブロック・アダ社がセキュリティフォーラムでマルウェアに関する声明を発表すると、セキュリティ大手シマンテックの研究員たちはそのスレッドを採りあげた。その後研究員は、数カ月かけて犯人を追うことになるが、その探偵小説のような話は、キム・ゼッターの Stuxnet に関する最も信頼できる著作『ゼロデイへのカウントダウン』（未邦訳）にくわしく書かれている。このマルウェアのサイズと複雑さだけでも驚異的だ。コードは５００キロバイトのコードで構成されている。これは通常扱う典型的なマルウェアの20倍から50倍のサイズだ。そして、研究員が中身をリバースエンジニアリングしたところ、さらに３つのゼロデイ攻撃のコードを含み、ウィンドウズ・マシンへ簡単に拡散できることがわかった――洗練されたハッカーの手口を完全に組みこんだ自動化された武器である。

１度の攻撃でゼロデイ脆弱性を４つも利用するマルウェアなど、セキュリティ界隈ではだれも見たことがなかった。最終的にコード内のファイル名から Stuxnet とマイクロソフトが名づけた。このマルウェアが、これまでに出まわったマルウェアのなかで最も洗練されたサイバー攻撃をおこなったことはまちがいない。

その夏の終わりまでに、シマンテックの研究員はパズルのピースをさらに集めた。その結果、このマルウェアは世界の３万８０００台のコンピュータにひろがり、そのうちの２万２０００台はイランで感染していることがわかった。そのマルウェアが、シーメンスの「STEP 7」というソフトウェアと情報のやりとりをすることも確認された。[13] これは産業用制御システムのオペレーターが装置を監視したり、コマンドを送信したりできるソフトウェアの一種だ。どうやら Stuxnet の目標は現実にある機械で――イランに関連しているようだ、と研究員は考えた。２０１０年９月になってようやく、ドイツの研究者ラルフ・ラングナーは、シーメンスが標的にしたコードをくわしく調べ、Stuxnet の目標は、ある特定の装置、すなわち核施設の遠心分離濃縮機を破壊することだと結論づけている。[14]

　最終的に研究員たちは Stuxnet の複雑な攻撃手順の流れをひとつにつなげることができた。まず、このマルウェアは空隙《エアギャップ》を飛び越えるように設計されている。イランのエンジニアは用心深く、ナタンツのネットワークをインターネットから完全に遮断していた。そこでこのマルウェアは、高度に進化した寄生虫のように、人との接触を利用して感染する。ＵＳＢメモリの中に気づかれないように移動して潜伏し、やがて濃縮施設の隔離されたシステムに接続される（シーメンスのソフトウェアエンジニアがマルウェアの運び屋だったかもしれないし、ナタンツで働いているスパイが意図的にＵＳＢメモリを差しこんだのかもしれない[15]）。

　Stuxnet は、空隙で遮断されたネットワークに侵入すると、ボトルシップのように中でひろがり、作成者の手を煩わせない。ゼロデイ脆弱性を利用して、シーメンスの STEP 7を実行しているコンピュータを探しながら、静かにひろがる。見つけると、その中に潜み、やがてデータを解き放つ。Stuxnet がコマンドを送りこむのは、装置に接続されているプログラマブル・ロジックコントローラで、これは現実にあるマシンとデジタル信号のインターフェースとして機能する小型のコンピュータだ。ひとたび感染すると、ＰＬＣが制御する遠心分離機は激しく自壊することになる。最後のすばらしい仕上げとして、このマルウェアは攻撃前に装置からのフィードバックを記録する。激しく攻撃するあいだ、その記録を再生することで、シーメンスの画面を見る施設のオペレーターは手遅れになるまで不具合にまったく気づかない。[16]

Stuxnet の唯一の欠点は、効果がありすぎたことだ。セキュリティ研究者のあいだでは、マルウェアが作成者のコントロールを超えて拡散するのは当然のことと思われている。Stuxnet も例外ではない。ナタンツの標的をはるかに超えてひろがり、世界の１００カ国以上のコンピュータに感染した。ナタンツ地下の遠心分離機以外への感染では、実際の破壊は起こっていない。しかし、こうした感染で、極秘だったマルウェアの覆いは吹き飛び、何年にもわたって何百万ドルも費やして開発した作戦は白日のもとにさらされた。[17]

Stuxnet の目的が明らかになると、すぐにアメリカとイスラエルがマルウェア作成の第一容疑者となった（ただし、《ニューヨーク・タイムズ》の1面記事で両国の関与が確認されるまでには、さらに2年を要する）[18]。

Stuxnet の存在が公になると、オバマ政権は作戦をどう進めるかを決めるための緊迫した会議を何度も開く。アメリカが背後にいることを突き止められる前に、この計画は中止すべきだろうか。イランのエンジニアが問題の真の原因に気づき、ソフトウェアの脆弱性を修正して、Stuxnet を永遠に締め出すのは時間の問題だと思われた。
ところが、このマルウェアの背後にいるアメリカとイスラエルは、失うものは何もないと判断する。[19] そこで一発勝負に賭《か》け、最初の Stuxnet よりもさらに攻撃的に設計された最終バージョンを新たに投入した。こうして、イランのエンジニアが脆弱性を修正する前に、さらに１０００台近くの遠心分離機を破壊し、サイバー攻撃による実害としては、最後に最高の一撃を与えた。

アメリカのゼロデイ脆弱性コレクション

Stuxnet は国家が主導するハッキングに対する世界の見方を永久に変えることになる。最先端のサイバー戦争はナタンツの故障した遠心分離機の内部で起こっており、07年と08年のロシアによる幼稚なウェブへの妨害から、高度な技術による自動化された物理的な破壊へと大きく進展していた。

ブッシュとオバマの最終決断によって実行されたサイバー攻撃がその費用に見合うだけの価値があったかどうか、歴史はまだ判断しかねている。アメリカの一部の情報分析者の話によると、Stuxnet はイランの核計画を１、２年間遅らせ、オバマ政権にきわめて重要な時間を与えた。結果としてイランを交渉のテーブルにつかせることができ、２０１５年の核合意に至ったという。[20]

　だが実際のところ、ナタンツ作戦の長期的な勝利はそれほど決定的ではなかった。ナタンツでは、遠心分離機の故障と大混乱にもかかわらず、２０１０年のあいだにウランの濃縮速度はあがり、２００８年に比べて１・５倍の速度で核兵器に利用可能なレベルに濃縮できるようになった。[21] 言うなれば、Stuxnet はアフマディネジャドの計画の加速を遅らせただけかもしれない。

　では、Stuxnet の代償はどうだろうか。特に注目すべきなのは、アメリカと、やや程度は劣るがイスラエルという最精鋭国家のハッカーたちの実力と攻撃性を世界にはじめてさらしたことだ。また、政府とサイバーセキュリティの優先事項についてアメリカ国民が知らなかったことを明らかにした。何しろ、Stuxnet で使われた4つのゼロデイ脆弱性を見つけたハッカーはマイクロソフトに報告しなかったため、ほかのユーザーは修正できなかった。逆に、そのゼロデイ脆弱性を秘密裏に悪用することで、世界じゅうのウィンドウズ・マシンをナタンツ同様に脆弱なままにした。ＴＡＯのメンバーにソフトウェアの脆弱性を悪用させると決めたときに、ＮＳＡは民間防衛よりも軍事攻撃を優先させたのだ。

　アメリカ政府が秘密のコレクションにひどいゼロデイ脆弱性をいくつ隠しているかは、だれも知らない。オバマのときもトランプのときも、政府は極秘に保管する数よりも多くの脆弱性の修正に力を貸していると請け合っていたが、そこに隠されたデジタル情報兵器の亡霊は、サイバーセキュリティ業界の防御者たちを長年悩ませている（実際にわずか数年後に、そのゼロデイのコレクションは逆効果となって、不合理で自己破壊的な大災害を起こす）。

　しかし、より漠然と捉えるとするなら、Stuxnet のおかげで、世界はマルウェアが大混乱をもたらす可能性を切実に想像できるようになった。世界じゅうの暗い部屋にいる国家の支援を受けたハッカーはアメリカの発明したツールに気づき、自分たちのこれまでの冴えない活動を顧みて、Stuxnet が設けた新しい基準にいつか到達しようと決意した。

　同時に世界の政治指導者、外交官は Stuxnet を見て、技術的進歩だけでなく、地政学においても新たな常識がつくられたことに気づいた。アメリカは、これまでどの国も持っていなかった形の武器を大胆にも使用した。その武器がのちにアメリカや同盟国に向けられても、道義上反対することはできまい。

　コードによる物理的な破壊は、世界のゲームで受け入れられるルールとなったのだろうか。ＮＳＡとＣＩＡの元長官マイケル・ヘイデンでさえ、この新しい前例には動揺しているようだ。「だれかがルビコン川を渡った」とヘイデンは《ニューヨーク・タイムズ》のインタビューで語っている。[22] 西側諸国のサイバー戦争の予言者たちがずっと恐れていた攻撃、つまり世界じゅうのどこからでも実際にある機械を停止したり破壊したりできる攻撃が現実となった。しかも、アメリカ人が最初にその攻撃を実行したのだ。「その影響がどうであれ――イランの遠心分離機を多数破壊したことはまったく正しいことだとは思うが――これは重要なインフラへの攻撃と言わざるをえないだろう」ヘイデンはそう締めくくった。

Stuxnet は〝サイバー9・11〟でも〝サイバー版真珠湾攻撃〟でもない。高度に標的を絞った工作であり、マルウェアが作成側の管理を離れてひろがる場合も、被害はごくかぎられたものだ。しかし、こうした事実は残る。65年前にアメリカが広島と長崎へ原爆を投下して、核の軍拡競争ははじまった。アメリカはその競争へのイランの参加を阻止しようとするなかで、予期できない深刻な結果をともなう新たな軍拡競争を引き起こしたのだ。

「１９４５年８月と同じ気配を感じる」のちにヘイデンは演説でそう話した。[23]「だれかが新しい武器を使ったばかりだが、この武器が箱にもどされることはもうないだろう」

第3部　進化

ひとつの対象を破壊しつくす力は、その対象を絶対的なコントロール下に置く。

14　警告

マルウェアの存在を隠蔽しようとする政府

２０１５年の終わり。Stuxnet が現実世界へのデジタルの脅威というパンドラの箱をあけてから5年後、ついにその箱から最初の怪物が現れる。サンドワームだ。

クリスマスのウクライナへの停電攻撃によって、ロシアのハッカーが現実にサイバー戦争を仕掛けていることが明らかになった——おそらく、史上初の大規模な本物のサイバー戦争である。ハッカーは Stuxnet の開発者と同じく、デジタルハッキングと実体をともなった破壊工作を分ける一線を越えた。また、エストニアとジョージアで使ったハイブリッド戦争の戦術と、より洗練された危険なハッキング技術を組み合わせることで、軍事と民間を分ける一線も越えた。

しかし、16年1月下旬になっても、この進行中の脅威に気づく者は、世界でもほんのひと握りだけだった。マイク・アサンテとロブ・リーは、そのうちのふたりだ。アサンテは視察団の一員として現地調査から帰国したが、見聞きしたことをリーと共有できなかった。当局が情報を「公的な使用」に限定していたからだ。だがリーは、ウクライナの関係先から提供されたネットワークログやフォレンジック解析の証拠から、すでに複数の異常な侵入の全体像を把握していた。それはBlackEnergy、KillDisk、防御者を締め出すために書き換えられたファームウェア、電話へのＤＤｏＳ攻撃、現場のバックアップ電源の無効化についてなどで、幽霊が電力会社のオペレーターの制御を乗っ取ったマウス攻撃についても調べていた。

　サンドワームのさらなる攻撃を止めるものは何もなかった。リーとアサンテは、政府の官僚主義的なお遊びに付き合うのはもうじゅうぶんだと考える。完全な報告書を発表し、世界に警告するときがやってきたのだ。

　だが、ふたりが調査結果をまとめるなか、いまだにホワイトハウスは、ウクライナの停電に関する詳細情報を一般の目にふれさせないよう求めていた。国土安全保障省の産業用制御システムサイバー緊急事態対応チーム（ＩＣＳ－ＣＥＲＴ）が電気事業者に警告を発表するまで待ってほしいというのだ。サンドワームの攻撃から2カ月後の2月下旬、その報告書がようやく届く。そこには、「一部の報告では、マルウェアのBlackEnergyがいくつかの会社のコンピュータネットワークで発見されたことが示されている。だが、ここで留意しておきたいのは、本件におけるBlackEnergyの役割は、さらなる技術的な分析をすませるまではよくわからないことだ」との声明が含まれており、リーを激怒させた。

　BlackEnergyが攻撃でどのように使われたか、リーとアサンテは完全に理解していた。

被害を受けたマシンに仕掛けられたリモートアクセス型のトロイの木馬として、一連の悪質な侵入の起点となり、最後はハッカーによる送電網の回路用ブレーカの作動を導く。

リーは、ＩＣＳ‐ＣＥＲＴの声明は事実上の隠蔽《いんぺい》工作と考えた。国土安全保障省は攻撃における BlackEnergy の役割や、そもそもそれが電力会社のネットワーク上に存在したことも疑問視し、ある重要な事実を曖昧《あいまい》にしていた。マルウェアを仕掛けたハッカーがちょうど1年前、アメリカの電力会社に対して同じツールを使っていたという事実、アメリカも危険にさらされていたという事実だ。

「『わが国には関係がない。ウクライナの話だ』というメッセージですよ」とリーは言う。

「これはわたしたちの社会全体を誤解に導くものです」

アメリカ政府の取り返しのつかない過ち

その後の数週間、リーはＤＨＳ、エネルギー省、ＮＳＡ、さらにはＣＩＡの担当者との会議や電話で、ホワイトハウスとＩＣＳ‐ＣＥＲＴはこれまでにない危険なハッカーの脅威を甘く見ていると抗議し、脅威はウクライナだけでなく、西ヨーロッパとアメリカにも忍び寄っていると主張した。サンズのウェブサイトに怒りに満ちた投稿もした。記事の趣旨を要約すると、「でたらめばかりだ。人々には知る権利がある」といった内容だ。実際の文章はいまでわからない。アサンテが政治的な判断からリーに削除を求めたからだ。

その間も、リーとアサンテは停電攻撃についての報告書の公表について、数週間にわたってホワイトハウスと対立していた。政府の関係者は、機密扱いと考える詳細情報を削除するよう、何度も修正を求めてきた。1カ月後、アサンテとサンズの研究員たちは北米電力信頼度協議会（ＮＥＲＣ）の1部門である電力情報共有分析センター（Ｅ-ＩＳＡＣ）を通じて報告書を発表する。ホワイトハウスではなく、議会に責任を負う組織だ。オバマ政権は土壇場まで公表に反対していた。

春を過ぎても、リーは嘘の多い、楽天的な政府関係者と戦っていた。彼らは、ウクライナが受けたような攻撃はアメリカでは起きるはずがないと国内の送電事業者へ話していた。エネルギー省とＮＥＲＣの責任者は、ウクライナは海賊版のソフトウェアを使用し、ネットワークは保護されておらず、ウイルス対策ソフトウェアさえ導入していないと言って安心させた。リーとアサンテによれば、それらはどれも真実ではないという。

しかしアメリカ政府は、それよりもさらに大きな、取り返しのつかない過ちを犯したとリーは主張する。それは、一般市民や潜在的な標的に対してサンドワームの警告が遅れたり、その危険性を甘く見たりしたことだけではない。サンドワーム、あるいはそのあとを追うであろうほかのハッカーへメッセージを送るのを怠ったことだ。

1990年代後半にサイバー戦争がはじめて警告されて以来、ハッカーによる停電は、軍司令官や送電事業者やセキュリティ専門家にとって、夜も眠れないような悪夢のシナリオだった。何十年ものあいだ、送電網に対する軍事サイバー攻撃を想定し、演習をおこなってきた。クリントン大統領でさえ、ウクライナで停電が起こる15年近くも前から、この最も基本的なデジタル破壊工作への備えが必要だと語っていた。

コメディ映画に激怒する北朝鮮

リーの認識どおりの事態となったが、政府は事件を隠蔽すること以外ほとんど何もしなかった。最も危《き》惧《ぐ》されるのは、攻撃を非難する公式声明をひとつも出さなかったことだろう。「これまで、譲れない一線について何度も何度も話し合ってきたというのに、いざその線を越えられたときに何も言わないとは」とリーは話す。「政府のだれかが腰をあげ、民間のインフラへのサイバー攻撃は容認できない、と言わなければいけませんでした」

実のところちょうど1年前、政府はリーが求めるのとまったく同じ対応をしていたが、それは新しい形の攻撃に対するものではなかった。14年11月、ハクティビストを騙《かた》った北朝鮮のハッカー集団〈平和の守護者《ガーディアンズ・オブ・ピース》〉は、北朝鮮の独裁者金正恩《キム・ジョンウン》の暗殺を描いたコメディ映画『ザ・インタビュー』（日本未公開）に対する報復として、ソニー・ピクチャーズのサーバに侵入したことを明らかにした。侵入者は何千台ものコンピュータのデータを破壊し、大量の機密情報を盗んだ。これらの情報はのちにネット上に漏洩《ろうえい》し、未公開映画４本を含むファイルが数週間かけて徐々に流出した。[1]

ソニーへの侵入から数週間後、ＦＢＩは公式声明を発表する。北朝鮮を犯人と即座に特定し、ハクティビストという偽の仮面を剝《は》ぎとるものだった。ＦＢＩ長官のジェームズ・コミーは、北朝鮮の関与を示す証拠を説明する会見までおこなった。[2] ハッカーはプロキシコンピュータを意図どおりに使用できないことが何度もあり、そのために過去のハッキング工作とつながりのあるＩＰアドレス——金正恩政権へとつながる足跡——が明らかになったという。オバマ大統領本人もホワイトハウスの記者会見でこの攻撃についてふれ、北朝鮮のデジタル攻撃をアメリカは容認しないと世界に警告した。

「多くの被害がもたらされているため、われわれが選んだ場所、時、方法で相応の対抗措置をとるつもりだ」とオバマ大統領は話した[3]（対抗措置のくわしい内容は確認されていないが、わずか数日後に北朝鮮のインターネットが全国的に停止し、翌月にアメリカ政府は北朝鮮に対する新しい金融制裁を発表した）。

「今回のことは、われわれが国際社会と協力し、インターネットとサイバー空間について、はっきりとした通行規則を定める必要があることを示している」とオバマは話した。

この1年後、ロシアのハッカーが民間のインフラの奥深くでより広範で危険な攻撃をはじめるが、相応の対処や国際的な「通行規則」について、アメリカ政府の関係者はだれひとり声明を出さなかった。専門家ならだれでも手に入れられる証拠が数多くあるにもかかわらず、政府機関は、ロシアを攻撃者として名指しすることさえしなかった。オバマ政権は事実上沈黙したのだ。

アメリカと世界はサイバー戦争の新時代において、民間部門を守る一連の規則を確立するという、千載一遇の機会を失った、とリーは主張する。「絶好の機会でした。許可しないと言っていたことが起こったのに、そこで黙っていたら、それを許したも同然ですよ」

きびしい対抗措置の前例

実際のところ、オバマ政権の最高サイバーセキュリティ顧問Ｊ・マイケル・ダニエルは、サンドワームの停電攻撃の重要性を感じていた。1月下旬、ウクライナへの視察団がワシントンＤＣにもどってから間もなく、ダニエルはウエストウイングの敷地のすぐ先にあるアイゼンハワー行政府ビルの厳重に警備されたシチュエーションルームで、現地での調査旅行の結果について国土安全保障省からブリーフィングを受けていた。ダニエルは穏やかな話し方をする生え抜きの公務員で、優しげでありながらも神経質そうな顔で、少し髪は薄く、人の話を静かに聞く。説明を聞き終えると、廊下を歩いて自分のオフィスへもどり、スタッフに国家安全保障顧問とオバマ大統領のための報告書をまとめさせた。

大統領への報告事項をホワイトハウスの補佐官と話しているとき、攻撃者の図々《ずうずう》しさに、ダニエルは思わず声をあげた。「われわれはたしかにルビコン川を渡った」3年前にマイケル・ヘイデンがStuxnetについて語ったことばを真似て、そう言ったのをダニエルは覚えている。「これはこれまでになかったことだ」

ダニエルは、オバマ政権が国家主導のハッカーによる挑発に明確な境界線を設けたことを誇りにしている。彼のチームは、オバマ政権の司法省、国防総省、国務省、商務省の高官と協力し、外国のハッカーによる不正行為にきびしい報復で対抗した。たとえば14年には、中国のサイバースパイがアメリカの知的財産を何年にもわたって窃盗していたことが判明すると、司法省は中国人民解放軍のハッカー部隊のメンバー5人を特定し、実名をあげて起訴した。[4] 翌年、国務省は中国に対して、経済スパイ行為をこのままつづけるなら制裁措置をとると脅した。中国の国家主席習近平はこれを受けて事実上降参し、両国は相手国の民間部門をハッキングの標的にしないという合意書に署名する。クラウドストライクやファイア・アイといったセキュリティ企業は、中国からの不正侵入はすぐに劇的に減ったと報告している[5]——クラウドストライクによると、90パーセント減少したという——サイバーセキュリティ外交にとって前例のない勝利だ。

政府は北朝鮮のソニーへの攻撃に対しても、ほぼ同様に強力に対応した。のちにはイラン政府傘下のハッカー集団も起訴した。アメリカの銀行へのＤＤｏＳ攻撃と、ニューヨーク州北部にあるダムのコンピュータシステムへ侵入した罪に対してのものだ（標的にされたバウマン・アベニュー・ダムの堤高はわずか６メートルしかないため、イランのハッカーは、オレゴン州にある、より巨大で重要なバウマンダムを攻撃するつもりだったのかもしれない）[6]。こうした強硬で懲罰的な措置は、アメリカ企業をハッキングしたり、アメリカのインフラをデジタルで妨害したりした国は、その罰から逃れられないというメッセージだ。

ウクライナへの攻撃には沈黙

ところが、実際にウクライナに対する本格的なサイバー戦争が起こると、同じ外交官やセキュリティ担当官がみな沈黙した。なぜだろうか。

停電を最初に知ったときに、Ｊ・マイケル・ダニエルがすぐに考えたことがその答えになるかもしれない。クリスマスの翌日、国土安全保障省からサンドワームの攻撃を知らせる電話があったときの最初の反応は警戒だった。「心配が現実になった」ダニエルはそう感じた。しかし直後に、まったく別の感情をいだいたのを覚えている。「２番目の反応は、停電がアメリカ国内ではないことへのちょっとした安堵《あんど》でした」

　ダニエルはロシアのハッカーが民間へのインフラ攻撃を意図していることを危惧していた。さらに悪いことに、これはほんの1年前、アメリカのインフラに侵入したハッカーと同じ連中のようだった。停電攻撃に使われた技術はウクライナだけに向けられるという幻想を、ダニエルは持っていなかった。「アメリカにも同じ制御システムがあり、それらがウクライナのシステムよりも安全だとは言えません」ダニエルはのちにそう話した。実際に、自動化がより進んでいるアメリカの送電網には、攻撃される場所がもっとあるかもしれない。「ウクライナよりひどくとは言わないまでも、脆弱性は同じ程度です」アメリカの視察団がウクライナから帰国するころには、ロシア政府が攻撃のほんとうの黒幕だとダニエルはほぼ確信していた。「その鳥がカモのように歩き、カモのように鳴くなら、その鳥は……わかりますよね」ダニエルはそう説明した。

　しかし、サンドワームがついに引き金を引いたとき、その攻撃先はアメリカの国境から約６５００キロ離れたウクライナだった。これがダニエルの安堵の源だった。ウクライナはアメリカではない。ＮＡＴＯのメンバーでさえない。結果として、アメリカ政府にとって表向きには他人《ひと》事《ごと》だった。

15　ファンシー・ベア

コージー・ベアとファンシー・ベア

オバマ政権はじゅうぶんな時間さえあれば、演説や起訴や制裁によって、サンドワームのサイバー戦争行為を批判したり、攻撃者を見せしめにしたりしたかもしれない。だが２０１６年６月、その関心は別のハッカーの挑発に完全に乗っ取られてしまう——より身近なところを攻撃されたからだ。

６月14日、《ワシントン・ポスト》は、民主党全国委員会（ＤＮＣ）が国家に支援されたふたつのハッカー集団に何カ月もハッキングされていたと明らかにした。[1] ２カ月前にＤＮＣから侵入の分析を依頼されたセキュリティ企業のクラウドストライクは、民主党のネットワーク内に侵入したふたつの集団は「コージー・ベア」と「ファンシー・ベア」だとブログ記事で発表する。同社が監視していたこれらのハッカー集団は、長年スパイ活動をおこない、国務省、ホワイトハウス、航空宇宙・防衛関連の企業などが被害を受けていた。

クラウドストライクは過去の調査に基づき、ファンシー・ベアをロシア連邦軍参謀本部情報総局（GRU）と関連づけた。コージー・ベアは、のちにロシア対外情報庁（SVR）内部の業務であったことが判明する[2]（これらふたつの〝ベア《クマ》〟という名称は、ハッカー集団にその出身に基づいた異なる動物を用いるという、クラウドストライクの分類方法に由来する――ロシアはクマ、中国はパンダ、インドはトラなどだ）。「両ハッカー集団はロシア連邦政府の政治的・経済的利益のために広範なスパイ活動に従事し、ロシア政府の強力かつ最も優秀な情報機関と密接に結びついていると思われる」とクラウドストライクは分析した。[3]

つまり、これらのハッカー集団が注力していたのは、ロシアがMoonlight Maze《ムーンライトメイズ》（訳注：1990年代後半にはじまったロシアによる国家主導型のサイバー攻撃）のころからおこなってきたような静かなサイバースパイ活動と思われ、サンドワームが実行する破壊的で騒々しいサイバー戦術ではなかった（クラウドストライクはサンドワームによる攻撃も追跡し、この集団に「ヴードゥー・ベア」というコードネームをつけている）。

謎の個人ハッカー、グシファー2・0

一方で、DNCへのハッキングは破壊的なサイバー攻撃ではないものの、ただのスパイ活動とも言いきれなかった。情報流出のニュースが報じられてからわずか24時間後、「Guccifer《グシファー》 2.0」と名乗る人物がツイッター上に現れ、世界へみずからを紹介するブログへのリンクを投稿する。記事のタイトルは「DNCのサーバは個人のハッカーによってハッキングされた」というものだった。

「世界的に知られるサイバーセキュリティ企業クラウドストライクは、洗練されたハッカー集団が民主党全国委員会（DNC）のサーバをハッキングしたと公表した」とGuccifer 2.0は書いている。[4]「わたしの技術をとても高く評価してくれたようでうれしいね。だが、実際のところ、ごくごく簡単なことだったよ」

このあとの投稿内容に世界は衝撃を受けた。DNCのサーバから実際に盗まれた文書のサンプルがあげられていたからだ。そこには共和党の大統領最有力候補ドナルド・トランプの調査ファイル、政策文書、寄付者の名前と金額のリストが含まれていた。「書類の大部分、何千ものファイルとメールはウィキリークスに渡してある。まもなく公開されるよ。イルミナティと陰謀論者たちよ、くたばりやがれ！」

この〝イルミナティ〟ということばとGuccifer 2.0という名前は、権力者の文書を盗んでリークし、腐敗した社会秩序をひっくり返すハクティビストの悪党を思い起こさせる。初代のGuccifer はマルチェル・ラザル・レヘルという名のルーマニア人アマチュアハッカーで、コリン・パウエル、ロックフェラー家、ジョージ・W・ブッシュ元アメリカ大統領の妹などの著名人の電子メールアカウントへ侵入した。[5]

Guccifer 2.0は、初代やエドワード・スノーデン、ジュリアン・アサンジのような人物を崇拝し、東ヨーロッパのサイバーパンク世界に住む生意気な人格を装っていた。「自分としては、世界で最高のハッカーのひとりだと思う」よくある質問《FAQ》にはそう書かれていた。[6]

こうした人格はDNCへの侵入の背後にロシア政府のハッカーがいるのを覆い隠す見え透いた偽装だ、とクラウドストライクが主張すると、Guccifer 2.0はそのことを漠然と否定しながら反撃の投稿をした。「ひどい言いがかりだ！　何も証明していない！　根拠のない理論とだれかさんの推測ばかりじゃないか」

　ところが現実には、ロシア人のこの仮面にはすぐにひびがはいる。イギリスの情報機関、政府通信本部（GCHQ）の元職員マット・テイトは、このハッカーが最初に公開したトランプの資料のなかに書式エラーを示すロシア語のメッセージが含まれているのを発見した。さらにファイルのメタデータを見ると、このファイルが〝フェリックス・エドムンドビッチ〟というユーザー名のコンピュータで開かれていることがわかった。この手がかりが滑稽《こっけい》なまでにほぼ真相を明かしていた。フェリックス・エドムンドビッチ・ジェルジンスキーは、かつてその銅像がKGB本部の前に立っていたソビエトの秘密警察の創設者なのだ。[7]

　ITニュースサイト《マザーボード》がツイッターで接触したところ、Guccifer 2.0はインスタントメッセージでのインタビューに応じた。記者のロレンツォ・フランチェスキ＝ビッキエーライは一連の質問を英語、ルーマニア語、ロシア語で書いて油断させた。Guccifer 2.0はこれらの質問にたどたどしい英語とルーマニア語で回答し、ロシア語はわからないと言い張った。その後、記者からチャットのログを見せてもらったルーマニア人や言語の専門家は、Guccifer 2.0が使っていたロシア語らしきちょっとした手がかりを発見する。ルーマニア語の回答はグーグル翻訳を利用したようだった。ロシアのハッカーは、作り話のために本物のルーマニア人を採用することさえしなかったらしい。[8]

民主党全国委員会シュルツ委員長の辞任

Guccifer 2.0の嘘のお粗末さはほとんど問題にならなかった。ハッカーがニュースサイト《ゴーカー》に対立候補トランプの調査資料を送って記事が公開されると、そのファイルは50万クリックされ、民主党がトランプのスキャンダルを公表するタイミングを奪った。[9] ほどなくウィキリークスも、ハッカーが約束していたとおり、盗まれたデータを公開しはじめる。結局のところ、ジュリアン・アサンジ率いる秘密暴露集団は、「リーク」が内部告発者のものであろうとハッカーのものであろうと、ほとんどこだわっていなかった。

ウィキリークスのお墨付きを得たこの資料を、《ニューヨーク・タイムズ》、《タイムズ》、《ワシントン・ポスト》、《ガーディアン》、《ポリティコ》、《バズフィード》、《インターセプト》などの報道機関が採りあげる。この暴露は、まさに本物だった。ＤＮＣには民主党に指名される大統領候補者たちの中立的立場としての役割があるにもかかわらず、対立候補のバーニー・サンダースよりもヒラリー・クリントンをひそかに応援していたことが判明した。ＤＮＣの委員たちは、サンダースの宗教的信条や、サンダース陣営のスタッフがヒラリー側の予備選の投票データにアクセスしようとしたとされる事件を公にして対立を引き起こそうとするなど、サンダースの信用を失墜させる方策をこっそり話し合っていたのだ。[10]

ＤＮＣのデビー・ワッサーマン・シュルツ委員長が最も大きな打撃を受けた。彼女は盗まれたメールのなかで、サンダースの選挙対策本部長は「ひどい嘘つき」で、サンダースは「大統領にならないだろう」と個人的に書いていた。[11] ハッキングされたメールが最初に表に出て１カ月あまり経ってから、委員長は辞任した。

しかし、ハッカーはウィキリークスに頼るだけでは満足せず、ＤＮＣを唯一の被害者にもしなかった。それから数カ月のあいだに、Guccifer 2.0に盗まれたＤＮＣのメールは、ＤＣリークスと呼ばれる新しいサイトにも現れはじめる。[12] このほかに、共和党および民主党の議員や、ロシアのウクライナ侵攻に対してより積極的な対応を求めていた空軍大将フィリップ・ブリードラブから盗んだメールもいっしょだった。ＤＣリークスは新しい内部告発のリークサイトとして躍り出ようとしたが、セキュリティ会社スレットコネクトはこのサイトがロシアのファンシー・ベアの隠れ蓑《みの》であることをただちに突き止めた。[13] ファンシー・ベアの侵入工作が確認されている標的のデータと、ＤＣリークスに登録されたデータの手がかりが重複していたからだ。

ファンシー・ベアがデータ漏洩の背後にいることを疑う人はまだいたかもしれないが、この集団が世界反ドーピング機関（ＷＡＤＡ）に対して新たな攻撃をはじめた16年9月には、その疑いも払拭《ふっしょく》される。プーチン政権はＷＡＤＡの勧告に怒り狂っていた。ロシアの複数の競技チームで、運動能力向上の薬物が使用されていたことが判明したため、ロシアの全選手をその年の夏のオリンピックから除外するという勧告だ。ファンシー・ベアは報復として、テニス界のスター、ビーナスとセリーナのウィリアムズ姉妹と、体操のシモーネ・バイルズから盗まれたカルテを公表し、３選手も無理にこじつければ、運動能力を向上させる薬物を使用していたと明らかにした。騒々しい批判のなか、クマのイラストとＧＩＦアニメでいっぱいの Fancybears.net というウェブサイトにリーク情報が掲載された。[14]

ソ連時代からのコンプロマートの伝統

ファンシー・ベアは、情報分析官が「影響工作」と呼ぶ手法を積極的に実践するハッカーとして登場した。より具体的に言うと、ロシアは昔からコンプロマートと呼ばれる諜報《ちょうほう》活動を用いてきた。これはソ連時代にまでさかのぼる伝統の手法で、政敵の評判を落とす情報を手に入れ、それを使って戦術的なリークや中傷をおこない、世論に影響を及ぼす。

サンドワームのハッカーは、姿を見せないプロの破壊活動家だ。一方、ファンシー・ベアは恥知らずで下品なプロパガンダ活動家のようだ。いまではウラジーミル・プーチンに仕え、ドナルド・トランプが大統領になるのを助ける任務を負っていた。

ファンシー・ベアがその技術を使って選挙に影響を与えたのは、２０１６年のアメリカ大統領選がはじめてではない。17年5月、トロント大学のセキュリティ研究者集団シチズン・ラボはフォレンジック解析によって、ファンシー・ベアがプーチン大統領を支持するハクティビスト集団サイバーベルクートの背後にもいた証拠を発見する。サイバーベルクートは14年にウクライナ中央選挙管理委員会をハッキングした。Guccifer 2.0やＤＣリークスと同様、サイバーベルクートもうひとつのロシアの隠れ蓑である。

ファンシー・ベアの技術は単純そのものだ。15年にサンドワームが起こしたクリスマスの停電のような作戦に比べれば、ほとんど原始的と言ってもいいほどである。しかし、このファンシー・ベアの最も幼稚な戦術のひとつが、最も効果をあげることになる。それは、ごく初歩的ななりすましのログインページを使ったものだった。

10月7日、ウィキリークスは新たなリークを公表しはじめる。今回はヒラリー・クリントンの選挙対策本部長ジョン・ポデスタの電子メールアカウントから直接盗まれたものだ。その年の3月、ポデスタは単純なフィッシングメールの餌食《えじき》となり、偽のGメールサイトに誘導されてユーザー名とパスワードを入力した。このサイトは、もちろんファンシー・ベアの罠《わな》だった。[15]

ウィキリークスはその後数週間にわたり、クリントンの選挙運動に関する極秘情報をコンプロマートとして少しずつ公開した。暴露された情報のなかには、厳重に守られていた80ページにもわたる資料があり、そこにはクリントンがウォール街の民間企業に対しておこなった演説が含まれていた。演説での話のひとつは、政治家は「公的」な立場と「私的」な立場を分ける必要があるというもので、クリントン批判者はそれはごまかしを認めることだと解釈した。もうひとつは「開かれた国境」を求めるもので、反移民強硬派を憤慨させた。[16]こうした連日のメディア爆弾は、大統領選の最後の数日でそのバランスを崩すことになる。*

ファンシー・ベアにとっての栄光の瞬間

ポデスタへのハッキングは、ファンシー・ベアの役割について最後まで残っていた疑問を一掃した。セキュリティ企業セキュアワークスによると、ポデスタをだました偽のGメールサイトへのリンクは、ＵＲＬ短縮サービス Bitly でつくられたもので、そのアカウントはウクライナの政府高官、ロシア専門の学者やジャーナリストなど、ほかに何百ものファンシー・ベアの被害者を標的にするのにも使われていた。[17]

もちろんトランプは、ロシアが関与しているという証拠に目をつぶり、スキャンダルの洪水を大いに楽しんだ。「ウィキリークスが大好きだ！」ある集会ではそう宣言した。[18]別の会場ではヒラリーをこんな冗談でからかう。ロシアのハッカーに、ヒラリーの自宅にある問題になっている個人サーバに侵入してもらい、大量の電子メールを公表してほしいと話したのだ。しかし演説の大半では、リークがクレムリンの指図であることを否定し、ハッカーは中国人か、体重１８０キロの孤独な人物か、はたまた民主党自身がハッキングしたのではないかと言い張った。[19]トランプのいいかげんさがファンシー・ベアに有利に働く。[20]数カ月後の16年12月でさえ、ロシアがアメリカの選挙に介入したと考えるアメリカ人はたったの3分の1程度で、4分の1はわからないと答えた。[†]

クレムリンが影響工作を使って、大統領選を実際に揺さぶろうとしたのかどうかはわからない。オバマ政権の国務長官時代からヒラリー・クリントンへの憎しみを隠しきれなかったプーチンとしては、ヒラリーの大統領職に政治的重荷を負わせたかっただけかもしれない。もちろん、ロシア当局者は攻撃への関与を繰り返し否定している。だが、ロシアがどんな結果を思い描いていたにせよ、アメリカの民主主義の中核を混乱に陥れることには成功した。

大統領選が数週間後に迫った16年10月、わたしはクラウドストライクの最高技術責任者（ＣＴＯ）、ドミトリ・アルペロヴィッチとマンハッタンの金融街の公園で会った。ドミトリは、その４カ月前に同社が最初に発見したハッカー集団の工作が効果をあげたことを渋々認めた。

「もう勲章をもらっていることでしょう」ドミトリは残念そうにそう話した。[21]「夢にも思っていなかったほどの成功を成し遂げたんですから」

ファンシー・ベアにとってのほんとうの栄光の瞬間は、その３週間後に訪れる。アメリカ大統領選挙でドナルド・トランプが勝利したのだ。

サイバーホットラインの開設

２０１２年、Ｊ・マイケル・ダニエルはオバマ政権の最高サイバーセキュリティ顧問に就任した。最初の大きな仕事として、「サイバーホットライン」を翌年までに開設するためにモスクワへ飛ぶ。半世紀前に核のハルマゲドンを防ぐためにはじめて締結された協定書を活用し、ホワイトハウスとクレムリンのあいだでサイバー攻撃に関するメッセージを送る開かれたルートをつくるためだ。必要のないエスカレーションや戦争につながりかねない誤解を避けるための一種の安全弁である。ダニエルはこのホットラインを「豪華な専用電子メールシステム」と表現する。

16年10月7日、ダニエルはそのホットラインを使って、ロシアの露骨な選挙干渉に対してプーチンにメッセージを送る。在任中、最初で最後のことだった。「われわれはそちらがその種の活動をしていることを把握している。ただちにやめることだ」と伝えた。[22] 同日、国土安全保障省と国家情報長官室は公式声明で、盗まれた電子メールの出どころはロシア政府で、アメリカの情報機関もその点では見解が一致していると発表した。[23] サイバーセキュリティ研究員たちが4カ月前から指摘していたとおりの内容だ。

最終的には、退任を控えたオバマが対応をエスカレートさせ、ロシアの情報機関が選挙をハッキングした罰として新たな経済制裁を科し、アメリカの市民や企業とのいかなるビジネスも禁止した。この措置によって、ロシアの外交官35名がアメリカから追放され、アメリカ国内にあるロシア政府所有の2カ所の施設が接収された。戦略国際問題研究所のサイバーセキュリティ研究員であるジェームズ・ルイスは、この対応を「ロシアのスパイ行為に対する冷戦以後で最大の報復措置」と表現した。[24]

しかし、ロシアが起こした停電の話題は、ホワイトハウスとクレムリンのあいだのホットラインでは扱われないままだった。サンドワームには暗黙の合図が送られた。罰を受けずに事を進めることができそうだ、と。

＊これらのリークによる最大の効果は、10月7日に《ワシントン・ポスト》紙で報じられた衝撃的な映像から世間の目をそらしたことかもしれない。この映像のなかでトランプ大統領は、テレビ番組『アクセス・ハリウッド』のセットで女性たちの性器を同意なしにつかんだことがあると得意げに話している。ウィキリークスは映像が表に出たわずか数時間後に、ポデスタの最初のリークを公表した。

† 本書が出版される前の時点では、ロシア政府の選挙介入にトランプがどの程度協力したのかはわからないままだった。しかし、特別検察官ロバート・モラーの捜査が明らかにしたところによると、トランプ陣営の複数のスタッフとドナルド・トランプ・ジュニアがクレムリンの当局者や国内のロシア人と会い、相手側はクリントンに関する極秘情報の提供を申し出て、トランプ・ジュニアはそれを喜んで受け入れた。また、大統領候補としてのトランプは、ロシアからウクライナを防衛するという共和党の立場を弱め、モスクワにトランプタワーを建設するという10億ドル規模の取引を推進していたという。

16　Fソサエティ

バックドアのついた新しいマルウェア

大統領選の夜、マイケル・マトニスは早めに就寝した。トランプ勝利の可能性が高まっていた。しかしマトニスは、ひと晩じゅう爪を噛《か》んで不安に駆られるのではなく、そのときがやってくるまではヒラリーが予想どおり勝つと考え、その状況のなかで寝ることにしたのだ。

　午前5時、ベッド横の短波ラジオに起こされたマトニスは、すぐにニュースで結果を知り、罰あたりな長いことばを吐いた。

　マトニスは豊かな黒い癖毛の髪をした27歳のセキュリティ研究員で、当時はニューヨーク州オールバニーに住んでいたが、その夜は地元ブルックリンでパーティーをすることになっていた――ヒラリーの勝利を祝うというよりは、毎日テレビでトランプの顔を見るのが終わるのを祝うつもりだった。衝撃的な選挙結果を知ったあと、マトニスと友人たちは、パーティーをある種の気持ちを慰め合う集まりとして捉《とら》えなおした。マトニスはどうにか南へ向かうアムトラックに乗り、ペン・ステーションから外へ出ると、ニューヨークの街は明らかに悲嘆に暮れていた。地下鉄のホームや商店の窓には抗議と慰めのことばが掲げられていた。

　ニューヨークへ着いたときには、ウィリアムズバーグをぶらついておいしいトルコ料理やブラジル料理の店を探すつもりだった。だがすぐに、Ａｉｒｂｎｂで借りた部屋から出かけるのも億劫《おっくう》になるほど自分が落ちこんでいることに気づいた。そこで、正式には休暇中であるにもかかわらず、ノートパソコンを開いて仕事で気をまぎらわせることにする。

　マトニスはジョン・ハルトキスト直属の研究員チームの一員だった。上司のハルトキストは、２０１６年にアイサイトを買収したセキュリティ企業ファイア・アイで、サイバースパイ活動分析の責任者を務めている。マトニスは日々の捜索の一環として、独自のソフトウェアをいくつか開発していた。それらのツールは、VirusTotal などのマルウェア情報の更新を自動的にスキャンし、国家の支援を受けたハッカーにつながるかもしれない貴重な情報を探してくれる――マトニスは〝サイバー版砂金集め〟と呼んでいた。

その日の朝、そのツールのひとつがスキャン結果を知らせていたが、マトニスはあまりにも取り乱していたために読んでいなかった。すぐにその情報にあたってみた。マルウェアの検査をするウェブサイト VirusTotal に悪質なコードがアップロードされていて、それは２０１５年後半の攻撃で使われた BlackEnergy と同じく、マイクロソフト・オフィスのスクリプトを使って被害者のマシンに自身をインストールするものだった。この新しいマルウェアは、できたてのバックドア（訳注：被害者に気づかれないように設置された不正侵入のための入口）であり、これを使えば被害者のマシンにリモートアクセスできるようだった。奇妙なことに、このマルウェアは暗号化されたインスタントメッセージ・アプリのテレグラムを使って、コマンド&コントロールサーバと通信していた。しかし、マトニスは BlackEnergy の攻撃を丹念に追っていたので、両者のエンコーディングが似ていることに気づいた。

バックドアのプログラムはキリル文字で書かれたワード文書にあった。マトニスがグーグル翻訳で調べたところ、その文書はウクライナ語で書かれた記憶装置やサーバの価格リストで、ウクライナのＩＴシステム管理者をおびき寄せているようだった。「こんな変わったやり方でこんなことをする集団はひとつしか思いつきませんでしたよ」とマトニスは言う。

1年近く前のウクライナの停電以来、サンドワームは完全に沈黙していた。送電網への見事なハッキングを見せつけたあと、この集団は消えてなくなったかのようだった。マトニス、上司のハルトキスト、ロブ・リーなどの強迫観念に取り憑かれた一部の人々を除けば、アメリカのセキュリティ業界におけるロシアのハッキングに対する関心のほとんどは、ファンシー・ベアの大統領選への干渉に向けられていた。

そのときマトニスは、停電を起こしたロシアのハッカーがふたたび姿を現す兆候を目のあたりにしていた。「なんてことだ」マトニスはブルックリンで借りた部屋のキッチンのテーブルでそう考えた。「どうやら2匹目のサンドワームを見つけたようだな」

われわれはFソサエティだ

最初のクリスマスの停電から8カ月後の２０１６年8月、ヤシンスキーはスターライト・メディアを退職した。ウクライナ社会全体が猛攻撃の標的にされるなか、ひとつの企業を守るだけではじゅうぶんではないと判断したからだ。停電のあと沈黙しているサンドワームが時間をかけて侵入を進化させ、すでにつぎの攻撃に移っている可能性は高いと、ヤシンスキーは考えていた。ハッカーの活動をもっと全体的に見なければならないし、ウクライナは無神経で厚顔無恥な攻撃組織になりつつあるサンドワームに対して、もっと首尾一貫した対応をとる必要があった。「善の側《ライトサイド》はばらばらのままでした」と、被害者側の対応にまとまりがないことをヤシンスキーはわたしに語った。「悪の側《ダークサイド》はひとつになっているというのに」

そこでヤシンスキーは、インフォメーションシステムズ・セキュリティパートナーズ（ＩＳＳＰ）というキーウの企業で、調査とフォレンジック解析の責任者に就任する。同社はセキュリティ業界ではあまり有名ではない。それでも入社したヤシンスキーの目的は、自分の社会的な地位を使ってＩＳＳＰを頼りになる企業にし、ウクライナへのデジタル包囲攻撃の被害に真っ先に対応することだった。

16年12月、ヤシンスキーの転職がきっかけであったかのように、ウクライナはより広範囲で大規模な新たな攻撃の波に襲われた。それはファイア・アイのマイケル・マトニスをはじめとする世界じゅうの研究員たちがサンドワーム復活の最初の兆候に気づきはじめた翌月のことだ。ヤシンスキーのもとにも、15年のときと同じ破壊的ハッカーの標的にされたウクライナの政府機関やインフラ関連企業の情報がはいりはじめる。被害先にはウクライナの年金基金、国庫、港湾局、インフラ省、防衛省、財務省が含まれた。いずれの場合も、前年同様、標的のハードドライブへの KillDisk 式の破壊が猛威をふるっていた。

ハッカーはウクライナの国営鉄道会社ウクルザリズヌィーツャをまた攻撃した。今回はホリデーシーズンの真っ最中にオンライン予約システムが何日間も停止する。財務省では、論理爆弾がテラバイト規模のデータを消去させた。来年度の予算案などコンピュータ内の80パーセントのデータが破壊され、ネットワークが2週間完全にオフラインとなった。

要するに、ハッカーによる新たな冬の猛攻は、規模においても、標的の被害の度合いにおいても、前年に匹敵するか、それ以上だった。だが、セキュリティ研究員が被害に遭ったコンピュータの12月はじめの数週間のログをくわしく調べたところ、ハッカーは新たなことにも取り組んでいた。たとえば、ある攻撃では KillDisk のコードが書き換えられ、被害者のマシンを機能不全にするだけでなく、画面に恐ろしい画像を表示させていた。

その画像は、ウクライナへの2回目の攻撃を丹念に追跡していたスロバキアのセキュリティ企業イーセット（ESET）の研究員によって最初に公開された。[1] これは被害者のコンピュータに置かれた単なる画像ファイルではなく、ハッカーがこれみよがしに仕掛けたもので、コードが実行されるたびにウィンドウズのグラフィック・インターフェースで描画するようマルウェアにプログラムされていた。表示される低解像度の画像は、ネオングリーンと黒で描かれた仮面に口ひげがついていて、背景はさまざまな色の1と0の数字で埋まっていた。

仮面の上下には「われわれはFソサエティだ」、「仲間になろう」と書いてあった。

ハッカーは、テレビドラマ『MR. ROBOT／ミスター・ロボット』に登場する無政府主義の架空のハクティビスト集団のシンボルを勝手に利用していた。国家の支援を受けて組織化されている破壊活動を、自由奔放で草の根的なニヒリズムの見せかけで覆い隠そうとしたのだろう（いまにして思えば、ハッカーは自分たちの意図について何かを明かそうとしたのかもしれない。このドラマでは、Fソサエティが巨大金融コングロマリットの持つ個人データを復元できないように破壊することで多くの人々の負債を帳消しにし、世界経済を混乱に陥れる――1年も経たないうちに実際に起こる出来事を予言するような筋書きだ）。

ビットコインの支払いを要求するランサムウェア

2巡目の攻撃で、ハッカーは戦略を切り替える。こんどはハクティヴィストではなくサイバー犯罪者を装い、ビットコインの支払いを求める身代金メッセージを、感染したマシンの画面いっぱいに表示した。〝申しわけございませんが、あなたのデータの暗号化は正常に完了いたしました。データを失うか、222ビットコインをお支払いください[2]〟。

サンドワームは、営利目的のハッカーのあいだで流行《はや》っている戦術を真似るためにこれをでっちあげたようだ。サイバー犯罪者は、盗んだクレジットカードなどのデータを、転売して収益化するのではなく、ハードドライブを暗号化して、ロックを解除するのと引き換えに直接金を脅し取れることに気づいた。被害者が定められた期限内に身代金を支払った場合、ハッカーはデータを復号するキーを送信する。一部のランサムウェア（訳注：身代金要求型のマルウェア）は実にプロフェッショナルなやり口で、リアルタイムのカスタマーサポートまである。実際にデータを取りもどせると被害者を安心させ、身代金が支払われる可能性を高めている。

　ただし、こうした金儲《かねもう》けのほとんどは、ひどい場合でも被害者に数百ドルか、数千ドルしか要求しない。今回のハッカーは、16年当時のビットコインの交換レートで、15万ドル以上要求している。これほどの額を支払う愚か者はいない。さらにイーセットの研究員は、たとえ支払っても、そのマルウェアには復号の仕組みがないことを発見した。身代金の要求は、サンドワームが前年から実行している KillDisk 式のデータ破壊に拍車をかけただけだった。

　ハッカーは進化するだけではなく、実験をつづけている、とヤシンスキーは理解した。1年間地中に潜ったあと、より危険で人を欺く姿となってふたたび現れたのだ。ウクライナのサイバー戦争は激化していた。そして、その災厄がひろがりはじめて2週間後の土曜日の夜、つまり、ヤシンスキーがキーウのアパートメントのソファにすわって家族といっしょに映画『スノーデン』を観ていた直後に、サンドワームはその能力のすべてを発揮した。

警報が鳴り響き、つぎつぎと回路が遮断される送電所

16年12月17日、オレグ・ザイチェンコという若いエンジニアは、キーウのすぐ北にあるウクルエネルゴの送電所で12時間の夜勤の4時間目にはいったところだった。職場は旧ソ連時代にできた古びた制御室で、壁は床から天井までベージュと赤のアナログ式の制御盤で埋まっている。送電所で飼っているネコのアザは餌を探しにどこかへ行っていた。ザイチェンコの相手は、ポップミュージックの映像を流している部屋の隅にあるテレビだけだった。

平穏無事な土曜の夜の記録を鉛筆で紙に書きつけていると、制御室の警報が突然鳴り響き、耳をつんざく音が止まらなくなった。ザイチェンコの右側で、送電システムの回路の状態を示すランプが赤から緑に変わる——一般の感覚には反しているが、電気技師の世界の共通認識では、緑のランプは回路が遮断されたことを示す。

ザイチェンコは自分の左側にある黒い卓上電話でウクルエネルゴ本社のオペレーターに電話をかけ、ちょっとした事故として注意を促した。そのとき、別のランプがまた緑に変わった。ザイチェンコのアドレナリンが出はじめる。電話先のオペレーターにあわてて状況を説明するあいだにも、つぎつぎとランプが赤から緑へ切り替わった。8個、10個、12個。

事態が深刻さを増すと本社のオペレーターは、ザイチェンコに外へ出て装置に物理的な損傷がないかたしかめてくるよう命じた。その瞬間、20個目の最後の回路がオフになり、制御

室の照明が消え、コンピュータとテレビの電源も落ちた。すでにザイチェンコは青と黄の制服の上にコートを羽織って、ドアに向かって駆け出していた。

キーウ北部にあるウクルエネルゴのこの送電所は、広さがサッカー場約12面ぶんにあたる8ヘクタール以上もあり、いつもは巨大な電気設備のジャングルがうなりをあげている。だがこの日、ザイチェンコが建屋から凍《い》てつくような夜気のなかへ出ると、これまでにないほどしんとした雰囲気を感じた。建屋の横に並ぶ戦車ほどの大きさの3台の変圧器は、首都の電気容量の約5分の1を担っているが、それらが完全に静まり返っていた。

それまでザイチェンコは、頭のなかにある緊急時の確認リストに機械的にチェックマークを入れているだけだった。止まったマシンの横を走り過ぎるときに、ようやくこんな考えが頭に浮かんだ。あの停電を起こしたハッカーが、また攻撃を仕掛けてきたのだ。

17　ポリゴン

サイバーセキュリティはチェス

今回の攻撃は、ウクライナの送電網という循環系の中枢を急襲した。毛細血管へ電力を送る配電所を止めるのではなく、動脈そのものに打撃を与えた。キーウ北部にあるこの送電所

1カ所で、２００メガワットの電力を供給する。これは２０１５年の攻撃で停止した50カ所以上の配電所を合わせた電力量よりも多い。

　幸いにも、システムが停止したのはわずか1時間で、配水管が凍ったり、住民がパニックになったりするほど長くはなかった。その後、ウクルエネルゴのエンジニアが手動で回路を開き、すべてを復旧させた。それでも、ヤシンスキーがキーウ北部の自宅で深夜に1時間の停電に見舞われたこのサイバー攻撃は、セキュリティ専門家として長年経験したことがないほどの不安を感じさせるものだった。

　ヤシンスキーはウクライナを荒らしている侵入者をつねに冷静な観点から見ようとしている。たとえば、攻撃者の身元への言及はいっさい避け、名前や国籍は侵入の分析や防御戦略を練る際には関係がないと話している（属性に関する問題に足を踏み入れないのは、サイバーセキュリティ業界ではよくあることだが、ヤシンスキーはそれが極端で、わたしが攻撃者をロシア人だと話すと、冗談っぽく咎め立てるように笑いながら指を横に動かすことさえあった）。

　ヤシンスキーは自分の仕事をチェスになぞらえるのを好んできた。いかなる個人の心理からも自由となり、抽象的な平面上で対戦相手の動きを論理的に分析できるからだ。感情的になりすぎると、自身の怒りや強迫観念、自己利益で思考が乱され、ミスをしはじめるという。

「冷静で、澄みきった心が必要なんです。いい対局にしたいのなら、相手を憎んでいる暇なんてありませんよ」とヤシンスキーは話す。

しかし、停電が自宅にまで及ぶと、ヤシンスキーはそれが新しい境界線を越えたことを認めた。「強盗に襲われたようなものです」とわたしに言った。「ある種の侵害であり、プライベートな空間が幻想にすぎないことに気づいた瞬間でした」

停電から24時間も経たないうちに、ウクルエネルゴの職員は、ヤシンスキーがすぐに推測したように、停電が別のサイバー攻撃によるものだと公に認めた。ウクルエネルゴと政府の保安局（ＳＢＵ）――ウクライナでＮＳＡに相当する役割を一部担う――は、ウクライナが自国で停電に対応することを決める。今回はアメリカの視察団はやってこない。当然の流れで、ＩＳＳＰがウクルエネルゴに連絡をしてサービスの提供を申し出ると、ヤシンスキーが担当することになった。

ヤシンスキーが調査に乗り出す

２０１７年のはじめにキーウ中心部のウクルエネルゴ本社で開かれた会議で、同社はＩＳＳＰにテラバイト級のログファイルが収められたハードディスクを提供した。ヤシンスキーがフォレンジック解析をはじめるのに必要なものだ。スターライト・メディア在籍時のように、何週間もかけてログを丹念に調べ、侵入した場所で被害者のいつもの行動を完全に模倣しようとするハッカーの異常な痕跡を徹底的に探した――彼はこれを「針のなかの針探し」と呼んでいる。

　このハッカー集団を1年以上追跡しているヤシンスキーは、どこを探せばその痕跡を見つけられるか知っていた。1月の終わりまでに、ＩＳＳＰは侵入のほぼ全体の分析を終えた。ヤシンスキーはウクルエネルゴへのブリーフィングで、ＩＴ管理者の目の前にハッカーの仕事を時系列順に印刷した約2メートルの紙をひろげた。ウクルエネルゴはＩＳＳＰに半年ぶんのログを渡していたが、ハッカーはそれよりもずっと前からアクセスしていたらしい。2度目の停電のほぼ1年前である16年1月に、ウクルエネルゴは、スターライト・メディア、ＴＲＫ、ボルィースピリ空港などが被害を受けたのと同じマルウェア、BlackEnergy の感染を発見していた。ヤシンスキーの推測によれば、電力会社の懸命な掃討作業にもかかわらず、侵入者たちはウクルエネルゴのシステム内にひそかに足がかりを残し、動きだすのを辛抱強く待っていたのだという。

　ハッカーはウクルエネルゴのネットワーク内のコンピュータ間を移動するのに、フランス人プログラマが開発した Mimikatz《ミミカッツ》 と呼ばれるありふれたハッカーツールを利用していた。Mimikatz は古いバージョンのウィンドウズにあるセキュリティの欠点を利用して、コンピユータのメモリに残されたパスワードにアクセスできる。そこから抜き出した認証情報を利用すれば、ハッカーは被害者のアカウントがアクセスできるネットワーク上のあらゆるものに繰り返し侵入できる。より目立たない手口も使っていた。アプリケーションが予期しないクラッシュをした場合、ハッカーはメモリを漁《あさ》ることができる。強制終了したプログラムが残したデータの「クラッシュダンプ」に機密性の高い認証情報が残されているからだ——立ち往生した車のキーを奪い、すぐに合鍵《あいかぎ》をつくるのに少し似ている。

盗んだこれらの認証情報を使うことで、ついにハッカーは、ウクルエネルゴのほとんどすべての記録を保存しているデータベース・サーバ、通称〝歴史家〟にアクセス可能となる。このデータベースは電力会社の業務を記録したり、現場の機器からデータを集めたりしていて、ネットワーク経由で利用できる。侵入者にとっては、通常の社内ネットワークのＩＴと、回路用ブレーカにアクセスするワークステーションなどの産業用制御システムとの重要な橋渡し役となる。

この〝歴史家〟データベースは、単に電力会社のコンピュータからデータを集めるだけではない。より危険な機能として、特定のコマンドをコンピュータに送信することができる。ヤシンスキーの説明によると、ハッカーはその機能を乗っ取り、データベースを万能ナイフに変え、自分たちが選んだどんなコードも実行できるようにした。最終的には、攻撃用の爆弾をウクルエネルゴの送電所にある設備の戸口に仕掛け、15年のときのようにそのスイッチを無情にも切り替え、何十万もの人々へ送る電力を遮断した。

ハッカーは攻撃の矛先を変えたらしい。15年のときは3地域の電力会社を幅広く襲い、バックアップ用電源から電話システムまで、あらゆるものを攻撃した。ところが今回は、ひとつの目的を持ったプロとして、送電システムに直接侵入した。「15年のハッカーは町の荒くれ者集団のようでした」ウクライナ生まれのドイツ人で、当時ハネウェル社で働いていたマリーナ・クロトフィルはそう話す。クロトフィルは産業用制御システムの専門家で、ＩＳＳＰが分析する際にヤシンスキーにアドバイスしている。「16年のハッカーは忍者ですよ」

破壊者たちが仕掛けた最後の爆弾は、ヤシンスキーにとって一種のブラックボックスだった。ハッカーが真夜中の攻撃の前にいくつかのダイナミック・リンク・ライブラリ（ＤＬＬ）ファイルをインストールしていたことはヤシンスキーもわかっていた。いわば、ハッカーが呼び出せる命令のコレクションだ。しかし、産業用制御システムはサイバーセキュリティにおいては難解な分野であり、ヤシンスキーは旧来のＩＴシステムのフォレンジック解析には精通していたものの、ＤＬＬファイルを自力では解読できなかった。そこで、友人であり、頼りになる産業用制御システムの専門家でもあるクロトフィルにその方面で助けを求めた。しかし、電力会社との秘密保持契約のせいで、ヤシンスキーはＤＬＬファイルを彼女に渡すことができなかった。

ヤシンスキーがそのファイルをウクルエネルゴのエンジニアに見せると、コードにはある特定のプロトコル――回路用ブレーカが読むことのできるコンピュータ言語――で書かれたコマンドが含まれていると説明された。どうやら、そのファイルがハッカーの停電作戦における破壊的な最後の段階を引き起こしたようだが、厳密にどのような仕組みで機能したのかは、その後何カ月間も謎のままとなる。

アメリカの送電網が狙われる可能性

その間アメリカでは、ウクライナの2度目の停電がサイバーセキュリティ業界で一瞬だけ話題となり、大統領選へのロシアの攻撃を取り巻く狂乱から少しだけ関心を奪った。リーが説明するように、あるハッカー集団が重要なインフラを繰り返し攻撃する意思と能力を示したのは、史上はじめてのことだった。攻撃を進化させながら繰り返し、技術に磨きをかけていた。しかもこの集団は、かつてアメリカの送電網にマルウェアを仕掛けたこともある。

アメリカの電力会社と政府高官が、激しさを増すロシアのサイバー戦争工作をウクライナだけの問題ではなく、アメリカの問題として捉える必要があることをあらゆる状況が示している、とリーは主張する。「アメリカの送電網を理解している人は、ここでも起こりうるとわかっています」とリーは言う。

北米電力信頼度協議会の最高セキュリティ責任者マーカス・サックスと電話で話したとき、彼はそうした脅威を軽視していた。アメリカの電力会社はすでにウクライナの被害から学んでいると言った。サックスは同僚と国内の電力会社をまわり、サイバー攻撃について啓蒙《けいもう》していることをあげた。基本的なサイバーセキュリティ対策を強化し、重要なシステムへのリモートアクセスは可能なときはいつも遮断しておかなくてはいけないことを叩きこんだという。また、ウクライナの送電網へのハッキングはきわめて巧妙ではあったものの、実際には大惨事とはならなかったと指摘した。とにかく、明かりはまた灯《とも》ったのだからと。

「脆弱性がないとは言いきれません。ほかのものとつながっているかぎり、あらゆるものは脆弱です」とサックスは言う。「かといって、ひとつ飛びに電力会社がすぐにでも崩壊すると言うのは無責任すぎます」

しかしリーは、サンドワームのようなハッカーには、アメリカは標的として一段と都合がいいかもしれないと反論する。アメリカの電力会社はサイバーセキュリティに対して敏感ではあるが、同時にウクライナよりも自動化や現代化が進んでおり、コンピュータ制御の設備も多い。言い換えれば、アメリカの設備は古いシステムと比べると、デジタルの「攻撃対象領域」をハッカーへたくさんさらしていることになる。

　またアメリカのエンジニアは、ウクライナのように停電が頻繁に起こる国よりも手動での復旧の経験が少ない、とリーは言う。ウクライナの地域電力会社では、首都キーウのウクルエネルゴでさえ、アメリカの電力会社よりも通常の設備故障による停電にはるかに慣れている。変電所へ駆けつけるトラックがたくさんあり、ハッカーに最初に攻撃された２０１５年のときのように、電力供給を手動で復旧させる準備ができている。超自動化されたアメリカの電力会社すべてが、現場でのそうしたマニュアル解除の用意ができているわけではない。

「アメリカの送電網を停止させるのは、ウクライナでやるよりもむずかしいでしょう。でも、停止させたままにしておくのは簡単かもしれません」とリーは話す。

　サンドワームの力と傲慢さが肥大するにつれて、こんな疑問が残る。はたしてサンドワームは、ウクライナを襲ったようにアメリカを襲うことがあるのだろうか。ロシアが紛争で侵攻した地域で電力会社を攻撃しても、アメリカの政府当局者は何も文句を言わなかったが、アメリカの電力会社が攻撃されれば、すぐに強烈な仕返しをするのはまちがいない。

　サンドワームによる2度目の送電網攻撃の際、サイバーセキュリティ専門家のなかには、ロシアの目的は単にアメリカ自身のサイバー戦略を封じこめることだ、と主張する者もいた。キーウで明かりを消し、アメリカの送電網に侵入する能力を示すことで、ロシアは自国やシリアなどの同盟国に対して Stuxnet のような攻撃をするなどという警告メッセージをアメリカへ送っていたというのだ。アメリカはシリア内戦で、独裁者バッシャール・アル＝アサドに対抗する革命主義勢力を支援していた。

本物のサイバー戦争の兵器

こうした観点では、すべては抑止のゲームなのだ。Grugqという名で知られる影響力を持った匿名ハッカー兼セキュリティアナリストは、2度目のウクライナの停電のあと、ブログにこのように投稿した。「この費用をかけた短い停電は、ロシアが西側諸国に〝本物のサイバー戦争兵器〟を持っていることを知らせる影響工作だと考えると理にかなう。[1]ロシアはウクライナを2度停電させた。1度成功しているのに、ふたたび攻撃テストを実行する理由はない。これは西側諸国に確実に信号を受けとらせるためだ」

しかし、ＮＳＡで多数の机上戦《ウォーゲーム》のシナリオにかかわったリーは、こうも想像する。たとえば、アメリカがウクライナやシリアにおけるロシアの軍事的利益に干渉すると脅しをかけ、ロシアが窮地に立たされたと判断した場合、報復措置としてアメリカの電力会社を攻撃するかもしれない。「国が力を行使する能力を否定されれば、そうした国は攻撃に向かいます」とリーは主張する。

むろん、リーと仲間たちは10年をはるかに超えるあいだ、こうした悪夢を机上戦として検討してきた。そしてこれまで、サイバー版の世界の終焉《しゅうえん》がアメリカの地に到来したことはない。だが、ファンシー・ベアの選挙干渉のあと、ロシアのあつかましさに限界はなくなったようだ。ウクライナの選挙にちょっかいを出したクレムリンは、現実にはなんのしっぺ返しにも遭わなかった。そこで、アメリカにも同様の戦術を採用した。ロシアのハッカーはウクライナの電力供給を止めたが、なんの罰も受けていない。三段論法で考えれば、この結果を想像するのは容易なことだ。

サンドワームの攻撃がエスカレートするのを2年以上観察してきたハルトキストにとって、つぎの一歩は明らかだった。２０１６年のキーウへの攻撃から3週間後、ハルトキストはツイッターに未来予測を投稿し、記録用に自分のアカウントのプロフィールにも貼りつけた。そこにはこう書かれている。「断言しておくが、サンドワームがいつか欧米の重要インフラを破壊して、人々が驚きの反応を見せたら、わたしは笑いをこらえきれないだろう」

キーウのISSP本部へ

２０１７年3月の曇りの日、キーウのＩＳＳＰ本部前の駐車場で、わたしはタクシーからおりた。当時この会社は、ウクライナの首都の産業地区にある低層ビルをまるごと占拠していた。まわりを囲むのは、泥だらけの運動場と崩れそうな高層ビル——この国にたくさんあるソビエト時代の置き土産だ。

社内でオレクシー・ヤシンスキーを見つけ、「サイバー・ラボ」という照明を落とした部屋でともに腰をおろす。まるいテーブルの上にはウクルエネルゴの仕事向けに作成したのと同様のネットワークマップがあり、長い巻紙には作家ボルヘスの作品のように複雑なノード（訳注：ネットワークの接続ポイント）とつながりが示されている。それぞれのマップにはサンドワームの侵入が時系列順に書かれている。スターライト・メディアで最初の攻撃を受けてから2年近く、ヤシンスキーの仕事の中心はこのハッカー集団だった。激しさを増すサイバー攻撃をウクライナの機関が何度受けたのか、正確にはわからない、とヤシンスキーは言う。どう数えようが、その数は実際よりも少ないだろう。侵入を内緒にしておきたい標的は公表されている数の少なくとも倍はあるだろうし、そのほかにシステム内への侵入にまだ気づいていない標的もあるはずだ。

ヤシンスキーの話によると、実際のところ、つぎのデジタル侵入の波はもうはじまっているかもしれないという。ヤシンスキーの背後では、ひげを生やしたＩＳＳＰの若い社員ふたりがキーボードと画面に向かいっきりで、前日にフィッシングメールで入手したばかりのマルウェアを分析していた。攻撃には季節のサイクルがある、とヤシンスキーは考える。ハッカーは1年の最初の数カ月で地ならしをする。静かに標的に侵入し、自身の存在をひろげる。

そして年末になってから、爆弾を解き放つ。16年の送電網攻撃を分析しているときには、17年12月にサプライズを起こす種がすでに蒔《ま》かれていたとヤシンスキーは示唆した。

つぎの攻撃に備えるのは「迫りくる学期末試験の勉強をするようなもんですよ」とヤシンスキーは話す。自身とウクライナがこれまでに直面してきたことは、練習問題にすぎません、と言い放った。

ヤシンスキーは攻撃者の意図をロシア語の単語で言い表した。ポリゴン。訓練場という意味だ。最も被害の大きかった攻撃でハッカーはもっと奥へ踏み入ることもできたという。財務省に保存されているデータだけでなく、そのバックアップデータも破壊できたかもしれない。もっと長い時間、ウクルエネルゴの送電所を止めたり、送電網に物理的被害を与えたりすることもおそらくできただろう——アサンテやリーなどのアメリカのアナリストもわたしとの会話で、ハッカーが攻撃を抑制したことについて話していた。「まだ、わたしたちと遊んでいるんですよ」とヤシンスキーは言う。毎回ハッカーは、将来の作戦のためにほんとうの実力をとっておくかのように、最大限可能なダメージを与える前に退却する。「ハッカーがまだ遊び終えていないことを祈るばかりです」

ウクライナのサイバー戦争について、不吉な新理論を唱えているのはヤシンスキーだけではない。国際監視団も、ロシアがウクライナを実験場に変えて、将来西側諸国に解き放つかもしれないデジタル戦術を試していると考えはじめている。クレムリンのハッカー軍団を訓練するのに、プーチンの勢力範囲内でのホットウォー（訳注：武力をともなった実際の戦争）という無制限の環境ほど適した場所はない。「手かげんはいっさいありません。こうした場所では、最悪のことをしても報復や告発をされることはないんですから」ＮＡＴＯ特使のケネス・ギアーズはわたしにそう話した。「ウクライナはフランスでもドイツでもないんです。多くのアメリカ人はウクライナが地図のどこにあるかわかりません。だから、そこで練習できるんです」

　ジョンズ・ホプキンス大学で戦略と軍事を研究しているトマス・リッド教授の指摘によると、そのように放置された状況のもとでロシアは技術力の限界を押しひろげるだけではなく、国際社会が許容する限界を探っているという。「どこまでだいじょうぶか、越えてはならない一線を試しているんですよ」リッドはわたしに話した。「押してみて、押し返されるかどうか確認するんです。押し返されなければ、またさらに押すんですよ」

　それでは、ハッカーがそんな練習試合をやめ、力を完全に解き放ったらどうなるのか。17年の春、キーウのＩＳＳＰオフィスの薄暗い奥の部屋で、ヤシンスキーはわたしにこう打ち明けた。つぎの攻撃がどんな形になるのかはわからない。ひょっとしたら、つぎはもっと深刻な停電になるかもしれない。あるいは、水道施設が標的になるかもしれない。いずれにせよ、こんどの攻撃は、自宅で経験した停電のように、これまでのインターネットの世界をはるかに超え、現実世界のインフラに到達することになるだろう、と。

沈みゆく午後の光がヤシンスキーの背後のブラインドの隙間から射しこみ、彼の顔が黒いシルエットになる。「サイバー空間自体は標的ではありません。ただの媒介物です」とヤシンスキーは話す。「その先にあるものはわかりますよね」

18　インダストロイヤー、あるいはクラッシュオーバーライド

スロバキア企業イーセットによる分析

ヤシンスキー以外にもウクルエネルゴで起きた停電のフォレンジック解析の証拠を調べていた者がいた。約１０００キロメートル西方にいるもうひとりのセキュリティ研究員、アントン・チェレパノフは、電力会社のネットワーク内にあった同じ痕跡をただ追跡していたわけではなかった。この時点ではまだふたりとも知らないが、チェレパノフはヤシンスキーのパズルの欠けたピースを埋めていた。

サンドワームによる12月17日の停電攻撃の５日後、チェレパノフは自分のコンピュータ上でＤＬＬファイルのセットを開いた。このファイルは、ウクルエネルゴへの侵入に関するＩＳＳＰの分析で、最後まで未解決の謎として残ったファイルと同じものだ。チェレパノフは

スロバキアのセキュリティ企業イーセットの本社にある中央オペレーションセンターで働いている。間仕切りのないオフィスに何列も並んだワークステーションはすべて壁に面していて、その壁一面に設置された画面には、イーセットのウイルス対策ソフトから取り出されたマルウェアの更新データが映し出されている。社内では、ＮＡＳＡへのオマージュをこめてこの部屋を〝ヒューストン〟と呼ぶ。

イーセットのオフィスは、スロバキアの首都ブラチスラヴァの南岸にある企業ビル、オーパークタワーの16階にある。オフィスからはドナウ川の美しい眺めが望め、対岸にある歴史地区にはブラチスラヴァ城がぼんやりと見える。だが12月のその日、チェレパノフは目の前のふたつの画面に流れていくコードに釘づけになっていた。〝ヒューストン〟にほかに人影はない。イーセットの従業員のほとんどは、すでにクリスマス休暇にはいっていた。12月の西洋のクリスマスではなく、1月はじめの正教会のクリスマスを祝うのは、ロシア人のチェレパノフだけだった。

チェレパノフはイーセットの採用試験でリバースエンジニアリングと暗号化についての５つの課題をクリアしたあと、２０１２年にロシアのチェリャビンスク市からスロバキアに移った。そしていま、ウクルエネルゴの停電の核心であるＤＬＬファイルを見ながら、この５年間で出くわしたことのない複雑な謎を発見した。認識可能な文字列を探してコードを懸命にスクロールしたり、グーグルで何度も検索したりした結果、ファイルは実際にはひとつの爆弾ではなく、4つの異なる爆弾であることが判明する。それぞれに異なる産業用制御システムのプロトコル——特定の電気設備が認識するデジタル言語——でコマンドを送信するよう設計されていた。

チェレパノフはイーセットに入社後、国家の支援を受ける違法なハッカーが作成したコードを何年も分析してきたが、それらとはまったくちがっていた。「自分には理解できないコードでした。ほとんどのマルウェアは単純です。パスワードを盗んで、ドライブを暗号化し、データを消去します。これは何かがちがっていたんです」とチェレパノフは言う。「長いクリスマスの1日になりそうだと覚悟しました」

イーセットとチェレパノフは、16年後半に隣国のウクライナがマルウェアに砲撃されるのを最前列で見ていた。イーセットのウイルス対策プログラムはウクライナで最も人気があり、長年販売されてたくさんインストールされているので、同社はこの国を悩ますマルウェアのサンプルにいち早くアクセスできた（実際に、ＩＳＳＰとファイア・アイが攻撃を秘密裏に分析したにもかかわらず、サンドワームによるウクライナへの2度目の猛攻撃の詳細の多くはイーセットが最初に公表している。ファイア・アイのジョン・ハルトキストたち研究員は、これをサンドワームの2度目の侵入と分類したが、イーセットはこの攻撃の背後にいるハッカーに、テレボットという独自の名前をつけた。この名は被害者のマシンにあったテレグラムの機能を悪用したバックドアの名にちなんでいる)。クリスマスの1週間前、攻撃の波がウクルエネルゴの送電所への破壊行為で最高潮に達すると、イーセットはすぐに史上2度目のハッカーによる停電を独自に分析しはじめた。

チェレパノフは、イーセットがウクルエネルゴへの侵入の核となるコードを入手した経緯については話してくれなかった。だが、チェレパノフが最初にそのコードを含むDLLファイル一式を見たところ、それは実に不可解であり、数週間後にヤシンスキーが同じコードにアクセスしたときも同様だった。それでもチェレパノフは、そのファイルが重要だと感じていた。その冬の日、コードを何時間も調べ、太陽がブラチスラヴァの西の丘の向こうにあるオーストリアへ沈んだあとも会社の静かなオフィスの画面の前に居残った。

妻には、予定していたセルビアでの休暇をキャンセルしなくてはならないと話した。元日がやってきたときにも、まだコードをリバースエンジニアリングしていた。コードに使われているよくわからない産業用制御システムのプロトコルの手引きを探り出し、その機能をひとつずつ分析した。

イーセットの社員たちが1月初旬にオフィスにもどると、チェレパノフは自分が発見した驚くべき破壊工作のツールについて説明した。マルウェアは、いわば自力推進式の停電ボットだった。回路ブレーカなどの機器に接続されたコンピュータにインストールされると、そのマシンがある位置を特定し、自動検出を実行して、設定データをハッカーに送信するよう設計されていた。そして攻撃がはじまると、ＤＬＬファイルに含まれる4つの産業用制御システムのプロトコルを使って、被害者の機器に直接「話しかける」ことができた。

　ウクルエネルゴの場合、実際には4つのプロトコルのうちのひとつだけを使って、キーウ北部にあるウクルエネルゴの送電所のすべての回路用ブレーカを切断したようだ。マルウェアを実行しているマシンが接続されているかぎり、「切断」のコマンドは速射砲のように繰り返される。送電所のオペレーターがブレーカをもとにもどして送電を復旧させようとしても、ただちにデジタルでコマンドが連打され、また切断する。

　つまりハッカーは、前年と同じ作業を人間離れしたスピードで自動実行できるサイバー兵器を開発した。幽霊のごとき手を使って回路用ブレーカを手動でクリックしていくのではなく、容赦のない攻撃を機械のようにすばやく実行するマルウェアを作成したのだ。

「なんてことだ」イーセットのロバート・リポヴスキーは、部下のチェレパノフから発見のあらましを聞きながら思った。「これは、Stuxnet 以来の最大の案件だ」

　避けがたいことが現実に起こった。アメリカの敵対国のひとつが、ついに独自の Stuxnet を作成したのだ。それは現実世界を直接攻撃したコードの史上2番目の実例となった。

インダストロイヤー、あるいはクラッシュオーバーライド

イーセットはこのマルウェアを Industroyer《インダストロイヤー》 と命名する。[1] 産業用（industrial）制御システムを混乱させるまれな能力をもじったものだ。会社は歴史に残る発見を調べていることをよくわかっていた。しかし、チェレパノフが休みをすべて使い切ってマルウェアを完全にリバースエンジニアリングしたあとも、どういうわけかその発見をさらに6カ月近く秘密のままにする。

イーセットの社員はこの理由として、調査結果を何度も確認しなくてはならないことや、秘密保持契約の存在、仲介者を通じてウクライナ当局と調査結果を共有することの複雑さをあげている。17年6月、イーセットはウクルエネルゴの停電の核心となるコードの報告書を公表する準備をようやく整えた。

Industroyer が公式報告書で発表される4日前の木曜日、イーセットの研究員はロブ・リーと連絡をとった。リーに発見の概要を見てもらおうと考えたのだ。リーはＮＳＡで重要インフラのセキュリティを担当していた専門家であり、ウクライナで最初に発生した停電についてもっともくわしく書かれた記事に貢献していた。そのリーに、信頼できる人物として自分たちの分析を支持してもらおうと考えたのだ。そこで、注意を払いつつも Industroyer のコ

ードの一部と公開予定のブログ記事の草稿をリーに送った。

　リーは送られてきた内容の重大さにすぐに打ちのめされた。目の前にあるコードは、自分がずっと調べていたエスカレートするサンドワームのサイバー戦術を、ひとつのプログラムとして具現化させていた。「民間のインフラに混乱を引き起こした最初のマルウェアでした」Stuxnet でさえ標的を軍事上のものに限定していたことをリーは指摘した。「これは一大事でした」

　リーは完全なコードを要求したが、イーセットは拒否した。不幸なことにイーセットは、リーの執拗《しつよう》な好奇心とむき出しの野心、さらには、セキュリティ業界の仲間を怒らせることも厭《いと》わない意志を甘く見ていた。

　リーは、自身が設立したばかりの産業用制御システムセキュリティのスタートアップ、ドラゴスの社員に、独自にこのマルウェアを見つけるよう指示する。イーセットから得たコードの断片を指紋として使い、自社にあるマルウェアサンプルを徹底的に調べはじめた。リーによると、数時間のうちにサンドワームが工作用のステージングサーバとして使っていたコンピュータで一致するものを見つけたという。

　ステージングサーバというのは、ハッカーにとって戦場における前哨《ぜんしょう》基地のような役割を果たす。ハッカーがみずからの居場所を明かすことなく、標的に対するハッキングツールを潜ませ、あとで解き放つことができる中継地点だ。リーがわたしに教えてくれた話によれば、ドラゴスはそのサーバになんらかの手段でアクセスし、イーセットが見つけたものと同じコードをそこから取り出したという。それ以上は説明してくれなかった。

イーセットの調査結果の発表まで残り72時間を切ってから、ドラゴスの研究員は独自の報告書を大急ぎで作成しはじめた。全員がリモートで働く同社の主力のリバースエンジニア6名は、出入り自由なビデオ会議チャネルを開設した。3つの標準時間帯にまたがる6つの州のそれぞれの自宅オフィスで、該当のコードを分析する作業を協力しておこない、ほとんど眠りもしなかった。リー自身も、メリーランド郊外の自宅オフィスで、日本のウイスキー《ニッカ・カフェグレーン》のボトルと24本セットのレッドブルを飲みながら、72時間全力疾走をつづけた。ドラゴス独自の報告書が完成した月曜日の朝6時に、リーはようやく2時間だけ眠ることができた。

数時間後、両社は報告書を発表する。ドラゴスはこのマルウェアにCRASHOVERRIDE《クラッシュオーバーライド》という独自の名前をつけて物議を醸した。[2]これは、悪意のあるモジュールを起動させる「crash.dll」というマルウェアのランチャーの名前と、回路用ブレーカをオペレーターが開くよりもすばやく繰り返し遮断するために手動のコマンドを上書きする（override）よう設計されていることを合わせた名前だ。１９９５年の映画『サイバーネット』の主人公のハンドル名を暗にほのめかしたものでもある（同じ月曜日に、マイクロソフトと米コンピュータ緊急事態対策チームがこのコードについて警告を発する際、Industroyer ではなく CRASHOVERRIDE と呼んだ。ショックを受けたチェレパノフとイーセットのチームは、リーをまだ少しも許していない）。

順応性・拡張性の高いマルウェア

業界での陰口はさておき、ドラゴスとイーセットの報告書は、停電を起こしたコードの最も厄介な部分について、多くの点で一致していた。CRASHOVERRIDE と呼ぶにせよ、Industroyer と呼ぶにせよ、簡単な解決策はなかった。もしハッカーがこの自動化されたマルウェアを、サンドワームが送電網に侵入したときと同じくらいネットワークの奥深くに置けばどうなるのか。産業用制御システムが持つ機能が悪用され、正当なオペレーターが送信したものと見分けがつかないコマンドを送信することができるだろう。リーは、「パッチをあてることも、ほかの対処もできません」と話した。「これは修正不可能な攻撃なんです」

さらにひどいことに、攻撃が自動化されたことで、サンドワームはウクライナでこれまでに2度実行したような停電工作を国や地域をまたいで複数の標的に同時に展開できる。リーの推定によれば、15年の攻撃では20人のハッカーが手動でコンピュータを乗っ取り、回路用ブレーカをクリックしたという。いまなら、同規模の集団が10カ所から15カ所の電力会社の標的に、自力推進式のマルウェアを同時に仕掛け、攻撃者がそのコードを時限爆弾のように好きな時間に起動させることが可能だという。リーはハッカーの視点から説明した。「自分は何もせずに、確実に混乱を引き起こせます」

おまけに、マルウェアのコードには、標的のシステムからすべてのデータを破壊するよう設計された「haslo.dat」——ウクライナ語で「トーチ」の意味——と呼ばれる独自の削除ツールも含まれていた。そのコードを数カ月後に分析したマリーナ・クロトフィルは、削除機能は停電を長引かせると同時に、のちのフォレンジック解析でマルウェアが見つからないようにする証拠隠滅の工程だと説明する。今回のケースでは、思いがけない幸運もあり、なぜかその削除機能が働かなかった。「ハッカーはこのツールを〝燃焼《バーン》〟させるつもりはありませんでした」クロトフィルはわたしにそう言った。〝バーン〟というのは、プログラムがさらされて驚きの要素がなくなるという意味のハッカー用語だ。「わたしたちは、けっして見るはずのないものを見ることができました」

このマルウェアの最も不穏な側面は、イーセットの報告書で短く言及されているだけだ。異なる4つの送電システムのプロトコルでコマンドを送信するようになっていたが、実際にウクルエネルゴで使われたものはひとつだけだった。ただし、コードは高度にモジュール化されてもいた。それらのプロトコルはほかのシステム用に簡単に変換できる——そこには、アメリカ国内で使用されているものも含まれる。「このマルウェアの作者に敬服しますよ。どこでも使えるんですから」クロトフィルはのちにそんなふうに言った。「このマルウェアのすばらしさは、どの国でも、どの変電所でも実行できることです」

　サンドワームがウクライナで技術を試し、いつか西ヨーロッパやアメリカでそれを再現するかもしれないという考えは、もはやぼんやりとした仮説以上のものとなった。研究員が明らかにしたツールの実際の仕組みのなかで、それは裏づけられている。このマルウェアは、1回かぎりの手榴弾《しゅりゅうだん》ではなく、再利用可能で順応性のある武器システムとして設計されているようだった。

　1度きりの1時間の停電を起こすためだけに、悪意ある特殊なソフトウェアをつくり、1年間かけて被害者のネットワークを探って、潜ませておく者はいない。「このマルウェアは、どこか別の場所を標的にしてつくられたように見えます」とリーは語る。「この攻撃は1度だけのものとは思えないんです。何度も使われることを想定してつくられ、運用されているのです。ウクライナだけではないんですよ」

無反応のトランプ政権

ドラゴスがマルウェアの CRASHOVERRIDE に関する報告書を発表した週に、リーはホワイトハウスの国家安全保障会議に招かれ、ブリーフィングをおこなった。大きな会議室で国土安全保障省、エネルギー省、ＣＩＡ、ＮＳＡの代表者とともにすわり、このコードの発見は全世界の送電網に対して、きわめて独特で拡張性・汎用《はんよう》性の高いマルウェアの脅威を意味すると説明した。

　トランプ政権はあからさまに無反応だった1度目とちがって、2度目のウクライナの停電にはなんらかの対応を準備するだろうと、リーは当初考えていた。「みな同じ考えだったんです。迷いがある人はいませんでした。全員がその事件を重要だとわかっていましたから」

　しかし、ブリーフィングが終わって数日が過ぎ、数週間が過ぎても、リーの耳にはつぎの段階の話が何もはいってこない。しびれを切らしてホワイトハウスの職員に連絡すると、リーが提示したロシアの送電網用マルウェアに関する情報は、国家情報長官のダン・コーツに送られ、その抜粋はトランプ大統領にも渡っているという。そしてその回答は、リーによると「われわれはその話題に興味はない」だった。

　コンピュータとデジタルセキュリティに関する造詣《ぞうけい》が驚くほど浅いことで知られるトランプは、「サイバー」と名のつくものはすべて追い払うという理由だけで、その報告を無視したのかもしれない。だが、リーが説明するように、大統領への CRASHOVERRIDE に関するメッセージは関係者を何段階も介するうちに、「タイミングが悪く」、「政治的すぎる」ものになった。つまりトランプは、大統領選勝利におけるロシアの役割が物議を醸しはじめたために、「ロシア人」と「ハッカー」という語が含まれたセンテンスを議論することには、文脈を問わず、関心がなかったようなのだ（こうしたリーの説明に対して、わたしはホワイトハウスに再三コメントを求めたが、いっさい回答はない）。

　もしトランプが、その知らせは自分に向けて政治的に利用されるかもしれないと感じたとしたら、それは正しかった。２０１７年6月下旬、民主党の上院議員18人と無所属議員のバーニー・サンダースが大統領への書簡に署名した。書簡では、ドラゴスの報告を引き合いに出し、アメリカの送電網を混乱させるロシア政府の能力を新たに分析するよう、エネルギー省に指示を出すべきだとトランプに要求した。また、クレムリンがアメリカの電力会社やパイプラインといったエネルギーインフラを危険にさらしたこれまでの企《たくら》みをくまなく調べることも求めた。

「トランプ政権がエネルギーネットワークのサイバーセキュリティを優先してサイバー攻撃と戦うという口約束を守らず、意味ある行動をとっていないことを、われわれは深く憂慮している」と議員たちは書いている。[3] ホワイトハウスはこれになんの反応も示さなかった。

CRASHOVERRIDE の話が党派性のある駆け引きの材料になったことを、リーはすぐに後悔した。だが彼はそれ以上に、1年前と同じ歴史が繰り返されていることに憤りを感じていた。こんどの政権もまた、ウクライナで起こった停電を隠そうとしているように思えた。
「拡張性が高く、世界じゅうに影響を及ぼす可能性のあるサイバー攻撃が、はじめて電力の供給を止めたというのに、短いコメントすら出さないんですから」とリーは話す。「笑ってしまいますよ」

保護リレーを無効にする18バイトのコード

ドラゴスの研究員は72時間必死に CRASHOVERRIDE、別名 Industroyer をくわしく分析したが、見逃しているものがあった。ロブ・リーは、ドラゴスが発見したバージョンのマルウェアにはイーセットが報告書で説明しているコードに含まれている要素がひとつ欠けている、とわたしに語った。ウクルエネルゴへの攻撃では使われなかったらしい。作動したかどうかも、さだかではなかった。だがそれはある意味で、すべてのなかで最も不吉な予感を覚えさせる手がかりだった。

Industroyer のコードを調べていたチェレパノフは、あるとき、そのコードが18バイトの奇妙な数字列を送信するようプログラムされていることに気づいた。[4] グーグルでその数字列を検索すると、シーメンスの Siprotec《シプロテック》 装置——電気機器の安全用停止スイッチとして機能する保護リレー——で見つかった脆弱性に関する対応策が書かれたサイトがあった。〝この数字をシーメンス Siprotec の本体に送れば、反応しなくなります。あとは手動で再起動すれば、もとにもどります〟

ワイオミング州の自宅で Industroyer に関するイーセットの報告書を読んだマイク・アサンテは、すぐに Siprotec の仕組みに目を留めた。そもそも保護リレーは、混乱を起こすためだけではなく、設備を物理的に破壊する目的でハッキングされる可能性があるとアサンテはずっと懸念していた。アサンテの指揮のもとおこなわれたオーロラ実験で、保護リレーが不当に改造された場合に起きうる災害の大きさを如実に示してからわずか10年あまりのことだった。

サンドワームのマルウェアが利用した脆弱性は、オーロラ攻撃とは異なり、保護リレーの論理回路を実際に変えて危険な効果を起こすわけではない。保護リレーを休止状態にするだけだ。しかし、その技術が送電所への別のタイプの破壊行為と組み合わさったら、はるかに長引く被害の原因となったかもしれない。保護リレーを無効にしているあいだに特定の部品に電力負荷をかければ、ハッカーは送電線を溶かしたり変圧器を燃やしたりすることができ、1時間の停電など無邪気な鬼ごっこと思える結果となるだろう。[*]「変圧器にとって、火災は致命的です。黒い大きな煙が突然火の玉に変わりますから」とアサンテは話した。

２００７年、ハッカーが電力システムに起こす物理的破壊について、アサンテは世界にはじめて警告した。そして、何者かがあのオーロラ実験に似た攻撃に向けて、最初の一歩を踏み出したようだ。アサンテは、２階建ての自宅オフィスの窓から遠いティトン山脈をながめながら、自負心と激しい恐怖が入り混じった妙な感覚を覚えた。「自分の想像はまちがっていなかったという満足感がありました」とアサンテは言う。「しかし、懸念もあります。連中はいまも、こうした機能の開発を進めているわけですから」

アサンテのオーロラの悪夢は、まさに現実になろうとしていた。「これは現実世界で起こっている」アサンテは心のなかで思った。10年前に垣間《かいま》見《み》た未来がついに到来したのだ。

＊ウクルエネルゴへの攻撃でのこうした細部が完全に説明されたのは、本書の初版が刊行された２０１9年9月の直前だった。ドラゴスのアナリストであるジョー・スローヴィクが同社のシステムから完全なネットワークログを入手し、サンドワームが意図した一連の破壊行為の全容をまとめあげた。スローヴィクの説明によると、ハッカーは最初に送電所の電源を切り、その1時間後にマルウェアの削除機能を作動させて送電所のコンピュータの中身を破壊した。そのときになってはじめて、マルウェアが持つSiprotec のハッキング機能を送電所の4つの保護リレーに対して使った。この戦術はフェールセーフ

装置を無効にするので、電力会社のオペレーターが機能しないセーフガードに気づく方法はほとんどなかった。これは、停電に対応するウクルエネルゴのエンジニアが、あわてて送電所の設備を再起動することを意図しているという。保護リレーが機能していない状態で設備の電源を入れた場合、電力会社のオペレーター自身が変圧器や送電線に危険な過負荷電流を流すことも考えられる。その過負荷電流によって、送電線が燃えたり、変圧器が爆発したり、従業員が怪我をしたりする可能性もあった。この驚くべき計画が失敗したのは、サンドワームのマルウェアの設定ミスだろう、とスローヴィクは言う。言うまでもないことだが、計画どおりに実行されていれば、停電は1時間よりもはるかに長引いたかもしれない。

第4部　神格化

そのとき――大砂塵《だいさじん》の合間に、光沢を帯びて整然とならぶ、なにかの群れがかいま見えた。群れの各所で上下する、いくつもの巨大な円弧の内側には、クリスタルのスポークのようなものがびっしりとならんでいる。やがて砂塵が薄れたとき、それは大きく開かれた砂蟲《サンドワーム》の口であるとわかった。しかもその口は、ひとつだけではない。おびただしい数の砂蟲《サンドワーム》が、巨大な口をあけて押しよせてきている。各々の砂蟲《サンドワーム》の背にはおおぜいのフレメンが乗っていた。強風にローブをはためかせるフレメンを乗せて、砂蟲《サンドワーム》の群れはクサビ隊形をなし、砂盆で斬り結ぶ兵たちに向かって怒濤《どとう》のごとく突き進んでくる。

19　マースク

巨大海運企業が混乱に陥る

晴れわたった申し分ないコペンハーゲンの夏の午後、世界最大の海運コングロマリットが正気を失いはじめた。

A・P・モラー・マースクの本社は、コペンハーゲン港のそよ風吹く石敷の遊歩道に面している。建物の北東の角にはデンマーク国旗を掲げた船のマストが立ち、青く着色された窓が並ぶ6階建てのビルからは海を一望できて、向かいのドックにはデンマーク王室のヨットが停泊している。本社ビルの地下では社員用のギフトショップを見てまわることができ、店頭にはマースクのロゴがついたバッグやネクタイ、同社のトリプルE級巨大コンテナ船の珍しいレゴ・ブロックまでそろっている。その船はエンパイア・ステート・ビルを横に寝かせたのとほぼ同じ大きさで、さらにその上にエンパイア・ステート・ビルもうひとつぶんの貨物を載せられる。

ギフトショップと同じフロアには同社の技術サポートカウンターもあり、レジの横にヘルプデスクがあってＩＴのトラブルシューティング担当者が詰めている。２０１７年6月27日の午後、困惑した社員がふたり３人と連れだってヘルプデスクに集まってきた。ほぼ全員がノートパソコンを手にしている。「Ｃドライブのファイル・システムを修復中」というメッセージと、電源を切るなという警告が画面に表示されているパソコンもある。ほかのパソコンでは、「おっと、あなたの重要なファイルが暗号化されました」というさらにおかしなメッセージが表示され、解除するのに３００ドルぶんのビットコインを支払うよう求めていた。

つぎつぎとシャットダウンされるパソコン

通りの向こう側では、ＩＴ管理者のヘンリック・イェンセンがマースクの別の建物で仕事をしていた*。かつては王室の海図文書館として使われていた白い石造りの華麗な建物である。８万人近くいる社員のためにイェンセンがソフトウェア・アップデートの準備に追われていると、パソコンが勝手に再起動された。

イェンセンは小声で悪態をついた。予告なしの再起動。いかにもマースクのＩＴ本部らしいぶしつけなやり方だ。嫌われ者のＩＴ本部はイギリスにあり、港湾部門から物流管理《ロジスティクス》、石油掘削まで、８つの事業分野で世界１３０カ国に５７４の事業所をかかえる企業帝国の大部分を担当している。

イェンセンは顔をあげ、ほかにもこの無礼な仕打ちを受けたＩＴスタッフがいないか、仕切りのないオフィスで働く面々に尋ねようとした。首を伸ばして周囲を見ると、ほかのパソコンの画面がつぎつぎと消えていく。

「波のように画面が黒くなっていくんです。黒、黒、黒。ことごとく真っ黒になっていって」とイェンセンは語る。イェンセンとまわりの同僚は、どのパソコンも完全にロックされていることにすぐ気づいた。再起動しても、マースクのほかの社員が目にしていたのと同じビットコインの身代金要求メッセージが表示されるだけだった。

全社が機能停止状態に

マースク本社のあらゆる場所で、みんなが事の重大性に気づきはじめた。30分もしないうちに、社員たちは廊下を走りまわって大声をあげ、パソコンの電源を切るか会社のネットワークから切断してマルウェアの感染を防ぐよう同僚に呼びかけていた。1分ごとにさらに数十台、数百台のパソコンが破壊されかねない。技術者は会議室に駆けこんで会議の真っ最中にマシンのプラグを引き抜く。建物のほかの場所に警告をひろめるために、社員はやがて閉じたままのキーカード式ゲートをまたいで乗り越えなければならなくなった。謎のマルウェアのせいで、ゲートも作動しなくなっていたのだ。

パニックのなかＩＴスタッフがマースクのグローバル・ネットワークをすべて切断するま

でに2時間以上かかった。最終的には全社員がパソコンの電源を切ってデスクに置くよう指示される。緊急のネットワーク遮断のせいで、各デスクのデジタル電話も使えなくなった。

午後3時ごろ、イェンセンと十数人の同僚が不安な思いで知らせを待っていると、部屋に幹部がひとりはいってきて、帰宅するよう告げられた。マースクのネットワークはきわめて深刻に破壊され、ＩＴスタッフもなす術《すべ》がなかったのだ。なかにはオフィスに残るよう部下に命じる頭のかたい管理職も数人いた。しかし従業員の多くはパソコン、サーバ、ルータ、電話が使えず完全に手持ちぶさたになり、そのまま会社を出た。

イェンセンが建物を出ると、6月終わりのあたたかい空気に身を包まれた。社員の大多数と同じくイェンセンも、いつ仕事に復帰できるのか見当もつかなかった。マースクは世界じゅうの76の港と８００隻近くの船舶を管理している。同社のコンテナ船は何千万トンもの貨物を積んでいて、全世界の船舶貨物容量の5分の1近くを占める。その巨大海運企業が暗礁に乗りあげたのだ。

＊ヘンリック・イェンセンは実名ではない。わたしが話を聞いたマースクの社員、顧客、関係者のほとんどと同じく、イェンセンもこの話を公の場で語ることによって生じる影響を恐れていた。

20　エターナルブルー

デジタル版の第3次世界大戦

マースクが攻撃を受ける10カ月前の２０１６年８月、シャドー・ブローカーズと名乗るハッカー集団が、ＮＳＡのハッキングツールを大量に盗み出したとツイッターで発表した。そして２０１７年４月、それをすべて漏出させると宣言する。シャドー・ブローカーズの活動期間は短く不可解だったが、この流出によってきわめて甚大な被害を生じさせた。その実行を最終的に決めたとき、彼らは自分たちの行動を政治的な理念や金儲《かねもう》けの動機ではなく純粋なニヒリズムによって説明した。

「先週、シャドー・ブローカーズはみんなを助けようとした」４月14日のメッセージでシャドー・ブローカーズは、その前の週に発信していた政治的メッセージについて書く。「今週はみんなをめちゃくちゃにしてやろうと思ってる[1]」

　前年８月のときと同じように、彼らはダウンロード用のリンクを投稿した。「シャドー・ブローカーズはそこまでしたくない。シャドー・ブローカーズに金を払って黙って立ち去らせるやつがいないのは残念だ」そしてこう締めくくる。「みんなが第３次世界大戦を生き延びたら、来週またお目にかかるかもしれない」

ひょっとしたら第３次世界大戦というのは、アメリカと北朝鮮のあいだで緊張が高まっていたことを指していたのかもしれない。北朝鮮はアメリカのどこでも攻撃できる核ミサイル発射能力を近々獲得すると明かしていた。あるいは、彼らが漏洩《ろうえい》させたばかりのファイルの中身のことを指していたのかもしれない。それは事実上、デジタル版の第３次世界大戦に相当するものだった。

エターナルブルー

アップロードされた一連のファイルは、シャドー・ブローカーズが当初より約束していたたきわめて強力なハッキング用ツールの本流だった。８カ月にわたる嘲弄《ちょうろう》と悪ふざけののち、ついにＮＳＡの隠し玉をまとめて投下したわけだ。ファイルをダウンロードしたサイバーセキュリティ分析者が数えると、20を超えるさまざまなハッキング用ツールがそこには含まれていた。どれも洗練されたプロの道具で、未熟なハッカーでもすぐに大混乱を引き起こせる。

とりわけそのなかのひとつ、ＮＳＡがEternalBlue《エターナルブルー》というコード名で呼んでいたプログラムが、サイバーセキュリティ業界をたちまち大混乱に陥れた。EternalBlueは、ウィンドウズ８以前の事実上すべてのバージョンのウィンドウズに存在するゼロデイ脆弱《ぜいじゃく》性を利用するよう設計されていた。サーバ・メッセージ・ブロック（ＳＭＢ）という昔からあるあまり知られていない機能の欠陥である。ＳＭＢを使えば、ファイルやプリンタへのアクセスなどをほかのコンピュータと直接共有できるが、そこにはきわめて重要なバグがいくつかあり、だれでもＳＭＢメッセージをコンピュータに送ってそのマシンでコードを完全に遠隔実行できるようになっていた。

EternalBlue では、ＮＳＡのハッカーがその脆弱性を利用する手段を単純なひとつのプログラムにコードし、世界じゅうの無数のコンピュータに侵入できるようにしていた。しかしその後、制御がきかなくなっていた。

「このうえなく大きな事件ですよ」イギリスのセキュリティアナリスト、マシュー・ヒッキーは当時わたしにそう語った。彼はシャドー・ブローカーズが漏洩させた情報を何カ月も前から分析していた。「インターネットのゴッド・モードですね」あるいは《Wired》誌のわたしの同僚、リリー・ヘイ・ニューマンが書くように、「アメリカの高度な極秘サイバースパイ・ツールが、いまや人々の武器になっている[2]」。

しかしシャドー・ブローカーズの発表からわずか数時間で、マイクロソフトが思いがけない声明を出す。EternalBlue のゼロデイ脆弱性は、厳密にはそもそもゼロデイではなかったのだ。３月に説明なしでＳＭＢ脆弱性へのパッチを公開し、ＮＳＡのハッキング手法を無効化していたという。シャドー・ブローカーズがそれを流出させるまるまる1カ月前である。《ワシントン・ポスト》紙がのちに確認したところによると、ＮＳＡは盗まれたツールに EternalBlue が含まれていることを知り、マイクロソフトにひそかに警告していた。[3]

大量のパソコンに感染

セキュリティ・パッチが提供されていたという知らせによって、新たな疑問が生じた。どれだけの人が実際にそれをインストールしたのか。世界じゅうでソフトウェア保護を更新するのは、複雑な流行病に対処するのと同じぐらいむずかしい。システム管理者はパッチを無視したり、すべてのパソコンを把握していなかったり、必要なソフトの機能が使えなくなるのを恐れてパッチの適用を見送ったり、そもそもパッチを受信しない海賊版を使っていたりする。こうしたことから、脆弱性のあるマシンにセキュリティ更新をさせるのは、ワクチンが開発されたあと世界じゅうの人に予防接種を受けさせるのと同じぐらい複雑で不完全なプロセスである。

その後の数日で、EternalBlue に対するパッチがあてられていないマシンがどれだけあるか見当がつきはじめた。セキュリティ研究者は EternalBlue による攻撃を直接数えることはできないが、インターネットをスキャンしてＮＳＡの補完的なマルウェア、DoublePulsar《ダブルパルサー》

を探せばいい。これは EternalBlue が標的のマシンにインストールするものであり、DoublePulsar に感染したパソコンにある種のネットワーク・ピン（ping）を送ると、それとわかるはっきりした応答がある。

興味をいだいた研究者たちが、こうしたピンをインターネット全体に大量に送信した。するとたちまち何万もの応答があり、そのひとつひとつがＮＳＡの合鍵《あいかぎ》によってハッキングされたコンピュータを示していると思われた。[4] シャドー・ブローカーズの発表から1週間もしないうちに、その数は10万を超える。[5] 2週間後には、被害を受けた可能性のあるパソコンは40万台に達していた。インターネットでの EternalBlue の悪夢は、それでおしまいではなかった。被害全体の規模は、その後すぐに明らかになる。

ランサムウェアがイギリスの医療サービスを襲う

金曜の午後2時30分ごろ、イギリスの小さな海辺の町イフラクームで、マーカス・ハッチンズは近所のフィッシュ＆チップス店で昼食をすませて帰宅した。自分の部屋でパソコンに向かうと、インターネットで事件が起こっていた。

ハッチンズは物腰の柔らかな22歳のイギリス人で、カールした茶色い髪が半ば爆発している。サイバーセキュリティ企業のクリプトス・ロジックでマルウェア・アナリストとして働いていて、その日は休みのはずだった。しかしハッチンズは仕事と生活をはっきり分けるタイプの人間ではない。自宅でも仕事をしていて、実家の１階にある自分の寝室をオフィス代わりに使っていた。高性能デスクトップパソコンが３台あり、それぞれ複数のディスプレイにつながれていて、高性能処理ができるよう水冷ラジエータを搭載している。そのほかにノートパソコンが２台あって、ラックに目いっぱい積まれたサーバがＬＥＤを点滅させている。

念入りにつくりあげたこの環境を使い、ハッチンズは自己完結した独自のマルウェア研究所を運営していた。部屋のサーバ・セットアップで仮想マシンを走らせてあらゆる種類のパソコンをシミュレートし、新しいマルウェアをテストしてその動きを安全に観察できる。ひとつの画面には、スパムとフィッシングのメールがつぎつぎと表示されている。ハッチンズはそれらを収集し、その出どころや添付ファイルによく含まれている悪意あるプログラムを分析していた。

ハッチンズはある銀行詐欺マルウェアについて調べようとしていて、別の画面でイギリスのサイバーセキュリティ研究フォーラムを開いた。そこで危機がひろがっているのを知る。イギリスの国民医療サービス（ＮＨＳ）が攻撃されていたのだ。当時は病院や警察署といった重要機関に狙いを定め、データを暗号化して人質にとる攻撃が増えていたが、これはそうした通常の金目当ての犯罪に使われるランサムウェアではなかった。ＮＨＳの何千台ものパソコンが感染し、その数はすさまじいスピードで増えていた。

　被害を受けたパソコンはロックされ、ビットコインで３００ドルの支払いを求める赤い画面が表示されていた。「あなたの重要なファイルが暗号化されました」とメッセージにはある。「ファイルを回復する方法を懸命に探しているかもしれないが、時間の無駄だ。われわれの復号サービスを利用しなければ、ファイルは復元できない」画面の左に表示されたタイマーが７日ぶんの時間をカウントダウンしていく。期限が過ぎたらファイルの復号キーが削除され、パソコンのデータはそれっきり永遠に暗号化されたままになる。

エターナルブルーを利用し大拡散

　研究者はこの新しいランサムウェアを WannaCry《ワナクライ》（〝泣きたい〟）と呼んでいた。[6] 暗号化後にファイル名に加えられた .wncry という拡張子にちなんだ、想像を掻《か》き立てる名前である。そしてすぐに、このコードがきわめて悪質である理由がわかった。EternalBlue を使って拡散していたのだ。感染したひとつひとつのマシンがローカル・ネットワークとインターネットをスキャンしてパッチがあてられていないマシンを探し、EternalBlue を使って可能なかぎり多くのコンピュータに侵入して、また同じことを繰り返す。
　WannaCry が拡散し、混沌状態がそれにつづいた。イギリス全国で何千もの人が診察の予約をキャンセルされる。[7] 一時的に閉鎖された緊急治療室もあり、患者は運よく攻撃を免れた遠くの病院へ向かわなければならなかった。イギリスの混乱は地球規模の大惨事のごく一部にすぎないことがハッチンズにもわかった。スペインの電気通信会社テレフォニカも攻撃を受けていた。[8] ロシア貯蓄銀行、ドイツ鉄道、フランスの自動車会社ルノーも同じで、中国の複数の大学やインドの警察署など、広い範囲まで被害が及んでいた。

その時点でアメリカはほぼ無傷だったが、これは単に運がよかっただけだ。ランサムウェアの波がうねりをあげて押し寄せるなか、数時間後、場合によっては数分後にはアメリカものみこまれるだろう。

悪夢が起こった。ゼロデイ脆弱性を利用したＮＳＡのマルウェアが制御を失い、世界じゅうで大混乱を招いたのだ。その結果は、史上最悪のランサムウェア大流行だった。「なんて週に休みをとっちまったんだ」ハッチンズはそうツイートした。[9]

ランサムウェアの正体

通称〝Kafeine〟というハッカー友達から WannaCry のコードが送られてきて、ハッチンズはさっそく分析に着手した。まずサーバ上に仮想コンピュータをつくり、ランサムウェアに暗号化させる偽ファイルを準備して、その隔離された試験環境でプログラムを実行する。

すぐに気づいたのは、偽ファイルを暗号化する前に WannaCry が完全にランダムに見えるウェブアドレス、iuqerfsodp9ifjaposdfjhgosurijfaewrwergwea.com へクエリを送信することだ。これは珍しいことではないが重要だとハッチンズは思った。この種のドメインに接続するマルウェアはたいてい、感染したパソコンに指示を与えるどこかのコマンド&コントロールサーバと通信している。

ハッチンズがその長いアドレスをコピーしてブラウザに入力すると、意外なことにそのサイトは存在しなかった。そこでドメイン登録業者 Namecheap のサイトを訪れ、だれもほしがりそうにないそのアドレスを10・69ドルで購入した。そうすることで、WannaCry に感染した大量のパソコンのコントロールを一部、マルウェア作成者から奪えるかもしれないと思ったからだ。少なくとも感染したマシンの数と場所を監視する道具を手に入れられる可能性がある。これはマルウェア・アナリストが「シンクホーリング（sinkholing）」（訳注：マルウェアが不正なウェブサイトへ接続しようとしたときに、別のＩＰアドレスを返してそれを防ぐ方法）と呼ぶ手段だ。

ハッチンズがクリプトス・ロジック社のサーバ群にそのドメインを設定するやいなや、案の定 WannaCry に新たに感染した世界じゅうのコンピュータから何千もの接続が殺到した。ハッチンズは攻撃のすさまじい規模を自分の目で直接見られるようになったわけだ。この作業についてツイートすると、グローバル・ネットワークをのみこんでいたマルウェアの異常発生についてさらに知ろうとする研究者、ジャーナリスト、システム管理者から何百通ものメールが押し寄せた。シンクホーリング用のドメインを手に入れたことで、ハッチンズのもとには地球上でほかにだれも手にしていない感染の情報が突如として集まりだしたのだ。

その後の4時間でハッチンズはメールに返信し、世界じゅうで発生する新たな感染を追跡すべくつくっていたマップを必死で修正した。ドメインを登録したおよそ4時間後の午後6時半、ハッカー友達の Kafeine から別のセキュリティ研究者ダリエン・ハスのツイートが送られてくる。そこに記されていたシンプルなコメントにハッチンズは驚いた。「いまはプログラムが実行されない。ドメインがシンクホールされたからだ」つまり、ハッチンズのドメインがオンラインに姿を現したあとも WannaCry の感染はひろがっていたが、実際の被害はもはや発生していなかったのだ。マルウェアは無力化されたようだった。

強制停止スイッチ

そのツイートには、ハスが解析した WannaCry のコードの断片が含まれていた。コードに記された動きを見ると、ファイルを暗号化する前に、まずハッチンズのウェブアドレスにアクセスできるかを確認する手順になっていた。アクセスできなければ、そのまま先に進んでパソコンの中身を破壊する。アクセスできたら、その時点で動きが止まる。

ハッチンズが見つけたのは WannaCry のコマンド&コントロールアドレスではなかった。その強制停止スイッチだったのだ。登録したドメインは、世界じゅうで WannaCry の大混乱を一瞬であっさりと停止させる手段だった。『スター・ウォーズ』のデス・スターの排気口へプロトン魚雷を発射して炉心を爆破し、銀河系を救ったようなものだが、ハッチンズは自分が何をしたかわかっていなかったし、その結果に4時間ものあいだ気づかなかった。

ハスのツイートを見てハッチンズの胸が高鳴りだした。ほんとうだろうか？　自分でテストして確認する必要がある。自宅のサーバで WannaCry のシミュレーションを実行し、例のドメインにアクセスさせた。するとやはり接続されたとたんに悪意ある動きが止まった。つづいてシンクホールへの接続をブロックして再度テストした。2度目のテストではコンピュータのファイルはたちまち暗号化され、WannaCry の恐ろしい身代金要求メッセージが画面に表示された。ハッチンズの強制停止スイッチが作動したことが確認されたわけだ。

ハッチンズの反応は、おそらくランサムウェアのせいでパソコンが機能不全に陥った人がこれまでに見せたことのないものだった。椅子から跳びあがり、大喜びで部屋中をジャンプしてまわったのだ。

WannaCry 作成者の目的は、いまなお謎に包まれている。強力なランサムウェア作戦によって、できるだけ多くの金を稼ごうとしたのか。それとも、地球全体を最大限のカオスに陥れようとしただけなのか。いずれにせよ、強制停止スイッチをマルウェアに組みこむのは、ずさんで不可解な自己破壊行為のように思えた[*]。

　WannaCry のプログラマがうかつだった点はほかにもある。コードに組みこまれていた支払いメカニズムは事実上、役に立たなかったのだ。もっとうまく設計されたランサムウェアとは異なり、WannaCry には支払いをした被害者に復号キーを自動送信するシステムがなく、支払いの有無を記録する仕組みすらなかった。被害者はそれを知って支払いをやめた。この計画全体の収益は合計20万ドル未満であり、それを追跡していたマルウェア・アナリストの多くの年収よりも少なかった[10]。

　WannaCry は未完成の状態でリリースされたにちがいないと一部の研究者は結論を出した。おそらく作成者はマルウェアをテストしていて、マルウェアにありがちなように――その7年前の Stuxnet の場合と同じく――完全に準備が整う前につくり手が制御できない範囲までひろがったのではないか[11]。

　最後に、さらに別の決定的な不注意によって、WannaCry の作成者は自分たちの身元を示す手がかりも残していた。数日のうちにグーグルとロシアのサイバーセキュリティ企業カスペルスキーの研究者が、WannaCry で使われているコードは Lazarus《ラザルス》として知られる北朝鮮政府のハッカー集団が好んで使うバックドア・プログラムと一部重なることに気づいたのだ。[12] ２０１７年12月には、北朝鮮が攻撃の背後にいたことを突き止めたとアメリカのトランプ政権が発表する。[13] その３年前にソニーを混乱に陥れたのと同じハッカー集団が、こんどは世界のあらゆるネットワークに同じ破壊行為を仕掛け、たまたま見つかった強制停止スイッチによってかろうじて大災害が回避されたのだ。[†]

NSAハッキングツールの流出元

２０１７年終わりには、シャドー・ブローカーズがＮＳＡの秘密をどのように盗み出したのかも見当がつきはじめた。その年の12月、67歳の元ＮＳＡ職員で同局のテイラード・アクセス・オペレーションズ（ＴＡＯ）ハッキングチームの開発者、ニーアン・ホアン・フォーが、アクセス権限の規則に違反した罪を認めた。機密資料を大量に自宅へ持ち帰っていたのである。のちにメリーランド州の法廷で語ったところによると、勤務評価がよくなかったため、資料を研究して仕事で成果を出したかっただけだという。[14] フォーは66カ月の拘禁刑の判決を受けた。

この事件は、《ウォール・ストリート・ジャーナル》紙が数カ月前に報じていた別の話と結びついていた。ロシア政府のハッカーがモスクワを拠点とするカスペルスキーのウイルス対策ソフトへのアクセスを利用し、ＮＳＡの契約職員の自宅パソコンから同局のファイルを大量に盗んだという話である。記事によるとその契約職員は、規則に違反して極秘資料を自宅に持ち帰っただけでなく、（たいていのウイルス対策ソフトと同じように）企業のリモートサーバにファイルをアップロードして分析できる仕様のカスペルスキーのソフトを使っていた点でも愚かだった。[15]

カスペルスキーはそれを受けて声明を出し、ロシア政府との「不適切なつながり」、つまりクレムリンのハッカーに同社のウイルス対策コードを利用させた可能性を否定した。数週間後、同社は内部調査の結果を発表する。そこでカスペルスキーは、２０１４年にＮＳＡの一連のハッキングツールをアップロードしていたことを認めた。[16] しかし、ファイルの中身に気づいてすぐに削除したと主張している。[‡]

こうした手がかりによって、ＮＳＡの秘密兵器流出がロシアのしわざだという状況証拠がさらに増えたが、シャドー・ブローカーズも WannaCry もサンドワームとのつながりを示すものは何もなかった。しかし芸術家が互いに刺激を与え合うように、サンドワームもまちがいなくハッカー仲間を見てそこから学んでいた。シャドー・ブローカーズが提供していた強力なハッキングツールは、きわめて好戦的なサイバー戦士集団が無視できるものではなかった。

それにつづく WannaCry によって、サンドワームは大量妨害兵器が実際に作動するのを目のあたりにした。そして、さらに破壊的なものをつくる方法についてもアイディアをいくつか得た。

＊強制停止スイッチが存在した理由も謎のひとつである。しかしハッチンズやほかのマルウェア研究者は、この欠陥について頭を悩ませたすえ、それはある種の捜査攪乱《かくらん》技術であり、防御側に WannaCry を解読させにくくするためのものだと考えるようになった。その仮説によると、存在しないドメインと通信しようとするのは、WannaCry が実際に感染したマシンで実行されているのか、それともセキュリティ研究者の仮想マシンで実行されているのかを判断するためである。

　ハッチンズがマルウェアを観察するためにサーバ上で走らせていたような仮想マシンでは、研究者はマルウェアにふつうの環境で動いていると思わせたいが、実際のインターネットとはやりとりをさせないようにしなければならない。さもなくばスパムを送ったりほかのパソコンを攻撃したり、たちの悪いことをはじめかねない。したがって、マルウェアがウェブに接続しようとするたびに、実際にはウェブサイトが存在しなくても、仮想マシンはなんらかの恣意《しい》的な応答を返す。それゆえ存在しないとわかっているアドレスにアクセスしようとして応答があれば、マルウェアは仮想マシンで実行されていると巧みに推測するわけだ。映画『マトリックス』で赤い錠剤《レッド・ピル》を呑《の》んだあとのネオに似ている。その場合、研究者に調べられていると気づいて悪意ある機能を停止させ、まったく無害であるかのようにふるまう。

　もちろん、ランサムウェアのプログラマが実際そのように考えていたのなら、あまりにも工夫をこらしすぎてみずからの目的を損ねている。その結果として、マルウェアの機能を無害に見せかけるメカニズムは、実際にはハッチンズがしたようにそれを無力化するのにも使えた。

† WannaCry のヒーローとしてのハッチンズの役割は、わずか3カ月後にデフ・コンのハッカー会議に参加したあとＦＢＩに逮捕されたことで複雑化する。何年も前に制作販売したとされるバンキング・マルウェアに関係して、ハッチンズはコンピュータの不正行為と不正利用で告発された。しかし２０１9年7月に裁判官は、WannaCry の仕事も考慮に入れて拘禁刑を科さないとの判決をくだした。

‡これを書いている時点で、ニーア・ホアン・フォーのほかに、ハル・マーティンという別のＮＳＡスタッフもシャドー・ブローカーズ事件で容疑がかけられている。[17] 同局ＴＡＯチームの契約職員だったマーティンは、フォーと同様に何テラバイトぶんもの機密資料を自宅に持ち帰ったとして２０１６年8月に逮捕された。2年後、この事件を担当する裁判官が法廷への提出書類で明かしたところによると、マーティンは２０１６年8月にカスペルスキーのセキュリティ研究員ふたりにツイッターで不審なダイレクトメッセージを送信し、面会を求めていた。機密情報を売却あるいは共有しようとしていたのではないかと捜査官は考えている。マーティンのメッセージは、シャドー・ブローカーズによる最初の流出のわずか数時間前に送られていた。カスペルスキーがアメリカ政府の連絡窓口にマーティンのことを通報し、それが家宅捜索と逮捕につながった。

21　ノットペチャ

ウクライナ軍大佐の殺害

２０１７年６月27日の早朝、ウクライナ軍のマクシム・シャポヴァル大佐はメルセデス・ベンツのハンドルを握りキーウ西部の静かなソロミャンスキー地区を走っていた。国立電気通信大学の緑豊かなキャンパスに隣接する交差点で停まった瞬間、車の下に仕掛けられたＴＮＴ換算およそ９００グラムの爆薬が炸裂《さくれつ》する。[1] 大佐は即死して炎に包まれ、[2] 車のパーツは四方八方に十数メートル飛び散った。[3] 通りすがりの歩行者ふたりも破片で脚と首を負傷する。ふたりはその日最初の民間人の巻き添え被害者になるが、それで最後にはならなかった。

会計ソフトのアップデートサーバが乗っ取られる

キーウ中心部の東寄りにあるしゃれたポジール地区では、はずれのほうへ足を運ぶとカフェや公園が突然消えて陰気な産業地区になる。高速道路の高架橋をくぐり、ごみだらけの踏切を渡ってコンクリートの門を抜けると、リンコス・グループの４階建て本社ビルがある。家族で経営しているウクライナの小さなソフトウェア企業だ。

建物の4階にはサーバ室があり、ピザ箱サイズのコンピュータがラックに積まれ大量のケーブルでつながれていて、番号がふられた手書きラベルがつけられている。ふだんこれらのサーバは、M.E.Doc という会計ソフトに日常的なアップデート（バグの修正、セキュリティ・パッチ、新機能）を送信している。これはウクライナの定番会計ソフトで、同国で税の申告をしたり事業をしたりする人はほぼみんな使っている。

しかし２０１７年春以降、これらのマシンはほかの目的にも使われていた。リンコスの関係者がだれも気づかないままサンドワームのハッカーが同社のアップデートサーバを乗っ取り、M.E.Doc をインストールした国内外の多数のパソコンへひそかに不正侵入できるようにしていたのだ。そして同じく6月27日の朝、破壊工作員はその手段を使ってマルウェアを解き放った。このサイバー兵器はインターネット史上最悪の被害をもたらすことになる。

インターネット史上最悪の混乱

オレクシー・ヤシンスキーは、のんびりした木曜をオフィスで過ごすのだと思っていた。その朝、新聞の見出しを見てキーウの街なかでウクライナ軍の大佐が大胆に殺害されたことを知り愕然《がくぜん》としたが、そのあとはいつもどおり出勤して異様に静かなオフィスに到着した。翌日はウクライナの憲法記念日で祝日なので、同僚のほとんどは休暇に備えるかすでに休みにはいっていた。ヤシンスキーは別だ。インフォメーションシステムズ・セキュリティパートナーズ（ＩＳＳＰ）で担当する仕事のせいで、ヤシンスキーはもはや休暇をとれるような状態ではなかった。実際、２０１５年にロシアのサイバー戦争がスターライト・メディアを襲ってから、ヤシンスキーはすべて合わせて1週間ぶんの休みしかとっていなかった。

　その朝、ＩＳＳＰの重役から電話があり、国内で2番目に大きいウクライナ国立貯蓄銀行が攻撃されていると知らされたときも、ヤシンスキーは落ち着いていた。ランサムウェアの感染に直面しているというが、サイバー犯罪者に狙われた世界の企業にとって特に珍しい危機ではない。しかし30分後、キーウ中心部にある貯蓄銀行のＩＴ部に足を踏み入れるやいなや、これはもっと深刻な事態ではないかと感じた。「スタッフは途方に暮れて混乱して、ショック状態でした」とヤシンスキーは言う。数千台あるパソコンのおよそ90パーセントが完全にロックされていた。一部には「Cドライブのファイル・システムを修復中」というメッセージが表示されている。「おっと、あなたのファイルは暗号化されました」という身代金要求の画面が出て、３００ドルぶんのビットコインを求められているものもあった。

　残っていたログを調べると、ランサムウェア攻撃は自動化されたマルウェアであることがわかった。WannaCry とやや似ているが同じではない。単にインターネットをランダムにスキャンして脆弱性のあるパソコンを見つけて侵入するのではなく、なんらかの手段によって管理者の認証情報を入手し、貯蓄銀行のネットワークを自由に利用できるようにしていたのだ。そして看守の鍵を盗んだ囚人さながらに同銀行のシステムを荒らしまわっていた。

すさまじいスピードで感染がひろがる

ＩＳＳＰのオフィスにもどって銀行への攻撃を分析していると、ヤシンスキーのもとへウクライナのあちこちから電話やメッセージで連絡があり、ほかの企業や政府機関での同様の事例を知らされた。ある人の話では、身代金を払った被害者もいるという。ヤシンスキーが思っていたとおり、支払ってもなんの意味もなかった。これはふつうのランサムウェアではなかったのだ。「特効薬も解毒剤もありませんでした」とヤシンスキーは言う。それにWannaCry とは異なり、強制停止スイッチもなかった。

そこから１６００キロほど南では、ＩＳＳＰのＣＥＯロマン・ソロホープがトルコの南海岸で憲法記念日の休暇を過ごそうとしていた。家族とビーチへ向かう準備をしていたとき、彼のもとにも顧客からつぎつぎと電話がかかってきた。みんな謎のマルウェアにネットワークを破壊されるのを目のあたりにしたり、攻撃についてのニュース記事を読んだりして、大あわてで助言を求めてきたのだ。

ソロホープはそのあとずっとホテルにこもり、50件を超える顧客からの電話に対処した。

ネットワークが感染の被害に遭ったという連絡がひっきりなしにくる。顧客のネットワークをリアルタイムで監視するＩＳＳＰのセキュリティ・オペレーション・センターからは、被害を受けたネットワークに新しいマルウェアが恐ろしいスピードでひろがっているとの知らせがあった。たとえば、ウクライナの大手銀行のネットワークはわずか45秒でダウンした。同国の主要な通信ハブのひとつで、ＩＳＳＰがデモとして機材を設置していた場所では、16秒で感染が完全にひろがった。停電につながった２０１６年のサイバー攻撃のあと、ＩＳＳＰはエネルギー企業ウクルエネルゴのネットワーク再構築を手助けしていたが、同社もふたたび攻撃を受けた。「新しいセキュリティ管理を実施する予定だったのを覚えています？」ウクルエネルゴのＩＴ部長がソロホープに電話で苛《いら》ついたように語った。「結局、間に合わなかったわけです」

　正午には、ＩＳＳＰの共同創業者で連続起業家のオレ・デレヴィアンコも休暇を中断していた。休みに合わせて北へ車を走らせ、村の別荘にいる家族のもとへ向かっていると、電話が鳴りだした。やがて幹線道路の脇に車を停め、近くのレストランで仕事をする羽目になる。昼過ぎには、たとえ全社が機能停止状態に陥るとしても躊躇《ちゅうちょ》なくネットワークを遮断するようにと、電話してくる幹部全員に警告していた。しかし多くの場合、すでに手遅れだった。

ノットペチャの桁ちがいの感染力

拡大するこのデジタル大災害には、すぐに名前がつけられた。NotPetya《ノットペチャ》。前の月のWannaCry 拡散によって態勢を整えていた世界じゅうのセキュリティ企業が、すぐにこの新しいマルウェアを調べはじめた。カスペルスキーの研究者は、新しいマルウェアのコードが２０１６年はじめから出まわっていた Petya《ペチャ》 という犯罪用ランサムウェアと一部似ていることに注目した。Petya と同じくこのマルウェアも、新しいマシンに感染するとすぐにマスター・ファイル・テーブル（パソコンに保存されているデータの場所を記録するストレージの部分）を暗号化しにかかる。また、パソコン上のファイルをひとつひとつすべて暗号化する。図書館のカード目録をまずシュレッダにかけ、それから蔵書を書架ごとに順に溶かしていくようなものだ。

しかし、新しいランサムウェアは重要な修正が加えられていて以前のものとは異なった。それが名前の由来である。24時間も経たないうちにフランスのセキュリティ研究者マチュー・スイーシェが、実際に身代金の支払い後も復号を許さないコードになっていることを突き止める。恐喝メッセージはよくある偽装で、単純かつ永遠にデータを破壊するという真の目的を隠すもののようだった。[4]

NotPetya には、名前の由来になった Petya とは異なる特徴がほかにもあった。最大限の被害を与えられるよう磨きをかけられていたのだ。このマルウェアはMimikatzとEternalBlueを同時に使っていた。コードを分析していた研究者は当初、NotPetyaがどのようにコンピュータネットワークに最初の足がかりをつくるのかよくわからなかった。しかし1度感染するとMimikatzが拡大のおもなツールとして働くことがわかった。コンピュータのメモリからパスワードを吸い出し、一般的なウィンドウズ管理ツールを使ってマシンからマシンへとたちまちひろがるのだ。そのツールを使えば、適切な権限を持つ管理者はネットワーク上のほかのコンピュータへ自由にアクセスできる——ヤシンスキーが貯蓄銀行で発見した、囚人が刑務所を乗っ取った例と同じである。

　しかしシャドー・ブローカーズが流出させたＮＳＡのEternalBlueのコード——および旧バージョンのウィンドウズ用のEternalRomance《エターナルロマンス》という別のコード——が、さらに爆発的に感染をひろげる触媒になっていた。マイクロソフトが提供したEternalBlue対策のパッチをあてていないパソコンがネットワーク上にあると、NotPetyaは脆弱性をかかえたそのパソコンに飛びつき、さらにそこからMimikatzの手口によって手をひろげる。ふたつのツールを組み合わせることで威力は一挙にふくれあがり、NotPetyaはそのパーツをただ足しただけではない感染力を持っていた。「パッチがあてられていないコンピュータに侵入してパスワードを盗み、そのコンピュータからこんどはパッチがあてられたコンピュータに侵入できる」とMimikatzの作成者デルピーは言う。「このふたつのテクノロジーを組み合わせると、きわめて強力になるんだ」

その結果もたらされたのは、急速かつ無差別に自動でひろがる容赦ないファイル破壊だった。「これまでのところ、わたしたちが目にしたなかでいちばん急速にひろがったマルウェアですね」シスコのセキュリティ部門であるタロスの研究員クレイグ・ウィリアムズはそう語る。「それを見た瞬間、もうデータセンターは破壊されているんです」

それどころかNotPetyaは、おそらく作成者が意図していたよりも有害だった。数時間のうちにウクライナ国外までひろがり、世界じゅうで無数のマシンに感染して、さまざまな多国籍企業が機能不全に陥る。[5]マースク、製薬大手のメルク、フェデックスのヨーロッパ子会社ＴＮＴエクスプレス、フランスの建設会社サンゴバン、食品メーカーのキャドバリーとナビスコの親会社モンデリーズ、コンドーム〈デュレックス〉や消毒剤〈ライゾール〉などをつくるイギリスの製造業者レキットベンキーザーなどだ。それぞれ何億ドルもの被害を生む。さらにはロシアにまでひろがった。[6]NotPetyaの出どころではないかとサイバーセキュリティ業界で真っ先に疑われた国である。国営石油会社のロスネフチ、鉄鋼メーカーのエヴラズ、医療技術企業のインヴィトロ、ロシア貯蓄銀行などが被害に遭った。

しかし国レベルでは、ウクライナほどNotPetyaの影響を受けたところはほかにない。

マルウェアの触手が最初の被害者から世界のネットワークへとひろがるなか、その中心地であるウクライナでは、大量の感染によってデジタルインフラがどんどん侵食されていた。

22　全国規模の大災害

31年ぶりの〝メルトダウン〟

同じ火曜の朝、セルヒー・ゴンチャロフはいつものように一風変わった長距離通勤をはじめた。ウクライナの北の果てにある町スラヴチッチで、眼鏡をかけた寡黙なエンジニアが列車に乗りこむ。東へ向かい、ドニエプル川を渡って、つかの間ベラルーシを通過する。30年以上も人の手が加えられていない土地を抜け、列車は65キロメートルほど進む。草木がまるで先史時代のように丈高く荒々しく育っている。車窓からはシカや鳥の群れが見える。みんな人類とともに暮らすよりも人類文明の放射能をおびた残骸《ざんがい》のなかにいるほうがいいようだ。列車はようやくプリピャチ川を越えて駅に着く。その駅から向かう先はひとつしかない。チョルノービリ原子炉の処理現場である。

ゴンチャロフは駅で青い制服を身につけ、バスに乗って原子力発電所の構内にある勤務先の建物へ向かう。敷地の面積はアメフト競技場十数面ぶんよりも広く、一方の端には光輝く建造物がある。職員が〝アーチ〟と呼ぶ巨大な納屋のような建物で、自由の女神よりも背が高く、ローマのコロッセウムよりも幅が広くて、原子炉のきわめて有害な残骸を封じこめている。中には２００トン近くのウラン燃料が残っていて、１９８６年当初の悲劇的な処理作業のあとは、ほとんど手がつけられていない。施設スタッフの途方もない仕事は、その燃料を原子炉からクレーンで取り出し、近くの立入禁止区域にある用地に安全に埋めることである。[1] きわめて大規模かつ繊細なプロセスであり、作業は２０６４年までかかる見こみだ。

ゴンチャロフはアーチから見て敷地の反対の端にある建物に到着した。彼はチョルノービリ施設のＩＴ部長を務めている。オフィスに着いて2時間ばかり経ったころ、電話がつぎつぎとかかってきた。とんでもなくおかしな何かが起こっているという。敷地内に十数棟ある建物のあらゆる場所で職員のパソコン画面が消え、再起動後にNotPetyaの身代金要求メッセージが表示されていた。システム管理者が詰める隣の部屋へゴンチャロフが駆けこむと、マルウェアがネットワークを破壊していくスピードにみんなあっけにとられていた。

その後の7分で、構内にある１０００台を超えるウィンドウズ・マシンの電源をすべて落とすことに決めた。放射性廃棄物を扱う機器は感染したネットワークとはつながっていなかったため、その重要機能は被害を免れた。しかし施設内の事務用および外部との連絡用のパソコンは、ひとつ残らず使用不可能になろうとしていた。

すべての建物に設置された非常放送用スピーカーから男性の声でメッセージが流れる。世界を震撼《しんかん》させたチョルノービリ原子力発電所事故の31年後、種類のまったく異なるメルトダウンの警告が響きわたった。「全職員へ。いますぐパソコンの電源を切ってネットワーク・ケーブルを抜き、さらなる指示を待ってください」

首都キーウの大混乱

同じころ首都キーウでは、ウクライナ保健省のＩＴ管理者パヴロ・ボンダレンコが、NotPetya の波がうねりを起こすのをソーシャルメディアで見ていた。同じ身代金要求の画面がフェイスブックやインスタントメッセージ・アプリ〈テレグラム〉に繰り返し表示される。22歳の技術顧問は、身長およそ2メートル。ブロンドの長髪はカールしていて、体形は政府職員というよりプロレスラーを思わせる。保健省のオフィスで事態が刻一刻と悪化していくのを目にして、ボンダレンコは思った。つぎはキーウの政府機関だ。

　ボンダレンコは保健相のウラナ・スプルンに電話し、省のネットワークをすべて切断すべきだと告げた。ふつうならありえない提案である。このネットワークは職員の給与支払い名簿から医薬品備蓄の目録、臓器提供者とそれを受けとる患者の全国データベースまで、ありとあらゆるものを担っている。「データを守りましょう」ボンダレンコはそう説明してスプルンを説得した。「あとのことは考えずに」スプルンはそれに賛成する。ボンダレンコと同僚たちは必死に省内のパソコンをネットワークから切断しはじめた。１時間足らずのうちに事実上すべてのウクライナの連邦機関が同じ措置を講じるか、さもなくばNotPetyaにシステムを侵されすべてが麻痺《まひ》するのをなす術もなく見ていた。「政府が機能停止しました」ウクライナのインフラ相ヴォロディミール・オメリヤンは状況をひとことでそうまとめる。すぐにウクライナの国営鉄道も襲われ、２０１６年終わりの攻撃の際と同じく発券システムが停止した。キーウのボルィースピリ国際空港も大混乱に陥り、ターミナルのあちこちにあるフライト情報の表示画面が消えていく。

午後１時には、ウクライナ社会を支える別の大きな柱もNotPetyaによってぐらつきだしていた。郵便局である。キーウの独立広場に面した象徴的な白い石造りの本部で、最初の身代金要求画面が表示されはじめた。１時間もしないうちに、ウクライナ郵便サービスのＩＴ部長オレクサンドル・リャベッツは局内を歩きながら、ウクライナ西部のリヴィウで会議に出席していたＣＥＯのイゴール・スメリャンスキーと電話で話した。わずか数分の会話ののち、スメリャンスキーはリャベッツに局の全国ネットワークをすべて停止させるよう命じた。

ウクライナ社会では、郵便局のＩＴシステムが担うのは郵便物だけではない。送金や新聞の購読も扱っていて、おそらく最も重要なのは４５０万人の退職者を支える年金の支払いである。また、郵便サービスの従業員7万４０００人の給与支払い名簿とトラック２５００台の配車システムもそれが支えている。

リャベッツは典型的なキャリア公務員で、髪が薄く、いつもくたびれた表情をしている。国民の暮らしに不可欠なこのデジタル・サービスを停止しろという通常では考えられない指示を受け、一瞬間を置いて考えた。とてつもなく複雑な仕事を紙とペンで処理することになるだろう。その後の1時間で彼と部下の職員は地域本部に電話して停止命令を伝えた。25の地域本部は1万１５００の支店を統括し、合計2万３０００台のパソコンとサーバを管理している（実のところ、のちに判明したように停止措置をとるのは遅すぎた。70パーセントを超える郵便サービスのパソコンがすでに感染していて、とてつもない混乱から回復するのに数カ月を要した）。

その午後、最後の支店に指示が届いたあとの本部は、すべてが死に絶えたような不気味な静けさに包まれた。「ある種のぞっとするなむなしさがありました」とリャベッツは言う。「ディスコパーティーで踊っていたら、いきなり音楽が止まって静まり返った感じですよ」

クレジットカードが使えない

午後6時ごろ、ＩＳＳＰの会長オレ・デレヴィアンコは道路脇のレストランを出た。思いがけずまる1日をその店で費やし、混乱した顧客からの電話に対処したすえにようやく解放されたのだ。路上にもどる前に、デレヴィアンコは給油しようとガソリンスタンドに立ち寄った。そこで、クレジットカードの支払いシステムも NotPetya に乗っ取られているのを知る。現金の持ちあわせがなく、ガソリンメーターを見つめて思った。村の別荘にたどり着けるだけのガソリンが残っているだろうか。

国内のいたるところで、ウクライナの人々は同じようなことを考えていた。この被害が落ち着くまでもつ食べ物やガソリンを買えるだけのお金があるだろうか。給料や年金の支払いは受けられるのか。処方箋《しょほうせん》の薬は出してもらえるのだろうか。

22歳の保健省ＩＴ管理者パヴロ・ボンダレンコもそのひとりだった。午後7時ごろに仕事を終え、まだ明るい夏の夜の通りに出た。近くの地下鉄アルセナーリナ駅の改札で非接触型クレジットカードをかざしたが、反応がない。これも NotPetya にやられていた。

切符を買う現金もない。地上に出て近くのＡＴＭで現金をおろそうとしたが、それも止まっている。つぎに試したものも同じだ。そのつぎも。4度目の挑戦でようやくまだ使えるＡＴＭを見つけたが、長蛇の列ができていて引き出し限度額もごくわずかだった。

ボンダレンコは切符を買えるだけの現金を引き出して地下鉄に乗り、自宅があるキーウ北部のオボロン地区で地上に出た。母親と暮らすアパートメントへ向かう途中でスーパーに立ち寄り、2、3日ぶんの牛乳、肉、パンを買おうとした。レジに並んでいると、POSシステムが停止していてやはり現金払いしかできないことがわかった。現金はほとんど残っていない。仕方がないのでまた通りに出て現金を引き出せるATMを必死に探し、6台目でようやく動いているものを見つけた。

食べ物を買ってやっとのことで帰宅したあと、ボンダレンコはパソコンの前にすわってキーウオブルエネルゴの電気料金を払おうとした。そこで滑稽《こっけい》なまでの最後の苛立ちを覚える。このサイトも使えなかったのだ。電力会社の支払いシステムもオフラインになっていた。

「まるで安っぽい終末ものの映画みたいでしたよ。混乱状態です。つぎに何をすればいいのかわからない。片腕を失ってうまく動けなくなったような気持ちです」ボンダレンコは言う。「暮らしがたちまち変わって、〝フェイスブックで何か変わったことはないかな？〟から〝明日の食べ物を買う現金はあるだろうか？〟になりました」

国内のパソコンの10パーセントがデータを失う

その後もウクライナでの NotPetya 騒動はつづいた。午後10時、ボリス・クリニックとして知られるキーウの病院グループの会長ミハイル・ラデュツキーがキーウ西部の郊外にある自宅の洗面所で歯を磨いていると、電話がかかってきて NotPetya のことを知らされた。

車で街にはいり、グループの病院が大きな被害を受けていることを知る。Linux およびＩＢＭのＯＳで動く医療機器は無事だったが、ウィンドウズ・マシンはほぼすべてが暗号化されていた。

翌日以降の診察予約はすべてキャンセルしなければならなかった。救急車の位置を把握するＧＰＳも停止している。ＩＴ管理者の手もとには、３日前のシステムの完全なバックアップがあった。しかし血液の分析からＭＲＩやＣＡＴのスキャンにいたるまで、それ以降に実施された検査はすべてやりなおさなければならない。

その夜、ラデュツキーは家に帰れなかった。朝には予約をキャンセルされて怒った患者が診療所のロビー、廊下、さらには彼の部屋の外の待合室にまで群れをなした。「めちゃくちゃですよ」ラデュツキーは簡潔に言った。「カオスです」

すべて合わせると、６月27日の終わりまでに NotPetya はキーウだけで少なくとも４つの病院を襲い、６つの電力会社、ふたつの空港、22を超える銀行、ＡＴＭ、カード支払いシステム、ほぼすべての政府機関に被害を与えた。ＩＳＳＰによると最低でも３００社が攻撃を受けたといい、ウクライナ政府の高官はのちに国内のパソコンの10パーセントがデータを失ったとの推測を示している。[2] 同国のインターネットは文字どおり破壊された。「われわれのシステム全体へのすさまじい爆撃でした」とインフラ相のオメリヤンは言う。

その夜、外の世界では論争がつづいていた。NotPetya は犯罪用のランサムウェアなのか、それとも国家が主導するサイバー戦争の兵器なのか。しかしＩＳＳＰのオレクシー・ヤシンスキーとオレ・デレヴィアンコは、すでにこれを新種の現象と考えて「組織化された巨大なサイバー侵略」と呼んでいた。

一方、このデジタル流行病の真っ只中《ただなか》で、ひとつの感染が海運大手のマースクにとりわけ破滅的な結果を招く。黒海に面したウクライナの港湾都市オデーサにあるオフィスで、マースクのウクライナ事業所の財務担当幹部がＩＴ管理者に会計ソフト M.E.Doc を1台のパソコンにインストールさせていたのだ。NotPetya にはその足がかりさえあればこと足りた。

23　崩壊

トレーラーが港にはいれない

ニュージャージー州エリザベスのコンテナターミナルは、マースクの港湾部門〈ＡＰＭターミナルズ〉が運営する76の拠点のひとつであり、ニューアーク湾に突き出た2・6平方キロメートルの埋立地にある。同じ規格の何万もの輸送用コンテナが広大なアスファルトの土地を覆い、高さ60メートルの青いクレーンの姿が湾に見える。おそよ10キロメートル離れたロウアー・マンハッタンの高層ビルの最上階から見ると、クレーンはまるでジュラ紀の水飲み場に集まったブラキオサウルスのようだ。

多い日には約３０００台のトラックがターミナルにやってきて、おむつからアボカド、トラクターの部品にいたるまで、それぞれが何十トンものありとあらゆる荷物を積みおろしする。航空機の乗客のように、トラックはまずターミナルのゲートでチェックインする。コンテナについているバーコードをスキャナが自動的に読み取り、マースクの入口係員がスピーカー越しに運転手と話す。運転手は停車場所が印刷された入場許可証を受けとり、荷台のコンテナはそこで巨大な屋外クレーンで引き揚げられて貨物ヤードに積みあげられる。その後、コンテナは船に積まれて海を渡る。コンテナが港に届いたときは、すべてが逆の順序で進む。

6月27日の朝、パブロ・フェルナンデスはエリザベス港から中東の港へ運ぶトラック数十台ぶんの荷物を待っていた。フェルナンデスはいわゆる貨物利用運送事業者、すなわち荷主の企業から料金を受けとって地球を半周したところにある目的地へ荷物を無事に届ける中間業者である*。

現地時間の午前9時ごろ、フェルナンデスの電話が鳴りはじめた。怒った荷主がつぎつぎと大声でまくしたててくる。どの荷主もマースクのエリザベス・ターミナルの外で足止めを食らったトラック運転手から連絡を受けていた。「みんな大騒ぎですよ」フェルナンデスは言う。「ゲートからコンテナを出し入れできないって」

マースクのネットワーク全体が NotPetya に破壊されたのにともない、同社のエリザベス・ターミナルへの唯一の入口であるゲートも作動しなくなっていた。入口係員の声もスピーカーから聞こえなくなった。

たちまち数百台の大型トレーラーがターミナルの外に何キロもの列をつくった。同じ港にある近くのターミナルで働く別の企業の職員は、トラックがどんどんやってきて延々と列をなすのを見ていたが、やがて最後尾は見えなくなった。過去にも15分あるいは30分ほどゲートが動かなくなることはあった。しかし数時間経ってもマースクからはなんの知らせもなく、港湾局は同社のエリザベス・ターミナルは終日閉鎖されると告知を出した。「そのときに気づいたんです」と近くのターミナルで働く職員は振り返る。「攻撃されたんだって」運転席のドライバーのもとへ警察官が足を運び、方向転換して立ち去るよう指示をはじめた。

海運史上最悪のIT危機

フェルナンデスをはじめとするマースクの無数の顧客はあわてふためき、きびしい選択を迫られた。多くはキャンセル待ちに相当する形になるが、直前の割増料金を払って重要な荷物をほかの船に載せるという選択。あるいはその荷物が工場で使う部品など欠くことができないサプライチェーンの一部なら、マースクが機能停止状態に陥った以上、法外な航空輸送費を払って運ぶか、製造工程に遅れが生じるリスクを背負うかという選択。工場が1日停止しただけで膨大な損失が出る。リーファーと呼ばれる電化された冷凍・冷蔵貨物用コンテナも多く、なかに詰まっている生鮮食品は冷やしておく必要がある。どこかで電源につながなければ中身が腐る。

フェルナンデスは顧客の荷物を保管できるニュージャージーの倉庫をなんとか確保し、マースクからの知らせを待った。その日にフェルナンデスが受けとったのは公式メール1通だけだ。疲弊したマースク社員のGメールアカウントから送信された「わけのわからない」メールであり、高まる危機についてまともな説明はなかった。同社の予約サイトMaerskline.com にはつながらず、会社の電話にもだれも出ない。その日にフェルナンデスがマースクの船に送った荷物の一部は、その後3カ月間、世界じゅうの貨物置き場や港で行方不明になった。「マースクはまるでブラックホールでした」ため息をつきながらフェルナンデスは振り返る。「ただただめちゃくちゃですよ」

実のところ、これは数ある大混乱のひとつにすぎなかった。ロサンゼルスからスペインのアルヘシラス、オランダのロッテルダム、インドのムンバイまで、76カ所あるマースクのターミナルのうち17カ所で同じ光景が見られた。ゲートが作動しない。クレーンも動かない。

世界じゅうで何万台ものトラックが、昏睡《こんすい》状態に陥ったターミナルに門前払いを食らった。

　新たな予約を受けられず、マースクの海運事業のおもな収入源が事実上断ち切られた。同社の船上のコンピュータは無事だったが、ターミナルのソフトウェアは完全に消し去られていた。そのソフトを使ってターミナルの係員は船から電子データ交換（ＥＤＩ）ファイルを受けとり、巨大な船倉の中身を正確に把握する。したがってマースクの各地の港は、手引きなしに大量のコンテナを積みおろしする巨大なジェンガ・ゲームをする羽目になった。

　その後の数日間、グローバル経済の血管を支える世界で最も複雑かつ相互に結びついた分散型マシンのひとつが破壊された状態がつづく。「今回の問題は、グローバルな輸送の分野で過去にない規模のものでした」マースクの顧客はそう振り返る。「海運業界のＩＴの歴史で、これほど途方もない危機を経験した人はいません」

必死の復旧作業

マースク本社で周囲のパソコン画面がことごとく消えるのを見た数日後、ヘンリック・イエンセンはコペンハーゲンの自宅アパートメントでポーチドエッグとトーストにマーマレードのブランチを楽しんでいた。火曜にオフィスを出て以来、上司からはなんの連絡もなかった。そこで電話が鳴った。

電話に出ると、マースクの職員3人とのグループ通話だった。そこでイェンセンは、ロンドンの西にあるメイデンヘッドへ向かうよう指示される。その町にはマースクグループのITを掌握するマースクグループ・インフラストラクチャサービスの拠点がある。すべてをなげうってそこへ行けという。それも大至急で。

2時間後、イェンセンは機上にいた。ロンドン到着後は車でメイデンヘッド中心部にある8階建てのガラスと煉瓦《れんが》の建物へ向かった。そこではビルの4階と5階が24時間態勢の緊急復旧センターになっていた。その目的はただひとつ、NotPetya による崩壊状態からマースクのグローバル・ネットワークを立てなおすことである。

スタッフのなかには、最初に NotPetya の攻撃を受けた火曜からずっと復旧センターにいる者もいた。机の下や会議室の隅など、オフィスで寝泊まりしている人もいる。ほかのスタッフも世界各地からスーツケースを手に続々と到着しているようだ。マースクは数十キロ圏内のホテル、朝食つきの宿（B&B）、パブの上階の空き部屋をほぼすべて押さえていた。スタッフはオフィスのキッチンに積みあげられた軽食で生き延びていた。近くの《セインズベリーズ》で買ってきたものだ。

メイデンヘッドの復旧センターは、コンサルタント会社デロイトが管理していた。マースクはこのイギリス企業に事実上、無制限に資金を使うことを許し、NotPetya 問題の解消を

求めていた。メイデンヘッドのオフィスには常時２００人ほどのデロイトのスタッフと４０
０人ほどのマースク社員が詰めていた。NotPetya が猛威をふるう前にマースクで使われていたコンピュータ機器はすべて撤収され、新システムへの感染拡大を恐れて、それを使用した者は処罰の対象になるとの掲示が出た。スタッフはメイデンヘッドの電器店へ足を運び、新しいノートパソコンとプリペイド式の Wi-Fi ルータを大量に購入する。イェンセンもマースクのほかの数百人のITスタッフと同様に新品のノートパソコンを1台支給され、それで仕事をするよう指示された。「〝自分の仕事を見つけて取りかかれ。必要なことをなんでもしろ〟って感じでしたね」

ドメイン・コントローラが見つからない！

マースクのネットワークを再構築していたITスタッフは、作業の早い段階で恐ろしいことに気づいた。社内の個別サーバのバックアップは、NotPetya に襲われる3～7日前のものをほぼすべて見つけていた。しかし同社のネットワークのきわめて重要なサーバのバックアップが見つからなかったのだ。ドメイン・コントローラである。これは社内システムのくわしい地図としての役割を果たすサーバで、どのユーザーがどのマシンにアクセスできるかという基本的なルールを設定する。

マースクの１５０台ほどのドメイン・コントローラは互いにデータを同期するようプログラムされていたので、理屈のうえではどれもがほかのすべてのバックアップになるはずだった。しかしこの分散化したバックアップ方法は、あるシナリオを考慮に入れていなかった。すべてのドメイン・コントローラが同時に消去される状況である。「ドメイン・コントローラを復旧できなければ何も復旧できない」マースクのＩＴスタッフはそう思った。

　世界じゅうのデータセンターの何百人ものＩＴ管理者に電話をかけ、必死に探したところ、なんとたったひとつだけ生き残っていたドメイン・コントローラが遠方のオフィスで見つかった。ガーナである。NotPetya に攻撃される前にガーナのマシンは停電によってオフラインになっていて、その後もネットワークから切断されたままだった。したがってそこには、わかっているかぎり唯一、マルウェアの影響を受けていないドメイン・コントローラがあった。すべて停電のおかげである。「見つけたときには、みんな大喜びで声をあげましたよ」マースクのＩＴ管理者はそう振り返る。

　しかし、メイデンヘッドのエンジニアが緊張の面持ちでガーナ・オフィスとの接続を設定したところ、帯域幅が非常に狭く、ドメイン・コントローラの数百ギガバイトのバックアップデータをイギリスへ送信するには何日もかかることがわかった。そこで次善の策を考えた。ガーナのスタッフをつぎの飛行機でロンドンへ向かわせるのだ。ところが、西アフリカの事業所にはイギリスのビザを持つ職員がいなかった。

そこでメイデンヘッドの作戦本部は、一種のリレーをすることにした。ガーナ・オフィスの職員がナイジェリアへ飛び、空港で別の社員に大切なハードドライブを手渡す。こんどはその社員が6時間半かけてロンドン・ヒースロー空港へ飛んで、マースクの復旧プロセス全体の要《かなめ》となるドライブを届けるわけだ。

大被害のあとの復旧

この救出作戦が完了したことで、メイデンヘッドのオフィスはマースクの中核サービスをオンラインにもどす作業に着手できるようになった。数日後には港で船の積荷ファイルを読みこめるようになり、作業員は到着する巨大船に積まれた1万８０００個のコンテナの中身がわかるようになる。しかしMaerskline.comで貨物の受けつけを再開するまでにはさらに数日かかり、世界じゅうのターミナルが多少なりとも通常どおりに動きだすまでには1週間以上かかった。

その間、マースクの社員は使える道具はなんでも使って仕事をした。ＡＰＭのターミナルでは輸送用コンテナに紙の書類をテープで貼りつけ、個人のGメールアカウント、メッセンジャーアプリのWhatsApp、エクセルのスプレッドシートで注文を受けた。「５００個の輸送用コンテナを WhatsApp で予約するなんて、かなりおかしな経験ですよ。でも実際そうしたんです」とマースクの顧客は語る。

　攻撃のおよそ２週間後、マースクのネットワークはようやくある程度回復し、社員の大部分にパソコンをまた手渡せるようになった。コペンハーゲンの本社では、地下の食堂が再インストールの工場ラインになる。１度に20台のパソコンがテーブルに並べられて、ヘルプデスクのスタッフが列のあいだを歩き、コピーした何十ものＵＳＢメモリを差しこんで、何時間もかけて画面の指示をクリックしていく。

　メイデンヘッドからもどった数日後、ヘンリック・イェンセンはアルファベット順に並べられた数百台のノートパソコンから自分のものを見つけた。ハードドライブの中身は消去され、ウィンドウズが新たにインストールされている。彼もほかの社員も、メモ、連絡先、家族の写真など、自分のパソコンにしか保存していなかったデータはすべて失った。

＊フェルナンデスは実名ではない。ヘンリック・イェンセンの場合と同じく、この情報提供者からも名前を伏せるよう求められた。

実行されなかったセキュリティ改革

マースクがNotPetyaによる被害から回復した5カ月後、同社の会長ジム・ハガマン・スナーベがスイスのダボスで開かれた世界経済フォーラムに登壇し、ＩＴ救出作戦に注がれた「英雄的な努力」を称《たた》えた。攻撃を受けた6月27日、スナーベはスタンフォードでのカンファレンスで話す予定だったが、午前4時に電話で起こされた。その日からわずか10日間で、４０００台のサーバと4万５０００台のパソコンからなるネットワーク全体を回復させたとスナーベは言う（完全な復旧にははるかに長い時間がかかった。ソフトウェアの設定を復元するために、メイデンヘッドのスタッフの一部は2カ月近くも昼夜を問わず働きつづけた）。「われわれは人間の回復力《レジリエンス》で問題を乗り越えたのです」スナーベは聴衆にそう語った。[1]

その後、マースクはサイバーセキュリティを向上させるだけでなく、それを「競争優位性」にすべく取り組んできたとスナーベは話をつづける。実際、ＩＴスタッフの話では、NotPetyaの攻撃を受けたあと、要求したセキュリティ機能はほぼすべて即座に承認されたという。多要素認証が全社で導入され、ずっと先延ばしにされていたウィンドウズ10へのアップグレードもおこなわれた。

しかしスナーベは、NotPetya に襲われる前のセキュリティ態勢についてはあまり語らなかった。マースクのセキュリティ担当者によると、攻撃を受けるまで同社にはウィンドウズ２０００で動くサーバもあったという。あまりにも古く、マイクロソフトがサポートを終了しているＯＳである。２０１６年、いざというときに備えてマースクのグローバル・ネットワーク全体のセキュリティを見なおすようＩＴ部門の幹部たちが強く求めた。ソフトウェアの更新状況は完璧《かんぺき》とは言えず、ＯＳは時代遅れで、何よりネットワークの分割が不じゅうぶんだった。とりわけこの最後の脆弱性のせいで、ネットワークのどこかにアクセスしたマルウェアが最初の足場から広範囲にひろがる可能性があると彼らは警告していて、翌年、まさにそのようにして NotPetya がひろがることになる。

このセキュリティ改革は承認されて予算がついた。しかし改革の成果は幹部クラスのＩＴ監督者の主要業績評価指標にならなかったので、改革を実施してもボーナスは増えない。したがってだれもそれを前に進めようとしなかった。

マースクの被害額

セキュリティ対策に消極的だったせいでマースクほどの代償を払った企業はほかにない。

ダボスの壇上でスナーベは、迅速な対処と手作業による対応策のおかげで、NotPetya による機能停止のあいだに失ったのは全出荷量のわずか20パーセントだと主張した。しかし機能停止に陥って取引を逃したのと、ネットワーク全体の再構築に費用がかかったのに加え、マースクは行き場のなくなった貨物を別ルートで送ったり保管したりする費用を多くの顧客に払いもどしていた。ある顧客は、緊急チャーターした飛行機での輸送費として7桁《けた》の金額の小切手を受けとったという。「2分ほどの話し合いで１００万ドル払ってくれました」

ダボスの壇上でスナーベは、NotPetya によるマースクの被害額は合計2億５０００万から3億ドルほどだろうと述べた。わたしが話した社員のほとんどは、会計士がわざと低い数字を出したのではないかとひそかに疑っていた。

いずれにせよ、こうした数字は NotPetya による損害のごく一部にすぎない。機能が停止しているあいだ、マースク所有のターミナルに売上を依存している物流企業のすべてが、マースクの直接の取引先ほど恵まれた扱いを受けたわけではない。ニューアーク港を拠点とするトラック運輸業団体、州間貨物運搬車協会のジェフリー・ベイダー会長は、払いもどされていない費用は運送会社とトラック運転手のぶんだけで数千万ドルにのぼるだろうと言う。

「悪夢だよ。大損が出てみんな怒ってる」

マースクの混乱が地球規模のサプライチェーン全体（製品と製造部品のジャストインタイ

ム納品）に与えた広範囲の損失は、さらに計算がむずかしい。それにもちろん被害者はマースクだけではない。マースクの話を大幅にふくらませることで、つまりNotPetyaの被害を受けたほかの数十社と無数の業界も同じ麻痺状態、同じ一連の危機、同じ過酷な復旧作業を経験したと想像することで、ようやくロシアによるサイバー戦争犯罪のほんとうの規模を捉《とら》えられる。

莫大な被害総額

NotPetyaの審判の日、ニュージャージー州を拠点とし時価総額２０００億ドルを誇る大手製薬会社メルクは早朝に攻撃を受けた。ＩＴスタッフのひとりによると、90秒で１万５０００台のウィンドウズパソコンが破壊され、その後ようやく管理者が全ネットワークを遮断したという。まさにこの種の危機に備えてメルクにはバックアップ・データセンターがあった。だがスタッフの話では、そのデータセンターは迅速に復旧できるよう同社のネットワークにつながった「ホットサイト」であり、より高い安全性を確保するためにネットワークから切断された「コールドサイト」ではなかった。つまりデータセンターもNotPetyaの津波によって全滅した。「両方のサイトが同時に被害を受けたときに対処する計画はなかったのですが、まさにそれが起こったわけです」とそのスタッフは言う。「ウィンドウズ・システムが全部やられることがあるなんて――そんな規模のものは想像していませんでした」
NotPetya によってマースクの港湾ターミナルが機能停止したのと同じように、メルクの設備や装置にもたちまち影響がひろがって、研究ができなくなり医薬品製造のかなりの部分が停止した。「いまの時代、コンピュータがなければ何もできません」メルクの科学者が《ワシントン・ポスト》紙にそう嘆いている。[2] 数カ月後に発表された株主向けの財務報告書によると、同社は、がんの原因となるＨＰＶの自社製ワクチン２億４０００万ドルぶんをアメリカ疾病予防管理センターから借りることを余儀なくされたという。[3] ふたりの下院議員が保健福祉省へ宛てて書いた手紙では、NotPetya によってメルクが受けた影響によって、「重要な医療品の供給に大きな混乱が生じた際に対処できるよう、国はどう備えるべきかという問題が生じた」と主張されている。[4]

攻撃の８カ月後、メルクはマルウェアによる被害が合計８億７０００万ドルという膨大な額に達したことを株主に告げる。フェデックスはヨーロッパ子会社のＴＮＴエクスプレスが攻撃によって機能停止に陥り、一部のデータを復旧させるのに何カ月もの時間がかかって、４億ドルの打撃を受けた。フランスの建設会社サンゴバンも同じぐらいの損失を出している。イギリスの製造業者レキットベンキーザーは１億２９００万ドルを失い、食品メーカーのモンデリーズは１億８８００万ドルの打撃を受けた。[5] 一般株主がいない被害企業の多くは損失額を公表していない。

ホワイトハウスの評価では、結果として合計１００億ドルを超える損害があったという。これは攻撃があった当時、トランプ大統領のもとでサイバーセキュリティを担当する最上級の高官だったトム・ボサート元国土安全保障補佐官に確認した数字である。それどころか、この11桁の数字は最高推定額ではなく最低推定額で、実際の被害額ははるかに大きかった可能性もある。「人命は失われませんでしたが、戦術上のちょっとした勝利を収めるために核爆弾を使ったようなものです」とボサートは言う。「これだけの無謀行為を国際舞台で許すわけにはいきません」

サイバー攻撃による被害の幅のなかで１００億ドルはどれほどにあたるのか。それを理解するために、２０１８年３月にアトランタ市役所を機能停止に追いこんだ悪夢のような、しかし典型的なランサムウェア攻撃を考えてみよう。その推定被害額は１７００万ドルである。[6]つまり NotPetya による被害額の０・２パーセント未満だ。当時は前例のないインターネット大災害だった WannaCry ですら、被害額はたいてい40億ドルほどと推定されている。以降、それに匹敵する規模の被害は生じていない。

「これはきわめて重大な警鐘でした」マースクのスナーベ会長はダボスのパネルディスカッションでそう発言していた。そして北欧人らしく控えめにつけ加えた。「とても値の張る警鐘だったといってもいいでしょう」

病院にも被害が及ぶ

NotPetya による被害は、金額で測れるものだけではなかった。巻き添えで被害を受けたもうひとつの民間企業が、音声認識ソフトウェアに特化したニュアンスというあまり知られていない会社である。同社のプログラムは、たとえば iPhone に搭載された Siri の最初のバージョンや、フォードの自動車の音声コマンドシステムに使われていた。しかし2017年の時点ではおもな取引先は、同社のテクノロジーに頼って生死にかかわる問題を扱う数多くの組織になっていた。病院である。

ほかの多くの巨大多国籍企業の場合と同じで、ニュアンスでも NotPetya はウクライナ事業所から一挙にひろがり、インドから韓国、本社があるマサチューセッツ州バーリントンにいたるまでの70カ所を結ぶ同社のデジタルシステムがたちまち停止した。そしてマースクの場合と同じように、何週間もの格闘のすえ、マルウェアに暗号化された数千台のパソコンとサーバを復旧した。「塹壕《ざんごう》戦でしたよ」救出活動に参加したニュアンスの元社員は言う。「オフィスは被害の調査で大忙しでした。みんな24時間態勢です。空《あ》いている会議室にはすべてベッドが置かれていました」

最終的にニュアンスはNotPetyaによって９２００万ドルの被害を受けたと報告する。マースクやフェデックスといった企業と比べるとごくわずかな額だ。しかし人間のチームが手作業で支援する同社の電子カルテ用文字起こしサービスは、世界じゅうの何百もの病院と何千もの診療所で使われていた。機能停止のほんとうの影響はそこに現れる。

　攻撃を受けた日の朝、ジャッキ・モンソンはカリフォルニア州サクラメント郊外のローズヴィルにあるオフィスパークの会議室にいた。モンソンはユタ州からハワイ州まで24を超える病院と診療所のグループ、サッター・ヘルスのプライバシーおよび情報セキュリティ責任者であり、その日の朝早くにメルクの情報セキュリティ責任者から、NotPetyaの感染によって同社が機能不全に陥ったという衝撃的なメッセージを受けとっていた。その知らせは、医療機関のサイバーセキュリティ・リスクを検討すべくオバマ政権がつくった〈医療業界サイバーセキュリティ作業部会〉のメーリングリストを通じて届いた。太平洋時間の午前９時には、モンソンは世界じゅうの医療セキュリティ幹部たちとともに緊迫した電話会議に臨んでいた。急激にひろがるNotPetyaの影響をなんとかして避けたいとだれもが願っていた。

命を脅かすマルウェア

会議がはじまって30分ほど経ったころ、サッターの医療情報管理システムの責任者からモンソンのもとへ別の電話がかかってきた。サッターの病院はまだNotPetyaに感染していないようであり、モンソンはそれを聞いてほっとした。しかし病院はより微妙な問題に直面しているという。この1時間ほどニュアンスのシステムが停止していて、そのせいでサッターの病院で働くすべての医師が患者のカルテに口述で変更を加えられなくなっていたのだ。

　モンソンはすぐにこの問題の深刻さに気づいた。サッターの病院のあらゆるところで医師がニュアンスの文字起こしサービスを使って変更点を口述していて、場合によっては一度に何時間ぶんもの音声が吹きこまれることもあったが、そうした変更点がどれも患者のファイルに反映されなくなる。午前中に手術を受ける予定の人は、必要な最終承認を受けられないかもしれない。ほかにもたとえば臓器移植を受ける人は、医師がたえず状態を確認して薬を調整するが、治療上の重要な変更点が見逃されるおそれがあった。

　サッターの緊急対応チームは数十の病院の何千ものカルテを大急ぎで調べはじめ、ニュアンスの問題によって深刻な影響が出かねない案件を洗い出そうとした。一方、モンソンとIT部門の同僚たちは、医師が引きつづき通常のペースでカルテに変更を加えられるよう、代わりに使えるシステムを必死に探した。人間が支援するニュアンスの文字起こしサービスはオフラインになっていたが、サッターのシステムにインストールされた全自動のソフトウェアはまだ動いていた。しかしそのソフトはエラーが多く、アクセントをうまく処理できない。

病院がかかえる文字起こし担当者は手いっぱいだ。サッターはニュアンスと競合する他社のサービスに切り替えたが、それには2週間の時間がかかった。また、わずか24時間のうちにカルテへの未処理の変更が140万件もたまっていて、そのひとつひとつが人間の健康に深刻な影響を及ぼしかねなかった。

検査も手術も不可能に

国の反対側では、別の病院ネットワークがより直接的に NotPetya と格闘していた。ふたつの病院からなるペンシルバニアの小規模グループ、ヘリテージ・ヴァレー・ヘルスシステムがこのマルウェアに感染していたのである。話をしてくれた病院のITスタッフによると、ニュアンスが感染した時間に同社のサーバに事務職員がログインしていて、病院のシステムにマルウェアが直接ひろがったという。東部時間の午前8時前には2000台のパソコンと数百台のサーバが破壊されていた。

ヘリテージ・ヴァレーのその社員によると、X線機器やCTスキャナといった装置はウィンドウズで動いていなかったので感染を免れた。とはいえウィンドウズのマシンがすべて使えなくなり、病院の業務は機能停止に陥った。「MRIは無事でした。でもMRI画像をマシンから取り出すソフトをインストールしたパソコンは使えなくなっていて。それを見られなければ検査はなんの役にも立ちません」

その職員の話では、ヘリテージ・ヴァレーのふたつの病院は、すでに診ている患者には引きつづき対応したが、新患は3日間ほど断ったという。AP通信の報道によると、一部の手術は延期されたらしい。56歳の女性ブレンダ・ピサースキーは、病院全体のスピーカーから放送が流れ、受けようとしていた胆囊《たんのう》の手術が中断されたと語っている。[7] その放送は、NotPetya 危機に対処するために職員を「指令センター」に招集するものだった。

「ヨーロッパかそのあたりのだれかがビーヴァー病院とスウィックリー病院をハッキングして、コンピュータシステムを全部停止させた！ わたしが手術室にはいってすぐに！」ピサースキーはフェイスブックにそう書いている。「わたしの手術にコンピュータが使われていなくてよかった。運悪くキャンセルされている人もいたから」

人命への影響?

ヘリテージ・ヴァレーは例外的なケースだった。NotPetya の被害を受けた病院の大多数はニュアンスのマルウェア大感染を通じて影響を受けていて、自分たちが直接感染したわけではなかった。どんどん増える未処理の文字起こしに対処すべく招集された場には、一時は２００人を超える者がいたとジャッキ・モンソンは振り返る。

サッターでは急を要する患者をすべて見つけ、医師とＩＴスタッフがカルテを迅速に更新して問題を防いだとモンソンは主張する。「幸い事前に対策を整えていましたから、患者に危険が及ぶことはありませんでした」

だが病院職員のなかにはそこまで確信を持てない人もいる。アメリカのある主要病院――どの病院かは教えてもらえなかった――のＩＴシステム分析員の話は、より不安を覚えさせるものだった。NotPetya の感染拡大直後、彼女は自分の病院を感染から守ることに集中していた。１週間後の午後になってはじめて、パニック寸前で逆上した同僚から、ニュアンスのソフトが使えなくなったために子供ふたりの診断書が行方不明になったことを知らされた。どちらの子も治療が予定されていて、その安全性は記録の更新にかかっていた。しかもひとりは、翌日の午前中に予定された手術のために別の病院へ移送されていた。

その分析員は顔から血の気が引くのを感じた。この病院には口述した変更点の記録がそもそもあるのだろうか。生死を左右しかねない処置は延期する必要があるのではないか？　彼女は残っていたわずか数時間のうちに病院にあった録音生データのアーカイブを見つけ、40本近くの音声ファイルを聞いてきわめて重要な記録を見つけ出し、予備の文字起こしサービスに送って、翌日に予定されていたその子の手術にぎりぎり間に合うタイミングで要望を滑りこませた。

その後の1週間で、彼女はさらにふたりの小児患者のカルテに口述の報告が反映されていないことに気づいた。それぞれ重要な治療が予定されていたわずか1、2日前のことである。ある患者の場合は、医師がその子の心臓超音波検査をやりなおし、口述した記録をみずから手作業でタイプしなければならなかった。

4つの例すべてで病院は迅速に問題に対処し、遅れや誤った治療を防いだと彼女は語る。しかし1年半を経たいまでも、サイバー攻撃によって子供のケアが危険にさらされたこれらの例が頭から離れないという。ニュアンスのソフトが使えなくなった影響は4カ月以上もあとを引いた。たしかに4人の患者に問題は生じなかったと彼女は自分に言い聞かせる。しかし、NotPetya の影響を受けたほかの何百もの病院と何千もの患者はどうだろう？ 自分が経験した間一髪の例を考えると、何千もの患者がだれひとりとして害をこうむっていないとほんとうに言えるだろうか。「ニュアンスが機能停止に陥ったことで、どれだけの患者が影響を受けたのか、どのような健康上の問題が生じたおそれがあるのかはわかりません」と彼女は言う。「でも問題があった可能性はとても大きいと思います。影響を受けたカルテの数、影響がつづいた期間、提供されているケアの重大な性質を考えたら」

こうした患者のごく少数にでも治療の遅れが生じたのなら、実際に人命に悪影響が生じた可能性があるとジョシュア・コーマンは主張する。コーマンはシンクタンク〈アトランティック・カウンシル〉のセキュリティ研究員で、医療業界サイバーセキュリティ作業部会のメンバーでもある。彼は《ニューイングランド・ジャーナル・オブ・メディシン》の論文をあげ、救急車で搬送中に5分未満の交通の遅れが生じただけでも、その後の30日で患者が病院で死亡する可能性が3・3パーセント高くなると指摘する。[8]

「ニュアンスを使っているアメリカの病院ひとつひとつのことを考えてください。ニュアンスが使えなかった日数を考えて、それに検査結果、転院、退院の数を掛けて、そのなかに一刻を争うものがどれだけあったか考えてみればわかりますよ」とコーマンは言う。「時間が重要なケースもあります。痛みのレベルに影響するし、その後の生活の質にも影響する。それに生死に影響するんです」

25　事後分析

武装警官の襲来

NotPetya 大流行の1週間後、SWATの迷彩服に身を包みアサルトライフルを持ったウクライナの警官がヴァンからつぎつぎと姿を現してリンコス・グループの小さな本社ビルにはいり、まるでビン・ラディンの潜伏場所を襲うアメリカ海軍特殊部隊《ネイビーシールズ》チーム6のように階段を駆けあがった。

同社の創業者オレシャ・リニクの説明では、面くらった従業員たちは銃を向けられて廊下に並ばされたという。2階にあるリニクのオフィスの隣では、鍵を差し出したにもかかわらず武装警官が金属の警棒で部屋のドアを壊してあけた。「ばかばかしい状況でした」憤慨の深いため息をついてからリニクは言った。

武装警官隊はようやく捜していたものを見つけた。NotPetya パンデミックの感染第1号になった M.E.Doc のサーバである。警官隊は問題のマシンを押収し、ハードドライブを黒いビニール袋に入れた。

乗っ取りの仕組みが明らかに

イーセットのヒューストンのオフィスで作業していたアントン・チェレパノフは、NotPetya がひろがりはじめて数時間の時点で、それがリンコス・グループの会計ソフトと結びついていることに気づいていた。攻撃を受けた大混乱の朝、10時ごろにイーセットのウクライナ人スタッフから身代金要求メッセージの写真が送られてきた。チェレパノフはすぐにイーセットのウイルス対策ソフトから最新のマルウェア・コレクションを取り出して調べ、ひとつのサンプルを見つける。軽く難読化された NotPetya のコードを分析したところ、このマルウェアは感染したマシンにある ezvit.exe ファイルによって作動することがわかった。これは M.E.Doc 会計ソフトの構成要素である。

チェレパノフはこのつながりについて深く考えなかった。雪だるま式にひろがる感染からユーザーを守るため、イーセットのウイルス対策ソフトのアップデートを公開しようと大忙しだったのだ。その後は NotPetya の暗号を解く方法を必死に探し、さらには WannaCry のような強制停止スイッチがコードに組みこまれていないか調べたが、いずれもむなしい努力に終わった。

NotPetya による当初の騒動から数日を経て、ようやくチェレパノフは M.E.Doc とのつながりに立ちもどり、デジタル上の結びつきを示す長い糸をほどきはじめた——この糸はあまりにも複雑で、その1年以上あとにわたしはブラチスラヴァにあるイーセット本社の会議室で彼に何度も説明を求めなければならなかった。

チェレパノフが ezvit.exe ファイルに気づいたのは、それ以前のマルウェア大流行でそれを目にしていたからだ。２０１７年5月に彼が見つけた別の感染で同じプログラムが拡散の手段として使われていた。WannaCry の５日後、XData と呼ばれるランサムウェアが ezvit の実行ファイル経由でひろがっているようだった。そこでは Mimikatz が使われていたが、EternalBlue は使用されていなかった。そのときにはチェレパノフは、おそらく被害者はマルウェアに感染した M.E.Doc をだまされてインストールしたのだと思った。ランサムウェアやその他の犯罪的なコードに感染させるために、ハッカーがよく利用するのがその種の偽装である。

チェレパノフは M.E.Doc の開発者であるリンコス・グループにメールで警告して簡単な返信を受けとり、イーセットがこの新しいマルウェアに対する保護を追加するのを手伝って、わかったことをブログに投稿した。しかしその攻撃の影響を受けたのは WannaCry 被害者のうちごくわずかであり、WannaCry をめぐる大騒ぎのあと彼の警告に目を留めた人はほとんどいなかった。

その1カ月後、チェレパノフは M.E.Doc を使った NotPetya の拡散を目にする。はるかに大規模な感染であり、これと比べるとチェレパノフによる先の発見も、さらには WannaCry でさえも取るに足らないもののように思われた。マルウェアが M.E.Doc を使ってひろがっていることに最初に気づいた5月の時点で、チェレパノフはリンコスのウェブサイトから M.E.Doc の２０１７年のアップデートをすべてダウンロードしていた。NotPetya がひろがったあとは、リンコスがウェブサイトを切断する直前に5月と6月の最新アップデートを急いでダウンロードし、その週はそれをくわしく調べて過ごした。コードを見て、チェレパノフはあることに気づく。ハッカーは、殺人犯がヒ素を混ぜたお茶を出すように、汚染された M.E.Doc を単純に配布して被害者のパソコンに感染させようとしたわけではなかった。インドから供給される茶葉すべてに毒を混ぜるのと似ていて、ソフトウェアの正式なアップデートの仕組みを乗っ取っていたのである。驚くべきサプライチェーンの乗っ取りであり、ハッカーがリンコスのサーバに深く侵入していることがわかった。「M.E.Doc それ自体が侵入口《バックドア》だったのか」チェレパノフはそう思った。

周到に用意された侵入経路

その週はずっと改竄《かいざん》されたアップデート・コードとイーセットのマルウェア記録をくわしく調べ、1日12時間以上働いて、このありふれた会計ソフトにハッカーがどのように手を加えて NotPetya を世界へ送りこむ手段に変えたのかを正確に把握しようと努めた。その結果、同じハッカーが M.E.Doc のアップデートを乗っ取り、少なくとも2度、ランサムウェアのマルウェアを拡散させていたことがわかった。1度目が5月の XData で、2度目がはるかに悪質な6月の NotPetya である。

だがチェレパノフはその後、別の痕跡《こんせき》をもとに NotPetya からほかのつながりを見つけはじめた——その手がかりによって、はるかに長期間の出来事を結びつけられるようになる。

前年12月にFソサエティによるデータ破壊攻撃がウクライナのネットワークで猛威をふる

ったとき、チェレパノフは彼がテレボッツと呼び、ほかではサンドワームと呼ばれていた集団を注意深く追っていた――これは2度目の停電を起こした攻撃につながったものである。その後チェレパノフは、２０１７年2月と3月に同じ集団がさらなる侵入をおこなうのを目にしていた。テレグラムのバックドアに加えて、それらのひとつひとつでハッカーはビジュアル・ベーシック・スクリプティング・エディション（ＶＢＳ）と呼ばれるプログラミング言語で書かれた別のバックドア・アクセスツールをインストールしていた。

そこに残された痕跡がチェレパノフの目に留まる。M.E.Doc 乗っ取りの仕組みを調べるなかで、ウクライナのある大手金融機関――どこかは教えてもらえなかった――から別の驚くべき手がかりを得た。NotPetya に感染する前に、同じＶＢＳのバックドアとそれと似た別のＶＢＳスクリプトが、改竄された M.E.Doc を経由してその金融機関のネットワークにインストールされていたのだ。ふたつのＶＢＳツールのひとつは、ある種の補助的な足がかりのようだった――つまり M.E.Doc の足がかりが見つかって削除されても作戦をつづけられるように設計されていた。ふたつ目はどうやら、M.E.Doc を使って NotPetya 本体を最終的に送りこむ前に、そのバックドアの制御を確認する手段のようだった。

これらのＶＢＳツールが、6カ月以上前から目にしてきた攻撃で使われていたものと一致することにチェレパノフは気づいた。NotPetya は２０１６年12月にはじまったデータ破壊攻撃の波と結びつけられたのだ。一連の出来事をすべてつなぐ環《わ》が光を放っていた。どれもサンドワームに関係していたのである。

　サンドワームの歴史をさらにくわしく見ると、NotPetya が２０１５年までさかのぼる KillDisk 攻撃に直接連なることがわかった。この残酷なデータ破壊技術は、攻撃者の頭のなかで3年近くもの時間をかけて進化していたわけだ。実際、コードを見ると、２０１６年の攻撃で消去の対象にされていた数十のファイル拡張子は、NotPetya で暗号化の対象にされたものとほぼ完全に一致していた。「攻撃者の視点から見れば問題がわかりました。KillDisk はそれ自体では拡散しないのです」とチェレパノフは説明する。「それでこの戦術を試していたんでしょう。最善の感染経路を探して、どうすればさらに獲物を見つけられるか考えていたわけです」

　M.E.Doc アップデートのアーカイブを掘り起こしていくうちに、攻撃者がそのソフトに理想的な感染経路を見つけていたことがチェレパノフにもわかった。それどころか、NotPetya の2カ月前にあたる4月に、サンドワームが M.E.Doc を通じてバックドアコードを送り出す最初のテストをしていたことも突き止めた。最終的に攻撃を仕掛ける何カ月も前から、ハッカーは M.E.Doc ユーザーひとりひとりのネットワークに驚くほど深くはいりこんでいたわけだ。長年の実験のすえ、ウクライナのインターネットの中心へはいりこめる完璧な鍵を見つけていて、それはスパイ行為にも破壊活動にも理想的だった。テストして時機をうかがい、その鍵を使って世界を揺るがすマルウェアを解き放ったのである。「きわめて独特です」チェレパノフは驚きを隠さない。「とても熱心で、とても辛抱強い」

全貌《ぜんぼう》をようやく把握したのは日曜の午前3時で、チェレパノフはブラチスラヴァ市街地の東寄りにある自宅の書斎でまだ机に向かっていた。妻はずっと前に眠りについている。仕事を終えてベッドにはいったが、アドレナリンとサンドワームによる長年の破壊作戦のイメージが頭のなかを駆けめぐる。ベッドに横たわったまま眠れずに夜明けを迎えた。

ワクチンが見つかる

NotPetya には奇妙な特徴があったが、それは大流行の混乱のなかでほぼ見逃されていた。強制停止スイッチも解毒剤もなかったが、ワクチンがあったのだ。

6月終わりのその運命の火曜日、ボストンを拠点とする企業サイバーリーズンでセキュリティ研究員として働く元イスラエル政府のハッカー、アミット・サーパーはテルアヴィヴで休暇を過ごしていた。郊外の家族のもとを訪れていたとき、イスラエル時間午後7時ぐらいのテレビニュースで NotPetya の拡散を知る。イスラエルとウクライナは同じ標準時だ。サーパーは午後10時に友人たちと飲みに出かける予定だった。「3時間つぶさなきゃならない。ちょっと遊んでみるか」

サーパーはすぐにNotPetyaのコピーを入手し、MacBookでそれを分析してコードにざっと目を通しはじめた。そして2時間もしないうちに意外なものに出くわす。「終了プロセス」の関数呼び出しである。関数呼び出しはコードのなかの指示であり、この場合はプログラムの構成要素が実行されないように停止させる。サーパーはその特徴からさかのぼってマルウェアのどの部分がそれによって停止させられ、何がそれを作動させるのかを突き止めようとした。やがて気づいたのは、興奮で頭がしびれるほどの事実だった。コードに隠されていて彼が見つけた機能は、NotPetyaの破壊的な暗号化を完全に止められるものだったのだ。

街へ飲みに出かける直前に、サーパーは動きを停止させるコードのなかの「if/then」ステートメントを正確に突き止めた。拡張子のない「perfc」というファイルがウィンドウズのメインディレクトリにあれば、NotPetyaは事実上停止してマシンのデータは破壊されない。ひょっとしたらこのファイルは、NotPetyaの土台になっているランサムウェアのアルゴリズムの名残であり、データを2度暗号化して復号不可能にしないように防ぐ機能かもしれない。いずれにせよ、管理者が「perfc」という名のファイルをそのディレクトリにインストールすれば、そのコンピュータはNotPetyaから守られる。旧約聖書の「過ぎ越しの祝い」の物語で、扉にヒツジの血を塗った家の長男は死の天使が殺さずに見すごすのと同じようなものだ。

地球規模の危機への解決策を見つけた可能性があることをよく消化できないまま、サーパーは調査結果をツイートし、NotPetya には「強制停止スイッチ」があったと興奮状態で書いた。ひょっとしたら、この大感染から世界を救うのに間に合うかもしれない。その後の数時間、友人たちとテルアヴィヴのバーでビールを飲んでいるあいだ、彼のもとにはセキュリティ研究者、ネットワーク管理者、記者からメッセージが殺到し、スマートフォンが何度もクラッシュした。

しかしこの興奮はやや見当はずれだった。実のところサーパーが見つけたのは、厳密にはマーカス・ハッチンズが WannaCry で見つけたような強制停止スイッチではなかった。「perfc」ファイルは、それひとつで NotPetya による破壊を全世界で食い止められるスイッチではなかったのだ。効果を発揮するには、感染前にファイルがパソコンに存在しなければならない。つまり被害者にそれを知らせて修正ファイルを配布しなければならず、ソフトウエアにパッチを配布するときと同じいつもの問題に直面する。

もちろん NotPetya の攻撃を受ける可能性のあった人のなかには、サーパーのワクチンをインストールしてデータをあらかじめ守った者もいた。しかしこのワクチンがセキュリティ専門家の注目を集め、テストを経てシェアされたその夜にはすでに手遅れで、それを活用できたのはごく少数の者だけだ。NotPetya の１００億ドル相当の被害は、取り返しのつかない形でほぼそのままひろがっていた。死の天使はすでにやってきていたのだ。

押収されたサーバからわかったこと

サーパーの仕事は、ほかはともかくウクライナ政府の目には留まった。サイバーリーズンはウクライナ当局に連絡して手助けを申し出る。リンコス・グループ本社で大げさかつ不可解な強制捜査をおこなったあと、キーウの警察はその申し出に応《こた》えてサイバーリーズンにユニークな仕事を提供した。押収したリンコスのサーバの分析支援である。

ウクライナ警察がリンコスのサーバ室を襲った翌日、キーウにいるサーパーの同僚ふたりが、押収されたハードドライブへのアクセスを許可された。まだ黒いビニール袋にはいった状態だ。ふたりはすぐにマシンからデータをすべてコピーし、サーパーはボストン本社から現地の同僚のノートパソコンに遠隔で接続してリンコスのログを分析した。そして正午ごろからその日の夜遅くまで、M.E.Doc のインフラの中心まで侵入していたハッカーのさまざまな痕跡を結びつけようと作業を進める。あまりにも夢中になっていたので、会社からウーバーで帰宅するあいだもノートパソコンで仕事をつづけた。その夜はシャワーの時間すら惜しみ、パソコンをバスタブの上の棚に載せてリバースエンジニアリングをつづけた。

やがてサーパーは、リンコスへの侵入の大まかな経緯を把握する。ハッカーはまず同社ウェブサーバのコンテンツ管理システム、つまりウェブサイトの見た目の編集に使うソフトの脆弱性を利用した。そして、そこからサーバに「ウェブシェル」（訳注：ハッカーが侵入先のサーバでコマンドを実行できるようにするプログラム）を設置していた。これはある種のシンプルな管理パネルで、コンピュータ内での足がかりとしての役割を果たし、ハッカーは自分たちのソフトウェアを自由にインストールできるようになる。

サーパーはその方法を正確には説明できなかったが、ハッカーはなんらかの手段でそのウェブサーバの支配を強化し、同じネットワークにある M.E.Doc のアップデートサーバへアクセスしていた。要するにハッカーはそのアップデートサーバを自分たちのバックドア・ソフトウェアを更新するためのコマンド&コントロール発信機に変え、従来型のマルウェア感染のバックエンド構成全体をリンコスのインフラ内に隠していた。宿主の手足と脳に同時に棲《す》みついた寄生虫の群れのようなものだ。

さらに目を引いたのが、ハッキングされたアップデートサーバとそれが管理する世界じゅうのバックドアつき M.E.Doc の通信手段である。M.E.Doc はＨＴＴＰ経由でリンコスのサーバに接続する仕組みになっていた。ウェブブラウザがウェブサイトとの通信に使うのと同じ基本的なインターネット通信である。これらのＨＴＴＰメッセージには「クッキー」のための標準チャネルが含まれている。クッキーとは、ウェブサイトがユーザーのブラウザに置いてそのやりとりを追跡する小さなデータファイルだ。

　ハッキングされた M.E.Doc サーバにインストールされたコマンド&コントロールソフトウェアは、その目立たないクッキー用チャネルを使って、バックドアを設置されたコンピュータに指令を送っていた。さまざまな指令を幅広く送ることができ、たとえば NotPetya のようなファイルをインストールするだけでなく、M.E.Doc のコミュニケーション・システムを使って、ハッカーが選んだファイルを気づかれずにマシンから盗むこともできた。

「M.E.Doc のシステムをそれ自体への攻撃に使うやり方は見事でした」とサーパーは言う。「すばらしい仕事です」

　サーパーは、このハッカーの力と被害企業の防御体制との差に強い印象を受けた。敏捷《びんしょう》で創意工夫に富んだ侵入者が、古くて構成が不じゅうぶんでパッチもろくにあてられていない M.E.Doc サーバソフトの穴を自在に出入りしていたのだ。「楽勝だったでしょうね」もっと無礼なことを口にするのを慎しむかのようにサーパーは言った。

　しかしおそらく何より驚くべきは、M.E.Doc のセキュリティ問題がかなり前から存在したことだ。サーパーはリンコスのハードドライブにさらに古い別の一連のログファイルを見つけた。２０１５年11月のもので、NotPetya 大破壊の中心地になる何年も前の同社のネットワーク・アクティビティ記録である。サーパーはそれらのログに、さらに別の隠されたウエブシェルを見つけた。

昔の感染が NotPetya や特定のハッカー集団と関係あるのかはわからない。だが地球規模の大惨事の中心地になったネットワークに、少なくとも20カ月ものあいだ何者かがひそかにアクセスしていたことがわかった。サンドワームの究極のサイバー兵器を作動させるきっかけとなった企業は、最初のクリスマスの停電よりも前からひそかに侵入を受けていたのだ。

26 距離

サイバーセキュリティ問題とは無縁

NotPetya について語るときのオレシャ・リニクは、キャリア最悪の瞬間を繰り返し思い出すのに慣れた人のうんざりした我慢の表情を浮かべる。「気持ちの面では完全にホラー映画でした」リンコス・グループの会議室でリニクは嫌悪感を抑えて語った。「わたしたちのスローガンは〝問題なしの財務報告〟だったんです。なのにわたしたちが問題になってしまった」

不幸な形で注目を浴びるまでの7年で、リニクは新製品 M.E.Doc を中心とした会社を父親の会計ソフト企業と別に立ちあげ、アイディアを種から育《はぐく》んで独自のビジネスとして成功させていた。３００人近くの従業員を雇うとともに4人の子供を育て、会社もわが子同然と見なしていた。「5人のなかのいちばん上の子みたいで、ほかの子より目をかけることも多いんです」そう言ってほんの少し笑顔になる。「7年間の評判が台なしですよ」

　わたしは意地悪な質問をしようとしていた。リニクにとって、会社にとって、世界にとってそれほど重要なことだったのなら、なぜリンコスはもっと自衛手段を整えておかなかったのか。地球規模の感染を可能にするこれほど強力なメカニズムを、どうしてここまで無防備な状態で放置していたのか。

　尋ねるまでもなくリニクは答えを語りだした。会社と顧客をサイバー攻撃から守るのをわざと怠っていたわけではないとリニクは主張する。単に狙われるとは思っていなかったのだと。「わたしたちがやっているのは、かなり基本的で単純なことです。会計担当者を手助けするのが仕事で、サイバーセキュリティの問題とは距離があると思っていました」

　この「距離がある」という認識は、NotPetya が地球全体のインターネットに桁はずれの打撃を与える原因となった姿勢全般を簡潔に言い表しているように思えた。リンコス・グループは、自分たちが世界にデジタル感染をひろげるかもしれないとはまったく想像していなかった。大惨事のあと、知らないうちにマルウェアの感染源になっていたリンコス本社にウクライナ警察が派手に踏みこんだが、真犯人はおそらく何千キロも離れた場所で罰を受けることなく攻撃を見ていた。アメリカの情報コミュニティは――また Mimikatz の作成者はなおのこと――自分たちのツールが敵の手に渡ったらどうなるか考えていなかったのだ。NotPetya の作成者も、ウクライナにとどまらず欧米とロシア国内でも一般市民にこれだけの巻き添え被害を与えるとは思っていなかったようだ。

アメリカの怠慢と予想どおりの大被害

しかしおそらく最大の盲点は、ウクライナへの欧米の姿勢およびウクライナを苦しめるサイバー攻撃への欧米の沈黙に見いだされる。10年にわたってアメリカは、ロシアによる近隣諸国――エストニア、ジョージア、とりわけウクライナ――へのサイバー攻撃を「距離がある」問題として扱っていた。２０１５年以降、オバマ政権はウクライナがロシアの容赦ないハッキング技術の無力な被害者になり、国レベルの実験台になるのを見ていた。越えてはならない一線をハッカーがつぎつぎと越えていくのを許し、停電を引き起こす前代未聞の攻撃が1度どころか2度も実行された。2度目は外交の間隙《かんげき》をうまく突くタイミングでおこなわれた。オバマ政権はすでに退陣直前で、こうした破壊活動を公の場で一度も非難することなく任期を終える。

当然ながらトランプ政権は、さらに露骨にプーチンへこうした譲歩をした。ロシアによるアメリカ大統領選挙関連のハッキングが議論の的になり、動かぬ証拠がつぎつぎ出てくるなかでトランプがそれを頭ごなしに否定したために、ウクライナの重要機関へのはるかに攻撃的なハッキングは議論すらされなくなった。またトランプは公の場でプーチンを「強力な指導者」と呼んであからさまに称賛し、オバマ政権による制裁への反応を褒めそやしさえした。[1]

一方、トランプ政権が全般に孤立主義の立場をとったことで、ウクライナは現実世界でもデジタル世界でもロシアからの攻撃に完全に自分たちだけで立ち向かうことになる。「なぜアメリカの納税者がウクライナに関心を持たなきゃならないんです？」NotPetya がひろがる3カ月前、トランプ政権のレックス・ティラーソン国務長官は、イタリアでの会合で各国の外相たちに冷ややかにそう問いかけた。[2]

NotPetya はティラーソンの問いへの簡潔な回答となった。攻撃は世界のほかの場所へもやがてひろがるという警告を繰り返し受けていたにもかかわらず、アメリカは過熱するウクライナのサイバー戦争を無視した。そして突如としてまさにそのシナリオが現実になり、膨大な被害が出たのだ。

こうした視野の狭さがすべて組み合わされた結果、以前から予想されていたサイバー戦争による世界の終わりにこのうえなく近づき、インフラが機能不全に陥った。その前にはなく、その後も――本書執筆の時点までには――ない規模で、たった1度の突然のサイバー攻撃のために製薬から輸送、食品にいたるまで文明を支える基盤の相当部分が破壊されたのだ。世界じゅうにひろがり、ウクライナではるかに集中した形で拡散したNotPetyaは、ジョン・ヘイムリが１９９７年に最初に警告していた「サイバー版真珠湾攻撃」になった。

ジョンズ・ホプキンス大学で戦略・軍事研究を教えるトマス・リッドはサイバー戦争の可能性に懐疑的であり、「サイバー兵器」と差し迫った「サイバー９・11」の大仰なメタファーを批判してきたが、そのリッドでさえも、NotPetyaはその種の誇張表現に値する出来事だと語る。「〝サイバー９・11〟に近い何かがあるとすれば、これがそうでしょうね」

攻撃の意外な目的

打撃の規模を踏まえて、被害者はよくNotPetyaを制御不可能な病原体や自然災害になぞらえた。だが当然ながらこれは自然な出来事ではない。このマルウェアは人間がつくったものであり、作成者の悪意がこもっている。残る疑問は、ハッカーの意図は実際のところ何だったのかだ。

攻撃後1年近く経ってから、わたしはグレードアップしたＩＳＳＰの新本社を訪ねた。かつての陰気な地域を離れ、ウーバーのサテライトオフィスなどスタートアップが入居する最新のビジネスセンターに移っていた。会議室でオレクシー・ヤシンスキーと会うと、彼の外見は周囲の環境とは正反対の方向に変わっていた。こぎれいなビジネスカジュアルではなく、いまは穿《は》き古したジーンズ、白のTシャツ、数日ぶんの無精ひげという、いかにも過労状態のサイバーセキュリティ専門家という姿をしている。

　ヤシンスキーと、ISSPの共同創業者で上司のオレ・デレヴィアンコは、すぐにNotPetyaの目的を説明しはじめた。ウクライナのサイバー戦争について語られる際にはおなじみの、あらゆる話がそこには登場した。威嚇、実験、一般市民の巻き添え被害。しかしふたりは驚きの主張をそこにつけ加える。NotPetyaは単に破壊を意図していたのではなく、証拠隠滅の試みでもあったというのだ。そもそもNotPetyaの攻撃を最初に仕掛けたハッカーは、M.E.Docのインフラを乗っ取って被害者のネットワークに何カ月も自由にアクセスしていたとふたりは指摘する。パニックと混乱を引き起こしたのに加えて、NotPetyaはスパイ行為の証拠や将来的な破壊活動に向けた偵察の証拠も消し去ったのかもしれない。

　実際、NotPetya攻撃後の数日から数週間でウクライナの被害者のネットワークを調べたところ、ヤシンスキーはあることに気づいた。わたしには初耳の情報だ。被害を免れたパソコンにはアミット・サーパーが見つけたNotPetyaのワクチン「perfc」ファイルがあり、場合によっては10パーセント近くのマシンにそれが存在したのである。被害を受けた企業の

ＩＴ管理者は、このワクチンをインストールした覚えはないという。それにもかかわらず、これらのパソコンは暗号化を免れた。

ハッカーは実はこの「ワクチン」を別の目的に役立てていたというのがヤシンスキーの見立てである。被害者のネットワークが復旧したあとも、ワクチンがインストールされた無傷のパソコンはそのまま使われるかもしれない。それらのパソコンは、被害者もＩＳＰもまだ気づいていない巧妙なほかのウイルスに感染している可能性がある。「ウクライナは全世界へのバックドアとして使われていました」とヤシンスキーは言う。そしてそのバックドアの一部はいまも開かれたままかもしれないと警告する。

巻き添え被害はほんとうに偶然か

NotPetya についてほかのサイバーセキュリティアナリストと話すうちに、ウクライナ国外の企業が攻撃されたのは想定外の巻き添え被害だという考えも単純すぎると思えてきた。サーパー、イーセット、シスコのセキュリティ部門タロスはいずれも、M.E.Doc のバックドアにはウクライナ政府が発行するＥＤＲＰＯＵという納税者番号をソフトから読み取ってハッカーに知らせる機能があると指摘していた。[3] この番号があれば、ハッカーはウクライナ政府に登録された法人を調べることができ、被害が生じる可能性のある企業を正確にリストアップしたうえで各社のシステムにマルウェアを送りこめたはずだ。もし望めば巻き添え被害の大部分を慎重に避け、精密誘導ミサイル攻撃の作戦を調整して実行できたはずである。

　したがって、このマルウェアが世界にどれだけの被害を及ぼすかロシアはよくわかっていたとシスコのクレイグ・ウィリアムズは主張する。あの影響は偶然ではないというわけだ。これはきわめて攻撃的な一種の通商禁止措置であり、ロシアの敵国内に事務所をひとつでも構えたらはっきり罰をくだすという意味が含まれていた。「偶然だったと思う人は、みんな考えが甘いんです」とウィリアムズは言う。「これは政治的なメッセージを伝えるマルウェアですよ。ウクライナとビジネスをしたらひどい目に遭うぞという」

　NotPetya の目的については、いまもさまざまな議論がある。サイバーセキュリティ研究者のなかには、ロシア企業が大きな被害を受けたことを証拠としてあげ、ロシア政府の作戦とは思えないと論じる人もいる。ブルガリア科学アカデミーのセキュリティ研究者ヴェセリン・ボンチェフは、NotPetya のランサムウェア要素に見られるコーディングエラーを強調し、これはロシア政府の諜報《ちようほう》員ではなく未熟なハッカーのしわざだと主張するが、M.E.Doc のバックドアについては政府の諜報活動であることを示すあらゆる特徴があると述べている。何重にも偽装された NotPetya の核に隠された考えについては、作成者が意図を明かさないかぎり謎が解き明かされることはないのかもしれない。

従来の戦争とは異なるサイバー戦争の地勢

標的と目的が何であろうと、NotPetya の教訓として最もたしかなのは、攻撃が加えられた戦場の奇妙で異次元の地形それ自体かもしれない。サイバー戦争の地勢は入り組んでいる。人間の直感に反する形で、キーウの砂ぼこり舞う一画にある M.E.Doc のサーバ室にいた幽霊が首都の政府機関のこぎれいな会議室へ、世界じゅうに点在する港へ、コペンハーゲン港にあるマースクの堂々たる本社へ、アメリカの病院の手術室へ、グローバル経済全体へとカオスをひろげたのだ。「ウクライナの会計ソフトの脆弱性が、どういうわけか国際海運とアメリカの国家安全保障上のワクチン供給に影響を与えたってことですか?」アトランティック・カウンシルのサイバーセキュリティ研究員、ジョシュア・コーマンはわたしに尋ねた。この因果関係を可能にした脆弱性の姿をまだうまく消化できていないようだ。「サイバー空間の物理学は、戦争のほかのどの領域ともまったくちがいますね」

この物理学では距離が防御にならないことを、わたしたちは NotPetya によって思い知らされた。野蛮人はすでにあらゆる門の目の前にいる。サイバー空間で絡み合ったネットワークは、この25年のあいだ世界を結びつけ向上させてきたが、夏の日のわずか数時間で世界を壊滅的な機能停止に陥らせることができるのだ。

第5部　アイデンティティ

欺《ぎ》瞞《まん》の中の欺瞞の中の欺瞞ということか。

27 GRU

欧米の不可解な沈黙

２０１７年終盤の時点で、わたしはサンドワームを1年以上追跡していた。その時間の多くは、NotPetya の攻撃が世界じゅうにどのようにひろがったのかを調べて過ごした。サンドワームに全神経を集中させていて、そのメンバーは世界一危険なハッカーとしてわたしのなかで際立った存在になっていた。それに、サンドワームの正体を事実上何もつかめていないことに記者として悔しさを覚えていた。

彼らはどうやらロシア人のようであり、ロシア政府の管理下にあることはほぼまちがいなかった。だがもっと情報がほしい。キーボードとパソコン画面の前で大混乱を引き起こしたひとりひとりの名前、顔、個人としての動機を知りたかった。あるいはプロとして長年の経験を持ち、インターネットの匿名性を利用して地球の半周向こうで活動するこの集団について、少しでもくわしく知りたかった。

3年前のジョン・ハルトキストと同じように、ある意味わたしはサンドワームのとりこになっていた。ほかにもハルトキスト、オレクシー・ヤシンスキー、ロブ・リーらと共通していたことがある。どうやら世界が知らぬふりを決めこもうとするなか、わたしもまたこの集団に世間の目を向けさせようと決意した孤独な予言者のクラブに加わっていたのだ。

　空前の破壊がもたらされたのに加え、サンドワームの NotPetya 攻撃のあとには6カ月の不可解な沈黙がつづいた。その夏から秋を経て２０１７年の冬にいたるまで、ウクライナ国外の被害者はだれも加害者としてロシアの名をあげなかった。それにウクライナ以外の政府もクレムリンを名指ししなかった。ロシアが使用したと思われるサイバー兵器は無数の国境を越えてひろがり、国家主導のハッキングをめぐる世界の規範にほぼ全面的に背いていたにもかかわらず、欧米はまったく非難しなかったのだ。

　２００７年にエストニアがロシアから露骨な攻撃をつづけて受けたのち、同国に設立されたＮＡＴＯサイバー防衛協力センターは、NotPetya 攻撃の3日後に弱腰な声明を出した。国際社会に対応を求め、NotPetya はどこかの政府のしわざである可能性がきわめて高いとする声明である。「NotPetya はおそらく国家主体あるいは国家の支援か承認を受けた非国家主体によって使用された。ほかの選択肢は考えにくい[1]」

　しかしこの声明はロシアを名指ししていない。また対抗措置をとるには攻撃の出どころを特定する必要があるが、それはまだ不明だと主張している。出どころがさらにはっきりしてからも声明の内容は甘かったり法律主義的だったりして、NotPetya は「武装攻撃に相当する結果」を実際に与えたわけではないため、集団防衛の条項であるNATO条約第5条は発動されないと主張していた。第5条は、ひとつの加盟国への軍事攻撃を全加盟国への戦争行為として扱うよう求めている。[*]

　世界経済フォーラムにおけるマースクのスナーベ会長の発言など、ごく簡単な公式声明を除けば、NotPetya の被害を受けた世界の企業は、株主への報告が法律で義務づけられている必要最低限の情報のほかは巨額の損失について公表しなかった。多額の赤字が出たにもかかわらず、大手多国籍企業はどこもロシアを攻撃者として名指ししていない。それらの企業は地政学上の紛争の厄介事を敬遠していたのだろうか。それよりも自社のサイバーセキュリティの脆弱《ぜいじゃく》性に注目が集まるのを恐れ、この問題について騒ぎを大きくしないよう努めていたのかもしれない。[†]

　とはいえロシアのしわざだという証拠は、わたしにはすでに明らかだった。イーセットのアントン・チェレパノフがデータ上の複雑な手がかりを分析して結果を発表し、NotPetya の背後にサンドワームがいる可能性がきわめて高いことを示していた。ほかのさまざまな報道でも、2度の停電を含めて過熱するウクライナのサイバー戦争にサンドワームが関与していることが示唆されていて、あらゆる痕跡《こんせき》からクレムリンのしわざであることがうかがえた。

　ウクライナを狙った初期の破壊活動に欧米が無関心だったのは、残酷なまでに利己的とはいえ理にかなっているとも思えた。しかしそれらの国々は、自国がすさまじい被害を受けた攻撃にもなぜか目をつぶっていた。

　とりわけアメリカの無関心ぶりは腹立たしかった。トランプ大統領は選挙戦で力を借りたロシアのハッキングを認めようとしなかったが、さらに対象をひろげてロシアのハッキングすべてを否定するようになったのか。それともトランプ政権は単に無能だったり誤解していたりしただけなのか。「関係者を名指ししてすらいません」ロブ・リーは２０１７年終わりにそう語り、サンドワームの挑発に政府が引きつづき無反応であることに驚きを示した。「NotPetya は欧米の越えてはならない一線を試して、その結果、その一線がまだ存在しないことを知ったわけです」とジョンズ・ホプキンス大学のトマス・リッドは言う。「適切な対処をしなければ、攻撃をエスカレートさせろと誘っているようなものです」

沈黙が破られる

　２０１８年１月、沈黙の壁にようやく最初の亀裂《きれつ》がはいりだした。《ワシントン・ポスト》紙の情報機関担当のベテラン記者で民主党全国委員会へのサイバー攻撃を最初に報じたエレン・ナカシマが、わずか４２４語の短い記事を発表した。見出しは「ウクライナでの〝NotPetya〟サイバー攻撃の背後にロシア軍。ＣＩＡが結論」[3]。記事では、前年11月のＣＩ

Ａ報告書を目にした匿名の米国情報機関職員の発言が引用されている。その報告書では、NotPetya はロシア軍のハッカーがつくったと「かなりの自信を持って」主張されていたという。ＣＩＡのような情報機関がそうした見解を示したことは、クラウドストライクやファイア・アイといった民間情報企業による同様の調査結果よりも大きな意味を持つ。ＮＳＡと同様にＣＩＡにも独自の能力があり、ほかではほぼ違法行為になるであろう人間とデジタルのスパイ技術によってサイバー攻撃の出どころを探ることができる。

ナカシマの記事が示唆していたのは、攻撃の背後にロシア政府がいるとアメリカ政府が確信していたことだけではない。NotPetya のプログラマが勤務する組織もはっきり名指ししていたのだ。特殊技術センター（ＧＴｓＳＴ）。通常はロシア語の頭文字をとってＧＲＵと呼ばれるロシア軍の情報機関、参謀本部情報総局（Glavnoye Razvedyvatel'noye Upravleniye）の一部である。

突如として匿名の政府関係者がロシアのしわざであると主張し、サンドワームの正体というさらに大きな謎の答えまで——説明抜きでとはいえ——示したのだ。NotPetya はＧＲＵの仕事であり、したがってエスカレートしてきた長年のウクライナ攻撃作戦もおそらくＧＲＵが主導していた。これは重大な新事実だが、さほど意外でもなかった。そもそも２０１６年アメリカと14年ウクライナの大統領選挙干渉の首謀者がＧＲＵに所属するファンシー・ベアであることはすでに知られていた——ウクライナ大統領選ではサイバーベルクートというハクティビストを装っていた集団である。サイバー戦争で越えてはならない一線をだれよりも越えてきたサンドワームが、無謀で規範を無視した民主主義妨害を企ててきた機関の一部だという説は、筋が通るように思えた。

　サンドワームがGRUのファンシー・ベアとつながっているという噂は、実はそれ以前にも耳にしていた。その1年前、カリブ海のセント・マーチン島の東海岸に建つホテルの芝生にジョン・ハルトキストとすわっていた。ロシアのセキュリティ企業カスペルスキーが主催するセキュリティアナリスト・サミットの休憩時間に昼食をとっていたのだ。わたしはハルトキストの関心事について尋ねた。彼が発見と特定にひと役買い、数カ月前にウクライナで2度目の停電を引き起こしたハッカー集団のことである。

「これは単なるルーミントなんですが」と前置きしてハルトキストは声をひそめた（〝ルーミント〟は半ば冗談として使われている諜報《ちょうほう》業界の用語である。〝シギント（sigint）〟が傍受したシグナルから集めた情報、〝ヒューミント（humint）〟が人間の情報源から集めた情報であるのと同じで、〝ルーミント（rumint）〟は諜報業界の噂話を寄せ集めた手がかりであり、要するに証拠のないゴシップである）。

　複数の信頼できる情報源から、サンドワームとファンシー・ベアは同じひとつの集団だと聞いたとハルトキストは言う。「このふたつの名前を同じ意味で使っている人たちすらいるんです」そう言って片方の眉《まゆ》をあげる。わたしは混乱して、このふたつの集団はツールもミッションも、さらには性格も異なるようだがと答えた。サンドワームは高度なインフラ破壊に焦点を絞っていて、ファンシー・ベアは政治関連の情報漏洩《ろうえい》や中傷作戦など、もっと単純で騒々しいハッキング作戦を手がけていた。

　ハルトキストは肩をすくめた。同じく腑《ふ》に落ちないようだ。彼のルーミントではそれ以上のことはわからなかった。

サンドワームとファンシー・ベアの正体

《ワシントン・ポスト》の記事は、ハルトキストの情報を解釈する手立てを与えてくれたように思えた。サンドワームとファンシー・ベアは、いずれもＧＲＵ内のハッカー集団だったのだ。おそらくハルトキストに情報を提供した政府関係者たちは、そのふたつをわざわざ区別せずにＧＲＵのきわめて攻撃的なふたつの活動をざっくりひとつにまとめていたのだろう。

　この記事が出た数カ月後、ウクライナのメイン情報機関ＳＢＵの職員ふたりと、キーウ中心部のカーテンを閉めた会議室で会った。サンドワームのしわざとされる攻撃について尋ねたところ、ふたりはハルトキストのルーミントとまったく同じ紛らわしい主張をした。「さまざまな要因からアメリカの研究者たちと同じ意見で、これはファンシー・ベアという集団だと思っています」ＳＢＵのアナリスト、マトヴィー・ミハイロフはそう語った。やはり、わたしが別のハッカー集団だと思っていたものをサンドワームと同一視している。「ウクライナのインフラへの破壊的な攻撃の背後には、おそらくＧＲＵがいます」

ミハイロフの隣にすわっていた年上でより慎重な同僚弁護士が口をはさみ、「ことによると《メイビー》」と英語でつけ加えた（プラハ国際関係研究所のロシア専門家マーク・ガレオッティにこの奇妙な会話について話すと、彼が諜報筋から聞いた話ではＧＲＵをもっとあからさまに言い表したのがサンドワームなのだという。ガレオッティが言うには、「弁護士がいなくてアルコールがはいっていたら、率直な話し合いになることが多い」そうだ）。

手がかりは錯綜《さくそう》していて不完全だった。しかし２０１８年はじめにはそれらがつながり、驚くべきことが明らかになりつつあった。ロシア政府内のひとつの機関が、わずか３年のうちに史上最も大胆かつ画期的なハッキング事件を少なくとも３つ起こしていたのだ。ハッカーの手になる史上初の停電、アメリカ大統領選挙への干渉計画、これまでになく破壊的なサイバー兵器の使用。これらを主導していたのはどうやらＧＲＵのようだ。さらに大きな疑問がわたしのなかで頭をもたげてきた。ＧＲＵはいったい何者なのか。

＊２０１８年終盤、NotPetya は戦争行為に相当しないというこの主張に意外な被害者が正式に異議を申し立てた。保険会社である。[2] NotPetya による被害を理由に、食品製造会社モンデリーズがチューリッヒ保険会社グループへ１億ドルの支払いを請求したところ、チューリッヒは「政府あるいは主権者」による「敵対的あるいは戦争的な行為」は保険の対象外とする約款の細則を根拠に支払いを拒んだ。モンデリーズは法廷に訴え、本書執筆の時点で裁判は係争中である。

† これまでの章で見たものなど、攻撃の詳細を把握するには、マースクなど被害企業の現在と過去の社員を匿名かつ裏ルートで何カ月もかけて取材しなければならなかった。取材相手の多くは、NotPetya の被害について記者に話しているのを上司に知られたらキャリアはおしまいだと恐れていた。

28 離反者

秘密組織ＧＲＵ

ソビエト連邦初期に設立されてから１００年経つが、その大部分でＧＲＵはほぼ完全に謎に包まれた組織だった。目的、戦術、ツール、組織構造が秘密だっただけではない。数十年ものあいだ、その存在自体が隠されていた。

１９１８年にレーニンがつくったＧＲＵは当初、登録局（ＲＵ）という名前だった。赤軍の目と耳の役割を果たし、当時はチェーカーと呼ばれていた泣く子も黙るＫＧＢの権力とバランスをとっていた。ＫＧＢとは異なり、この軍事情報機関の任務は外国での作戦で、ＫＧＢの恐ろしい評判のもとになっていた国内の敵を監視し抹殺する仕事は手がけていない。[1]もっぱら外国に目を向けていたため、ソビエト市民に恐怖心を植えつける必要はなかった。ＫＧＢのようにモスクワ中心部の広場に面した壮大な本部によって陰の権力を誇示することもなかった。内部粛清、抑圧、大量殺害といった残虐行為に共産党がスケープゴートを必要としたときや、大粛清として知られる残忍な政治的大虐殺をめぐってフルシチョフがＫＧＢを糾弾したときも、世間の非難は浴びなかった。[2]

闇に包まれたＧＲＵの長い歴史の大部分で、組織としての秘密主義は望みどおりの効果をあげていた。外国でのスパイ活動と破壊活動にＧＲＵはＫＧＢの数倍の予算と人員を使っていたのに――またソ連崩壊後、ＫＧＢが正式に解散したあとも残ったのに――ＧＲＵの名は何十年ものあいだめったに表に出なかった。ひそかに活動していたため、ソビエトやロシアの市民はほとんど知らず、姿を隠して仕事をしていた外国ではさらに無名の存在だった。

ＧＲＵの歴史と内部の人間について知られている情報は、その大部分が少数の離反者や二重スパイがもたらしたものである。裏切り者に凄絶《せいぜつ》な罰を与えることで、ＧＲＵはそうした情報漏洩を最低限に抑えていた。１９７８年に亡命に成功したＧＲＵの大尉ウラジーミル・レズンの回想録によると、訓練の初日に観せられたビデオでは裏切り者の大佐がストレッチャーに針金で縛りつけられて火に押しこまれ、生きたまま焼かれていた。[3] 別の場では、裏切り者の諜報員が生きたまま棺《ひつぎ》に入れられて埋められたと上官から聞いたという。[4]

この恐怖の物語は、どちらもほかの情報源による裏づけはない。不幸なＧＲＵ情報提供者の話として西側で最初に公の記録に残っているのは、ウィーンに駐在していた若き中佐ピョートル・ポポフのものである。１９５３年、ポポフは駐車中のアメリカ外交官の車にメモを投げこみ、ＧＲＵでアメリカのスパイとして働きたいと申し出た。29歳のポポフはヴォルガ川の北部地域の貧しい農家出身で、スターリン政権による小作農への残忍な仕打ちを許していなかった。[5] １９３０年代にスターリンは、ロシアの一部地域をウクライナと同じぐらい徹底的に荒廃させていた。

それからの6年間、ポポフはウィーンとベルリンに駐在し、ソ連の諜報員採用の仕事をしながらＣＩＡと接触して、６５０人を超える職員を含むＧＲＵの指揮系統をほぼすべて明かした。[6] そして１９５９年、ソ連のスパイに付き添ってベルリンから空路脱出させる作戦に失敗したあと、ソ連当局の取り調べを受けてたちまち逮捕された。その後、逆にソ連側の二重スパイとして短期間働かされたのちに射殺された。[7]

歴史を変えた離反者ペンコフスキー

GRUの大物として西側情報機関に情報を漏らしていたポポフの役割は、はるかに価値ある情報提供者へとすぐに引き継がれた。オレグ・ペンコフスキーである。GRUの大佐で、CIAにHERO《ヒーロー》という暗号名で呼ばれていたペンコフスキーは、冷戦史上の二重スパイのなかでもひときわ職位が高く、大きな功績を残した。ポポフと同じくペンコフスキーも歴史上の不満に根ざした深い恨みをソビエト体制にいだいていた。彼の父親はロシア内戦で帝政支持派の白軍に従軍して包囲戦で殺害されていて、ペンコフスキー自身、そうした家族の過去のためにソ連軍での昇進が妨げられていると感じていたのだ。[8] また、密告で金を稼いで自動車とモスクワ郊外の別荘《ダーチャ》を買い、一家3世代で暮らすわずか2部屋のアパートメントを出て、いつか家族で西側に移り住みたいとも望んでいた。[9]

１９６１年に英国人ビジネスマン経由でイギリスの情報機関と接触したあと、ペンコフスキーは18カ月にわたってイギリスとアメリカに極秘の報告書や写真をつぎつぎと流出させた。資料はロンドンにいる職員に手渡すか――ペンコフスキーはそこでソ連の産業スパイとして働いていた――モスクワの公園でイギリス諜報部員の妻に会って渡し、その女性はベビーカーに積んだ菓子箱にフィルム容器を隠した。[10]

これらの情報漏洩は歴史の流れを変えたと言われている。そこにはソ連の核兵器備蓄の規模がわかるくわしい情報もあり、軍備拡張競争でアメリカ政府がその規模をかなり過大評価していたことが判明したのだ。また何より重要なことに、１９６１年にペンコフスキーが提供した手がかりのおかげで、のちにホワイトハウスはソ連指導者フルシチョフの戦術によって核ミサイルがキューバに配置されることを察知した。一説には、その警告があったおかげでジョン・Ｆ・ケネディ大統領はフルシチョフと対峙《たいじ》でき、核兵器が使用可能になるわずか数日前にそれを撤去させる交渉を開始できたと言われている。[11]

そのほぼ直後に、ペンコフスキーの裏切りがソ連情報機関に知られた。彼は逮捕され、繰り返し尋問を受けたのちに処刑される。どのような経緯で裏切りがばれたのか、正確にはわからない。[12]

ペンコフスキーは、ソ連軍の内部事情とフルシチョフの戦略的思考について前例のない知識を西側に提供した。また意図せずして、トップクラスのＧＲＵ士官の冷淡かつきわめて攻撃的な思考様式についても西側の管理者たちに新たな印象を与えた。

ペンコフスキーがその強い印象を周囲に与えたのは、ロンドンのホテルでＣＩＡとイギリスＭＩ６の職員とはじめて会ったときのことである。面談の合間にサンドイッチを食べてドイツの辛口白ワインを飲んだあと、ペンコフスキーはみずから話を切りだした。ＴＮＴ換算で２０００トンの小型核兵器をモスクワのソ連軍、共産党、ＫＧＢの本部に仕掛けるチームを率いる用意があり、イギリスあるいはアメリカの指示によってそれらの建物をすべて爆破し、ソ連政府の幹部を全員殺害するというのだ。[13]

ペンコフスキーは顔色ひとつ変えず、ソ連の全主要都市で同様のターゲットと、核兵器を隠せる周囲の居住用・商業用の建物を見つける手助けもできると説明した。爆破とその後の放射性降下物による何千もの一般市民の死者については何もふれなかった。

西側の質問者は啞然《あぜん》とした。面談の筆記録によると、ペンコフスキーの提案は無視して引きつづきソビエトの戦力について尋ねたらしい。しかしソ連軍諜報部の歴史を振り返ると、この提案はペンコフスキーのキャリアのなかで最も多くを物語る瞬間だったのかもしれない。そこには大量破壊兵器の新発明品とそれを使用する意思について、ＧＲＵ士官の考えを垣間《かいま》見《み》ることができる。

元スパイの作家レズンが明かすＧＲＵの内情

西側情報機関の窓がない奥の部屋でＧＲＵの最大の情報源になっていたのがポポフとペンコフスキーなら、同じ役割を西側の大衆に向けて果たしていたのが、ＧＲＵの最も多作な語り手ウラジーミル・レズンである。

１９７８年、レズンはＧＲＵの大尉の立場を捨ててウィーンのイギリス大使館にメモを手渡し、最終的にロンドンへ向かった。のちに本人が説明するように、レズンはＧＲＵの友人を裏切るよう命じられ、そうした決断を強いたソビエト体制を許せなかったのだ。[14] 新しい人生では非常に多作な作家になり、ソ連情報機関での経験を暴露する——ただし、ほんとうに価値ある秘密は省かれたり濁されたりしていて、ほかの詳細も捏造《ねつぞう》されたり誇張されたりしていると一部の諜報専門家は警告している。[15] ヴィクトル・スヴォーロフという筆名で書かれたひときわ暴露的な本に、『ＧＲＵ——ソ連軍情報本部の内幕』（オレグ・ペンコフスキーに捧《ささ》げられている）と回想録『死の網からの脱出——ソ連ＧＲＵ将校亡命記』（*Inside the Aquarium*）がある。英語タイトルの水族館（Aquarium）とはモスクワのホディンカ飛行場にあった9階建てのガラス張りの建物のことで、かつてＧＲＵ本部として使われていた。[16]

　これらの本でレズンは、戦車部隊長としての下級の地位から抜擢《ばってき》されてＧＲＵの訓練を受けた個人的な経験を語っている。１週間にわたり、ときには食事も水もなしで１日17時間かけて何千もの問題に答えた選抜試験のことや、ほかの諜報員を支える下級の〝ボルゾイ〟から独自の情報提供者を取り仕切る熟練スパイ〝ヴァイキング〟へと出世していった経緯を説明する。[17] さらにレズンは、情報提供者となる西側の民間人を集めたり、ほかの諜報員が情報を隠したり受けとったりできる秘密の場所〝デッド・ドロップ〟を探したりする日々の仕事についてもくわしく記している。デッド・ドロップは、地下や水中に隠された空間だったり、橋脚についているリベットなどありふれた小物に見せかけた偽物だったりする。[18]

レズンによると、技術関連の展示会やカンファレンスは産業スパイとなる人材を見つける絶好の場と考えられていて、GRUの諜報員が詰めかけていた。[19] 宇宙もまたGRUの勢力範囲だった。ソ連の全人工衛星の3分の1はGRUが使用していて、「圧倒的多数」の宇宙飛行士がおよそ半分の時間をGRUのスパイ任務に割いていたという。[20] レズン自身は、ヨーロッパのホテルをいくつも買いとってGRUが完全に管理し、山で休暇を過ごす西側の当局者たちを引きつけて情報提供者の候補にするというアイディアを考え出した。[21]

　GRUについてのレズンの説明はスパイ活動にとどまらない。破壊活動、暗殺、テロを専門とする「スペツナズ」という同局の特殊部隊にも多少の紙幅を割いている。ソ連軍の50ほどある諜報部のひとつひとつに、そうした下位集団があったという。「一スペツナッツは百十五名の破壊工作要員と殺し屋を抱え、敵地に侵入して暗殺や誘拐を行い、橋、発電所、ダム、水道管等々の破壊をする[22]」

　また、これらの特殊部隊が偽装用の靴底がついた牛革の「ジャンプブーツ」を履き、敵陣の背後にパラシュートで降下する様子も描いている。靴底の模様は変えることができ、任務によって敵や他国の靴に見せかけられるようになっていた。かかとが前、爪先が後ろの足跡がつくブーツを履いて反対方向へ移動しているように見せかけ、ひとりひとりがほかのメンバーの足跡を踏んで人数がわからないようにしたこともあるという。[23]

スペツナズの活動についてレズンが語るさらにセンセーショナルな詳細のなかには、共産主義への恐怖心を煽《あお》るフィクションと事実の境界線が曖昧《あいまい》に思えるものもある。レズンは、接近戦での戦闘技術を磨くために兵士たちが〝あやつり人形〟――死を宿命づけられて捨て鉢になったソ連の囚人――と戦う様子を描く（この記述については異論もあるが、アムネスティ・インターナショナルの１９９６年の報告書によると、スペツナズは訓練で実際に囚人を使う権限を与えられていて、その過程で多くの囚人が拷問を受けたり虐待されたりしたという）[24]。『スペツナズ』（未邦訳）という正確さが疑われる別の本で、レズンはさらに踏みこんだ説明をする。その本の主張では、プラスチック爆弾、地雷、その他、通常の破壊活動の道具に加え、特殊部隊には生物兵器とＴＮＴ換算でおよそ２０００トンの威力がある小型核兵器もあったという[25]。オレグ・ペンコフスキーがモスクワ中心部に仕掛けられると言った原子爆弾と同じ規模である。

アメリカ国内での破壊計画？

大量破壊兵器についてのレズンの説明は眉唾《まゆつば》ものかもしれないが、10年後に別のＧＲＵ離反者が同じことをさらに衝撃的な形で語っている。ＧＲＵの大佐スタニスラフ・ルネフは１９９２年にアメリカへ亡命し、『敵の目を通して』（未邦訳）という暴露的な回想録を書く。

ソ連崩壊後のロシア政府の腐敗に嫌気がさしたルネフは、この薄い本でＧＲＵの大量破壊計画についてのレズンの主張を支持し、ソ連崩壊後、ロシアとＧＲＵはそれをさらに推進する一方だとも論じている。

ルネフの本は、実はＧＲＵの諜報員がスーツケース・サイズの核兵器をすでにアメリカ国内に仕掛けていて、戦争が起こったらそれを爆発させられると述べている。さらに不たしかな情報だが、ロシア軍の工作員は薬品と生物兵器によってアメリカの都市の水道に毒を盛ることもできるとルネフは主張する。「考えられる標的のひとつがポトマック川であり、ワシントンＤＣの住民が攻撃目標になる。少量の生物兵器によって感染症の小規模な流行が起こる。大量に使用されれば、想像を絶する破壊的影響が生じかねない[26]」

スーツケース爆弾についての議会公聴会のあと、２００１年にＦＢＩはルネフが脅威を誇張していたと下院議員カート・ウェルドンに説明し、核兵器をめぐる主張は一部否定された[27]。しかしほかのソ連離反者たちは、ルネフの説明とおおむね一致する小型戦術核兵器をソ連が実際に製造していたことと、全面戦争が起こったらアメリカで生物兵器を使用する計画がロシアに引きつづき存在したことを認めている[28]。

大規模破壊工作の準備をめぐるルネフのさらに大きな主張については、レズンの主張の多くと同じく正しいともまちがいとも証明できないのかもしれない。そもそもＧＲＵは最初から秘密裏に活動するよう計画されている。しかしルネフの本には、ＧＲＵの破壊活動家の思考がひときわはっきりと示されているくだりがあり、それは20年後にインターネット経由で敵の市民社会のあらゆるレベルに同様の攻撃を仕掛ける者たちの思考も示している。「スペツナズがアメリカに侵入しても驚かない」とルネフは書く。

それは単純に正しい軍事戦略である。戦争は戦争だ。これは単純なことのように思われるが、アメリカ人の多くは紳士協定があってしかるべきと思っていて、戦争は兵士が遠くの戦場でおこなうものだと思っているようである。戦争はきれいであるべきとアメリカ人は考えている。１３０年前の南北戦争以来、本土で戦争は起こっていないし、南北戦争のときもそれを経験したのは南東部だけだからだ。ロシアは数百年にわたって世界征服をめざすあらゆる勢力に侵攻されてきた。戦争によって何百万ものロシア人が国内で死んだ。この気持ちをアメリカ人は知らない。敵を降伏させる唯一の手段は、戦争を敵国民のもとへもたらすことである。[29]

ＧＲＵからの警告

いまのＧＲＵにはレズンもルネフもいない。職位の高いＧＲＵ離反者として公に知られている最後の人物は、落下傘兵から大佐になり、１９９６年にイギリスＭＩ６に内通しはじめたセルゲイ・スクリパリである。彼はイタリア、マルタ、ポルトガル、トルコでイギリスの管理者とひそかに会い、あるときには目に見えないインクで小説の余白に書きこみをして、それを妻に委《ゆだ》ねスペインで諜報員に手渡した。作戦上の詳細はほとんど知らなかったが、イギリスの情報機関にＧＲＵの組織構造を説明し、数百人のＧＲＵ諜報員の名前を伝えたという。おおかたの考えでは、彼はロシアへの愛国心を保っていた。同僚を裏切ったのは単に金のためである。[30]

２００４年、スクリパリはＫＧＢの後継組織で国内問題を担当する連邦保安局（ＦＳＢ）に逮捕された。刑務所で６年間過ごしたあと、国際的なスパイ交換の一環として釈放される。ＢＢＣによるのちの報道によると、それ以降も長年、西側の情報機関へひそかに情報の提供をつづけていたという。[31]

その後、２０１８年3月はじめにスクリパリと33歳の娘ユリアが、ロンドンから南西へ１３０キロほどの街ソールズベリーのベンチで発見される。スクリパリは亡命後そこへ移り住んでいた。ふたりはいずれも半ば意識がなく、痙攣《けいれん》しながら口から泡を吹いていて、息も絶え絶えだった。[32]

事件後数カ月の時点で、ＧＲＵの諜報員ふたりがソールズベリーを訪れていたことが判明した。麻痺《まひ》と呼吸困難を引き起こすノビチョクという致死性の神経剤を使い、スクリパリ親子を殺害しようとしたのである。このきわめて強力な毒物がスクリパリの自宅玄関ドアに吹きつけられていて、親子が訪れたふたつのレストランでも微量の毒が検出された。

ユリアとセルゲイはいずれも近くの病院に入院し、かろうじて死を免れて数カ月後に回復した。* しかしスクリパリだけでなく、現代ロシアの軍情報機関について回想録を書きたいと思っているすべての者へメッセージは送られた。秘密を漏らしたらこうなるのだと。

スクリパリ親子の毒殺未遂が報じられたとき、わたしは昔のＧＲＵ離反者による大量の伝記と自伝を読み終えようとしていて、ＧＲＵの歴史を過去から現在へとたどっていた。しかしスクリパリの事件によってはっきりわかった。いまこの組織についてさらに知ろうと思ったら、暴露本に頼ることはできない。わずかに垣間見える真実と手がかりをつなぎ合わせ、暗闇のなかでみずから道を見つける必要がある。

*不幸にも、数カ月後にふたりのイギリス人がスクリパリ親子と同じ症状で入院した。ふたりは、スクリパリの暗殺を企てた者が捨てたノビチョク神経剤の瓶を拾ったようだ。そのうちのひとり、44歳のドーン・スタージェスは9日後に死亡した。[33]

29　情報敵対

出遅れたGRU

敵陣のはるか後方でのインフラ破壊、戦術核兵器、化学兵器について、離反者たちはさまざまな恐ろしい話を伝えるが、インターネットが新しい非通常兵器を送りこむ手段になるという考えにGRUがたどり着いたのは遅かったようだ。わたしが見つけた貴重な情報提供者で、ロシア情報機関の消息通と最近実際に話したという人物によると、Moonlight Maze からエストニアのウェブへの猛攻撃まで、ロシアの最初期の素朴なサイバー戦争実験にも基本的なサイバースパイ活動にもGRUが関与していた形跡はあまりないという。

クリフォード・ストール『カッコウはコンピュータに卵を産む』で語られているように、そもそも1980年代に西ドイツのフリーランス・ハッカーを雇って国家が主導するハッキング手法を開発させたのは、GRUではなくKGBだった。ロシアの情報機関を長年調査してきた数少ないロシア人ジャーナリストおよび作家のひとり、アンドレイ・ソルダトフの話によると、1990年代ロシアのサイバースパイ活動では、クレムリンのハッキングとサイバーセキュリティはFAPSI――連邦政府通信・情報局（Federal Agency of Government

Communications and Information）――という機関が一手に担っていて、ロシアでは同局がＮＳＡに相当する役割を果たしていた。

２００３年、ＦＡＰＳＩはさまざまな関連情報機関に吸収され、重要な役割のほとんどは、ＫＧＢ解体後の残り物からつくられた機関のひとつであるＦＳＢに移譲された。ソルダトフの説明によると、その結果、ＦＳＢは２０００年代終わりまでロシアが国として主導するハッキングのほとんどを引き継ぐことになったという。「ＦＡＰＳＩがＦＳＢと合併して、それを担当することになったわけです」ロシア大統領のひときわあけすけな批判者を集めてニューヨークで開かれた会議、《プーチンコン》に登壇する前の彼にホテルのバーで話を聞くと、そう教えてくれた。「あらゆるレベルでＦＡＰＳＩがルールを決めていました」このヒエラルキーによって、エストニアとジョージアでロシアの未熟なサイバー戦争がつづくあいだＧＲＵはＦＳＢの後塵《こうじん》を拝し、デジタル攻撃作戦という刺激的な新領域ではなく軍を直接支える従来型の諜報活動に甘んじていた。*

ジョージア紛争での失態が転機に

しかし２００８年のジョージアでの紛争がＧＲＵにとって転機となる。クレムリンの目から見ると、それはＧＲＵの許しがたい無能の証《あかし》と思われた。ロシアはジョージアでの紛争で優位に立っていて、ＧＲＵのスペツナズがそこで活躍していることはだれもが認めていたが、同局のまずい諜報活動のせいで、すでに放棄された仮設滑走路を爆破するなどの失態を招いていた。ＧＲＵのスパイはジョージアが対空ミサイルを持っているのを見逃していて、ロシア空軍の作戦が脅かされた。[2] ジョージアの通信を傍受する試みは失敗に終わる。[3] ＧＲＵはスペツナズ流の急襲にとらわれすぎていて、もっと繊細なスパイ活動や影響力作戦にじゅうぶん目を向けていないとモスクワは考えるようになった。[4]

その結果、さまざまな部局が互いに陰で中傷し合うロシアの陰険な環境のなかでＧＲＵは職務を奪われ屈辱を受けた。当時のロシア大統領ドミートリー・メドヴェージェフは諜報任務の多くをＦＳＢと国外情報機関のＳＶＲへ引き渡す。１０００人のＧＲＵ職員が解雇されたり転任させられたりして、スペツナズもほぼ全員が軍の統制下にある別の組織に異動した。

クレムリンは官僚機構のなかでＧＲＵを降格させることを検討し、同局はメドヴェージェフ大統領および全実権を握るプーチンとの直接のつながりを奪われそうになった（ＧＲＵは「Ｇ」をはずされて「情報総局」ではなくただの「情報局（ＲＵ）」になる危機にまでさらされた。実際にはなぜか「総局（ＧＵ）」と改名されたが、西側のたいていの人は引きつづきＧＲＵというよく知られた名で呼んでいる）。[5] 同局の紋章まで、恐ろしげな黒いコウモリが地球に羽をひろげているものから、さほど恐ろしさを感じさせない花の図柄に変えられた。

「わたしに言わせれば、これもある種の侮辱です」とソルダトフは言う。

　しかしかつてのＦＡＰＳＩとは異なり、ＧＲＵは解体されなかった。その後の改革と変化の時代に現在のＧＲＵが誕生する。

GRUの再生

　この復活の背景となった組織間の対立については、そのほとんどが外部の人間には完全に隠されたままである。「敷物の下で喧嘩《けんか》するブルドッグを見ているようなものです」イギリスのシンクタンク王立国際問題研究所《チャタム・ハウス》のロシア専門家で英国防大学の元コンサルタント、キア・ジャイルズは言う。「どこが勝つか、結果が出るのをただ待つしかありません」

　ＧＲＵの改革は、その後数年のあいだにあったふたつの人事異動から恩恵を得た。ひとつが局長ワレンチン・コラベリニコフの解任である。コラベリニコフは「モスクワの宮廷政治でうまく立ちまわるよりチェチェンでスペツナズの暗殺チームに同行しているほうが向いているような」人物だとマーク・ガレオッティが《フォーリン・ポリシー》誌に書いている。[6]結局、コラベリニコフは２０１１年にイゴール・セルグンに取って代わられた。[7]セルグンはプーチンとより親密な関係にあり、クレムリンの危うい迷路のなかではるかにうまく立ちまわる才能があった。その後の２０１２年には、ＧＲＵがロシア軍の先鋒《せんぽう》の役割をふたたび果たすことを支持するセルゲイ・ショイグが国防相に就任する。

一方、ＧＲＵはひそかに再編をはじめ、ロシア政府で――あるいはおそらく世界で――いちばん攻撃的なハッキング機関に姿を変えていった。「ＧＲＵは低迷していて、降格を避けようと必死でした」とガレオッティは言う。イギリス外務省の職員としてキャリアをはじめて以来、ロシア情報機関の消息通から30年にわたって話を聞いてきたガレオッティは、現代のＧＲＵについておそらくほかのどのアナリストよりも多くの記録を公文書に残してきた。「２００８年から14年にかけて、ＧＲＵはみずからの役割と価値をクレムリンにあらためて証明しようとしていました。その手段のひとつが、インターネットに本気で取り組むことだったわけです」

再編をめざすなかで、ジョージアでのサイバー戦争がＧＲＵの大まかなモデルになったとガレオッティは言う。「そのときＧＲＵは〝なるほど〟と気づいたのです。ウェブサイトを破壊したり書き換えたりといった単純なことで、戦争に貢献できるのだと」（２０１０年、Stuxnet によってはるかに強力なサイバー戦争のモデルが示されるが、ＧＲＵの技術力はしばらくそれに及ばなかったようだ）

わたしが話を聞いた相手はみな、ＧＲＵの変身をめぐる局内のくわしい事情は知らなかった。しかしこうした変化のタイミングは偶然とは思えない。その時期は、サンドワームの最初の攻撃をアイサイトのジョン・ハルトキストらが発見した２００９年から、サンドワームが重要インフラに焦点を絞ったきわめて危険な組織として姿を現す２０１４年までの期間とおおむね一致する。

２０１４年にロシアがウクライナへ侵攻したときには、ＧＲＵの復活は明らかだった。クリミア占領は、おもにＧＲＵの諜報活動に基づく計画によって実行された。ウクライナ東部の親ロシアの分離派を煽動《せんどう》し武装させた「緑の男たち」の侵攻を主導したのもＧＲＵである。[†9]また世界が知らないうちに、ＧＲＵはすでにインターネット史上類を見ないサイバー戦争の土台をひっそりと築いていた。

１００年の歴史があり、姿を新たにしたＧＲＵは、「ロシアがこれからの戦争をどう戦うつもりか世界に示した。秘密行動、否認、転覆、精度の高い暴力である」と同年7月にガレオッティは書いている。「ＧＲＵが新たな戦略方針とともに世界の秘密工作ゲームにもどってきたことは、西側にとってこれから大きな課題となるだろう[10]」

ゲラシモフ・ドクトリンと〝情報戦争〟

とはいえ、この歴史はわたしの根本的な疑問に何も答えてくれなかった。サンドワームは何を考えていたのか。兵士と民間人を区別せず歯止めがきかないサイバー戦争の動機になっているのは、いったい何なのか。

最近の別の文書を読むと、ロシア軍の思考と、軍民の区別についてのロシア軍の認識が垣間見えるように思えた。２０１３年、ロシア語の雑誌《軍事産業クーリエ》（*Voenno-Promyshlennyi Kur'er*）に２０００語の論文が発表された。「予測における科学の価値」というあきれるほど味気ないタイトルで、ロシア軍の参謀総長ワレリー・ゲラシモフ大将のスピーチをもとにした文章である。[11] この論文は西側ではほとんどだれも目に留めなかったが、１年後にマーク・ガレオッティが翻訳してブログで公開した。[12]

「21世紀にわれわれは、戦争と平和の境界線が曖昧になる傾向を目にしてきた」と論文ははじまる。「戦争はもはや宣言されずにはじまり、なじみのない雛形《ひながた》に沿って進行する」

> 新しい情報技術によって、さまざまな部隊と司令機関のあいだの空間、時間、情報のギャップを格段に埋められるようになった。戦略および作戦レベルで部隊を大規模に展開し、前線で戦闘をするのは、徐々に過去のやり方になりつつある。敵に対する長距離かつ非接触の行動が、戦闘上および作戦上の目標を達成するおもな手段になっている。敵の目的は、敵の領土内のあらゆる場所でくじかれる。

論文に掲載された図には、戦争の「新しい形態と方法」が箇条書きで簡潔に記されている。たとえばつぎのようなものである。

・「短期間で軍および民間のきわめて重要な施設を破壊し、国家の軍事的・経済的な潜勢力を低下させる」
・「あらゆる物理的環境および情報空間で同時に戦争をおこなう」
・「非対称的および間接的な作戦を用いる」

新形態の戦争の典型例として、ゲラシモフは北アフリカ各地で起こったアラブの春の革命をあげ、国外の政治的要因によって体制が弱体化あるいは崩壊しうることがそこに示されていると論じる。この部分の分析はいかがわしい陰謀説を反映している。チュニジア、エジプト、リビアでの反乱はすべてなんらかの形で欧米政府がひそかに煽動したという説であり、クレムリンの内部では広くそう考えられていたのにちがいない。

しかしゲラシモフ論文の解説にガレオッティが書くように、アラブの春のたとえは、ロシア自身が敵を弱体化あるいは崩壊させられると語るための口実にすぎないと思われる。ゲラシモフの主張によるとその手段は、敵社会の安定を支えるものへの非対称的で目立たない非従来型の攻撃であり、多くの場合それは「情報敵対（informatsionnoye protivoborstvo）」と彼が呼ぶものによって実行される。

２０１４年7月、「〝ゲラシモフ・ドクトリン〟とロシアの非線形戦争」と題してゲラシモフのスピーチについて見解を発表したとき、ガレオッティは、ウクライナ侵攻の最初期にロシアがすでに使っていた戦略があらかじめそこで説明されていたのに気づいた。サイバー戦争の兆候が明るみに出る前から、ロシアは平服の兵士たちにひそかに国境を越えさせ、ウクライナのメディアに偽情報を大量に送りこんで不安定な国内状況につけこんでいたのである。

しかしその2年後、ＧＲＵがアメリカ大統領選挙に干渉していたことがわかると、ゲラシモフが論じるアイディアのさらに大々的で狡猾《こうかつ》な例がすでに実行されていることが突如として示された。２０１６年終わりから17年にかけて選挙関連のロシアのハッキングをめぐる騒ぎが大きくなるなか、ゲラシモフ・ドクトリンはロシアの戦争の全貌《ぜんぼう》を理解する鍵《かぎ》として欧米の主流メディアでも採りあげられるようになる。各方面で繰り返し言及されたので、ガレオッティ自身そこから一歩退いてつぎのように指摘する必要を感じた。従来の戦線を越えてひろがるハイブリッド戦の遂行を提案したのはゲラシモフが最初ではない――5年前のジョージア紛争もその明らかな一例だった。そもそも「ゲラシモフ・ドクトリン」は正式な原則でも包括的な原則でもなく、ロシア軍の考えの変化をわずかに覗《のぞ》き見たものにすぎない。

しかしサンドワームがロシア軍と直接結びつけられたあとの２０１８年はじめ、わたしはゲラシモフの考えによってサンドワームの行動も理解できると思わずにいられなかった。ゲラシモフが示唆する「情報敵対」は、偽情報やプロパガンダにかならずしも限定されない。実際、ロシア語の一般的な語彙《ごい》では、ハッキングによって破壊的あるいは物理的な影響を生じさせる「サイバー戦争」と「情報戦」の区別はないとガレオッティもジャイルズも強調していた。どちらも「情報戦争（informatsionnaya voyna）」ということばでくくられるという。「だれかの心を変えることも現実の世界に影響を与えることも、どちらも同じです」とジャイルズは語る。

「敵の領土内のあらゆる場所」で、敵の標的に対して「長距離かつ非接触の行動」を仕掛けるというゲラシモフの説明は、停電から NotPetya までサンドワームの手口と完璧《かんぺき》に一致する。サンドワームはロシア軍のはみ出し者やならず者ではない。その最高幹部たちの戦略を直接表現したものだったのだ。

GRU局員の精神構造

ＧＲＵとロシア軍の思考のあやふやな輪郭を幹部レベルから読み取るのが困難だとしたら、一般局員の心のなかを理解するのはさらにむずかしい。平均的なＧＲＵハッカーの心理の特徴をガレオッティとソルダトフに尋ねると、最初に返ってきた答えはシンプルだった。命令への服従である。

ガレオッティが説明するように、ＦＳＢは職員のハッカーとサイバー犯罪者（多くの場合、刑務所行きを避けるために協力を強いられた者）をともに使うことで知られていた。しかし２００８年にＧＲＵが独自のハッキング組織をつくりはじめたときには、そのような方法はとらず、兵士と同じように18歳あるいは19歳のハッカーを採用して訓練するという、はるかに時間はかかるが堅実なプロセスを用いた。

つまり最も単純なレベルでは、ＧＲＵのハッカーは制服を着てＧＲＵの建物で働いている可能性が高いことになる。しかし兵士としての精神構造を持っているため、ＧＲＵのハッカーはリスクが高い作戦やきわめて破壊的な作戦でも実行をためらわないという。同局にはマッチョで軍隊的な文化があり、ときには短絡的なまでに危険を冒すことが評価される。「慎重であることよりも、うまくいかなくても何かに挑戦したことを理由に昇進する可能性のほうが高い」とガレオッティは教えてくれた。「攻撃的で有能であることを示せば、上司は微笑むわけです」

何年も前にスペツナズの多くがＧＲＵの管轄下を離れていたが、同局はいまでも特殊作戦に従事する殺人者と破壊工作者の拠点であり、その精神は局の全体に浸透しているとガレオッティは念を押す。「国防担当大使館員と、敵陣の背後にまわって橋を爆破したり人を殺したりする工作員が同じ組織にいるんです。場合によっては同じ人だったりします。少なくとも仲間意識は感じていますね」

ロシア専門家たちの話を聞くと、GRU一般局員の精神構造の多くはゲラシモフのシニシズム、つまり欧米がアラブの春を引き起こしたという彼の考えにつながったのと同じ陰謀論的な思考とも一致していると思われた。多くのロシア兵の考えでは、ウクライナの主権は欧米による完全な創作であり、近年の革命もまたアメリカが誘発したクーデターにすぎない。ウクライナという偽国家を攻撃するのは、上司を喜ばせるのに都合のいい仕事であるだけでなく、宣戦布告なしで進行している欧米との第2の冷戦における愛国的な義務でもある。

しかし、このステレオタイプ的なGRUハッカーの人物像は、全員にあてはまるとはとても思えないとソルダトフは警告する。ガレオッティの説明とは異なり、実は選択の余地なく協力を強いられた民間部門の請負業者やフリーランサーもなかにはいるという。

GRUの影響下にいるこうした二次的な関係者の個人的動機はまた異なる。研究者や開発者として、また現役のハッカーとしても協力を拒めば会社やキャリアを破壊されかねず、さらに深刻な結果を招くおそれもある。「みんないろいろなもので恐怖心を隠すんです。愛国主義やシニシズムで」とソルダトフは語る。「でも話してみると、恐怖心が大きな位置を占めているのがわかります。表面を引っかいてみたら、その下には恐怖心があるんです」

＊ジョージアへのサイバー攻撃にＧＲＵが関与していたことを示唆する手がかりがひとつある。ハクティビストを集めて準備を整えさせ、攻撃に参加させるためのウェブサイトと思われる StopGeorgia.ru はステディホストという企業が管理していて、同社の本部はモスクワのＧＲＵ研究所として知られる場所の隣にある。[1]

† ２０１８年春、調査報道機関《ベリングキャット》およびロシアのニュースサイト《インサイダー》が、２９８人の民間人が死亡したマレーシア航空ＭＨ17便撃墜事件の犯人としてもふたりのＧＲＵ職員の名をあげる。その後の数カ月で両サイトは、セルゲイ・スクリパリ殺害未遂事件の実行犯としてもＧＲＵ職員３人の名をあげた。[8]

30　ペナルティ

アメリカがようやくロシアを非難する

２０１８年２月のある午後、トランプ政権が単刀直入でごく短い声明を出した。

２０１７年６月、ロシア軍が史上最も破壊的で大きな損失を出したサイバー攻撃をおこなった。

> 「NotPetya」と呼ばれるこの攻撃はたちまち世界じゅうにひろがり、ヨーロッパ、アジア、南北アメリカ大陸で数十億ドルの被害を生んだ。これはウクライナの安定を揺るがそうとしているクレムリンによる取り組みの一部であり、現在進行中の紛争にロシアが関与していることをこれまでになく明確に示している。またこれは無謀で見境のないサイバー攻撃であり、国際社会はしかるべく反応するだろう。[1]

ホワイトハウスのウェブサイトに掲載されたわずか４文のこの声明で、アメリカ政府はウクライナにおけるロシアのサイバー戦争をようやく公に認めた。攻撃開始から３年半近くが経ち、世界じゅうで猛威をふるってからほぼ８カ月が経過していた。

この発表がなされたのは、その日のなかでも遅かった。イギリスの情報機関ＧＣＨＱが、NotPetya はロシアのしわざだとする声明をホワイトハウスに先がけて午前中に出していたからだ。しかしアメリカの声明が午後遅くに出たあとは、カナダ、オーストラリア、ニュージーランドの情報機関もそれにつづいて事実を認めた。その日の夜の時点で、いわゆる〈ファイブアイズ〉――英語圏５カ国の情報機関によるゆるやかな同盟――のすべてが珍しく足並みをそろえて声明を出していて、NotPetya をロシアと結びつけて攻撃を非難し、調査結果に疑問の余地を残さないようにしていた。[2]

当然ながらクレムリンはこれを否定する。「そのような非難にわれわれは強く反発し、事実無根だと考える。これはロシアへの憎しみに基づいた、同じく事実無根の作戦の一環にほかならない」プーチンの報道官ドミトリー・ペスコフはモスクワで記者たちにそう語った。[3]

ホワイトハウスは公の場で証拠をあげてこの声明を裏づけることはしなかった。しかし対応を約束し、１カ月後にそれが実行される。アメリカ財務省が19名の個人と５つの組織への新たな制裁を発表したのだ。[4]しかし名指しされた個人のほとんどは、NotPetya とはなんの関係もないように思えた。あげられた人物はロシアのさまざまな不正行為に関与した者というくくりであり、やはりおおむね２０１６年選挙への干渉に目が向けられていた。そこにはインターネット・リサーチ・エージェンシーの職員十数人も含まれる。サンクトペテルブルクを本拠地にし、民間の作業員に金を払って、分断を煽るトランプ支持のコンテンツをソーシャルメディアへ大量に投稿させていた会社である。ほかにもその会社と結びついたコンサルタント企業やケータリング企業が制裁の対象になった。だが新たに、ＧＲＵとイーゴリ・コロボフ局長も同局の副局長３人とともに名指しされている。これらのＧＲＵ高官はすでにオバマによる先の制裁の対象になっていたが、このリストには以前は対象になっていなかった副局長ひとりとGRU訓練学校の校長が含まれていた。

たいていの制裁と同じで、罰は純粋に金銭面のものである。しかしそれでも対象者は個人的な影響を受ける。名前をあげられた者にとって、アメリカ企業すべてとの――またアメリカと友好関係を保ちたいほかの企業すべてとも――かかわりを断って生きるのは簡単ではない。戦略国際問題研究所のロシア専門家ジェームズ・ルイスは、当時わたしにこう語った。

「ウォール街である種ののけ者になります。たとえば、休暇でハンガリーを訪れてクレジットカードを使うとします。ロシアのクレジットカードなんてありますか？　アメリカ経済とのつながりを断たれると、世界じゅうで影響を受けるわけです」

ロシアのハッキングをひたすら否定したあと、遅まきながらトランプ政権は、エスカレートするクレムリンのデジタル攻撃はもはや無視できないと気づいたようだ。「信じがたいかもしれませんが、ロシアに対するホワイトハウスの態度はようやく硬化しているようです」とルイスは言う。

制裁が発表された日、トランプ政権の国土安全保障補佐官トム・ボサートは記者たちとの電話で、報復を最も必要としたのは NotPetya だとはっきり認めた。インターネット上での他国のふるまいについて、明示されたものでもされていないものでも、アメリカが想定する越えてはならない一線を越えていたという。「際限なくひろがる無謀なマルウェアはすべて、均衡性（訳注：均衡性原則は、受けた攻撃の次元に見合った自衛手段をとるという原則）と軍民の区別のあらゆる基準と想定に違反するとアメリカは考えます。真に責任ある国家は、こんなふるまいはしません」とボサートは電話で語った。「NotPetya のようなツールを無謀に用いてはならないということも、もうひとつの想定です。ヨーロッパだけでなくアメリカも含め、世界じゅうで１００億ドル以上の被害が出ています」

その日の制裁によって、アメリカ政府は越えてはならない一線がどこにあるかをはっきり示そうとしたとボサートは言う。「ルールを明確にしました。そのルールと結びついたペナルティをはっきり示すことにしたのです」

サンドワームとは別の集団？

ホワイトハウスがロシアを非難したことで、将来の本格的なサイバー戦争を防ぎたい者たちのあいだには楽観的な見方がひろがった。まったく咎《とが》めたてず、サンドワームの活動をかばっているかのように見えた長年の状態から抜け出して、史上最悪のサイバー攻撃にようやく多少なりとも対応したのだ。

しかしこの楽観は、同時に示された別の恐ろしい情報によって曇らされた。制裁と同じ日の発表で、ロシアのハッカーが２０１６年から広範囲にわたってアメリカの重要インフラを標的にしていたこともFBIと国土安全保障省が認めたのだ。[5] 狙われたのは水道会社や電力会社などで、なかには原子力発電所もあった。それに、２０１４年にサンドワームが最初にアメリカの公益事業へ侵入したときなど、それ以前の攻撃の前触れとは異なり、ハッカーは深くまではいりこんでいた。

いくつかのケースで――幸い核施設は含まれていなかった――侵入者は、公益事業の従来のITネットワークにとどまらず産業用制御システムまで侵入していた。一線は越えておらず、実際に機器を破壊してはいなかった。とはいえ機器をじゅうぶん制御できるようになっていて、望めば操作をはじめられる状態だった。数カ月後、国土安全保障長官のキルステン・ニールセンが、この作戦はどうやら偵察だったようだと説明する――「戦場の準備を整える」試みとニールセンが呼ぶものである。[6]

だれに聞いても、これはサンドワームとは異なるハッカーの仕事のようだった。セキュリティ研究者が知るかぎり、この新しい集団はサンドワーム独自のツール、技術、インフラをひとつも使っていなかった。その6カ月前、セキュリティ企業のシマンテックが報告書で攻撃のことをはじめてくわしく説明し、侵入はドラゴンフライ2・0と同社が呼ぶ集団によるものだとしていたが、ハッカーの拠点と考えられる国は名指ししていなかった。[7] しかしシマンテックは、公益事業のネットワークにこれほど深く侵入した証拠はそれ以前にはなかったと記している――ウクライナのふたつの停電を例外として。

「破壊をおこなう一歩手前にいるのと、実際に……発電機のスイッチを切ることができるのとはちがいます」シマンテックのセキュリティ分析員エリック・チェンは、当時わたしにそう語った。「いま話しているのは、アメリカでこうした事態が起こりかねないという技術的な証拠が現場にあるということです。世界のどこかにいるだれかの意思のほかに、その実行を妨げるものはありません」

２０１８年3月現在、アメリカ政府はだれもが疑っていたことを認めつつある。スイッチに指をかけていたのは、ハッカーを使って大胆にも一般市民への電力供給を止めさせた唯一の国、ロシアである。世界がサンドワームの脅威に気づきはじめるなか、この集団による社会の破壊工作実験は、ほかのロシア人ハッカーの作戦にまで――そして新たな被害者にまで――ひろがっていたようだ。

31　バッド・ラビット、オリンピック・デストロイヤー

これまでとはちがう不可解な攻撃、バッド・ラビット

NotPetya がロシア軍のしわざと認められたことで、サンドワームがＧＲＵの集団である

ことがこれまでになくはっきりと確認された。しかしその正体が明らかになりつつあるなか、２０１８年はじめまでの数カ月に起こったふたつの奇妙な出来事によって、状況が不透明になる。直観的には、どちらもそのハッカー集団がおこなってきた過去の破壊と結びつくように思われた。しかしいずれの出来事にもサンドワームの特徴からはずれた不可解な点があり、その行動を理解するためにわたしが用いようとしていた明快な思考モデルのどれにもあてはまらなかったのだ。

最初の出来事は NotPetya の一種の余波としてやってきた。２０１７年10月24日の早朝、イーセットのアントン・チェレパノフがヒューストンにある本社のいつもの部屋のいつもの席にすわっていると、またもや東欧の顧客たちからランサムウェア・メッセージのスクリーンショットが届きはじめた。今回はメッセージに「BAD RABBIT《バッド・ラビット》」という謎のことばが記されていて、その下にはファイルを復号するためにビットコインの支払いを要求するメッセージが表示されている。こんどもまたこのマルウェアはウクライナのネットワークを通じて急速にひろがっていた。すぐにオデーサの空港とキーウの地下鉄もやられ、公共交通システムではまたクレジットカード支払いができなくなった。

チェレパノフは、ある種のデジャヴュだったとそのときの気持ちを語る。４カ月前の NotPetya のときと同じように、イーセットのウイルス対策コレクションに加わったばかりのマルウェアのサンプルを見つけてコードの分析をはじめた。そしてすぐに、このマルウェアには前回と同じように Mimikatz と、感染をマシンからマシンへひろげるＮＳＡから漏出した技術が使われていることを突き止める。しかし意外なことに、そのマルウェアには NotPetya で使われていた EternalBlue のコードが含まれていなかった。使われていたのは、ＮＳＡから漏出したツールのひとつで旧バージョンのウィンドウズを狙う EternalRomance だけである。独自にコードされたメカニズムがそれに加えられていて、よく使われるパスワードをつぎつぎと入力し、ＮＳＡのハッキングツールが利用するのと同じウィンドウズのコンピュータ間コミュニケーション機能を経由して感染をひろげようとしていた。

さらに不可解だったのが、イーセットのウイルス対策ソフトを使う世界じゅうのパソコンから集まりだした統計データだ。今回のマルウェアに暗号化されたマシンは、わずか数百台だった——NotPetya の破壊的な影響と比べるとごくわずかである。そして何より不可解なことに、被害者の数が逆転していた。感染したパソコンの大多数はウクライナではなくロシアにあったのだ。イーセットが把握する被害コンピュータの少なくとも65パーセントがロシアのもので、ウクライナのものは12パーセントをわずかに上まわる程度だった。

イーセットとロシアのセキュリティ企業カスペルスキーのアナリストが Bad Rabbit マルウェア（とすぐに名づけられた）を分析したところ、これはいわゆる水飲み場型攻撃によってひろがったことがわかった。ウェブサイトをハッキングし、サイト訪問者に感染させる手口である。ハッカーはロシア、ウクライナ、ブルガリア、トルコの一連のニュースサイトへ侵入し、ランサムウェアが含まれたフラッシュのソフトウェア・アップデートのインストールを求めるコードをページに仕掛けていた。ウクライナに的を絞って NotPetya を感染させたバックドアと比べると、この手法は稚拙でずさんなように思われた。

とはいえ、NotPetya と同じハッカーが Bad Rabbit をリリースしたことに疑いの余地はなかった。セキュリティ企業クラウドストライクによると、少なくとも67パーセントのコードが重複していた。[1] それに Bad Rabbit の感染がひろがって数時間の時点で、カスペルスキーがさらに強力な証拠を明かしていた。少なくともひとつのケースで、NotPetya も水飲み場型攻撃によってひろがっていたのである。ウクライナのニュースサイト Bahmut.com.ua がハッキングされ、6月27日の攻撃の日に NotPetya をひろげていた。カスペルスキーのアナリストはその後、侵入を受けたこのウェブサイトをほかの30のサイトへの攻撃とも結びつけていて、その多くがこんどは Bad Rabbit を拡散させていた。NotPetya の立案者は、どうやら何カ月も前から Bad Rabbit によって追い打ちをかける準備を整えていたようだ。

なぜロシアのパソコンが攻撃されたのか

　だが、なぜなのか。２０１７年秋にサンドワームがロシア軍と正式に結びつけられる前の時点でも、あらゆる兆候からそのハッカーたちがクレムリンのために活動していることがうかがえた。ロシア政府のハッカーが何百台ものロシアのパソコンにわざとマルウェアを感染させた動機はいったい何か。

　この矛盾した情報に頭を悩ませるなかで、チェレパノフと上司のロバート・リポヴスキーは Bad Rabbit の攻撃に不審な点がひとつあるのに気づいた。このマルウェアが地下鉄や空港のネットワークなどウクライナのインフラにどのようにたどり着いたのか、正確にはわからなかったが、それらはかなり的を絞った攻撃のようだった。一方、ロシアのパソコンを襲った水飲み場型攻撃は、はるかにランダムな印象を与える。

「煙幕じゃないかと思いました」とリポヴスキーは語る。「感染させたい標的があった。そして目をそらさせるために、ほかのいろんなところにもマルウェアを解き放ったわけです」

　あくまで推測の域を出ず、Bad Rabbit はまだはっきり説明できないとリポヴスキーは念を押す。しかし彼の仮説では、この攻撃にはおそらくふたつの目標があった。ウクライナのインフラにさらなる一撃を加えた。また同時に、調査者に新たな混乱をもたらした。「状況をぼやかしているんです。狙われた国をもとに攻撃の出どころを特定できなくなりますから」

　単なる偽装のためにロシア国民のパソコンを無作為に破壊するほどＧＲＵは無情なのか。

それどころかつぎの作戦では、攪乱《かくらん》をひろげるためにはるかに踏みこんだ行動に出る意思があることが明らかになる。

平昌オリンピック開会式の悪夢

　２０１８年2月9日の午後8時前、韓国北東部の山岳地帯でオ・サンジンは、五角形の大きな平昌《ピョンチャン》オリンピックスタジアムのフロアから数十段目のプラスチックの椅子にすわっていた。氷点下に近い気温にもかかわらず、グレーと赤のオリンピック公式ジャケット姿だ。記者席の背後にある彼の席からは、１００メートルほど先にあるせりあがった円形ステージがよく見えた。２０１８年冬季オリンピックの開会式がはじまろうとしている。

　開会を待ちわびた3万５０００人の観衆がざわめいている。しかしオほど気持ちが昂《たか》ぶっていた者はほかにいない。47歳の公務員であるオは、3年以上にわたって平昌オリンピック組織委員会の技術責任者を務めていた。1万台のパソコン、2万５０００台近くのモバイル機器、６３００個の Wi-Fi ルータ、ソウルの2カ所のデータセンターにある３００台のサーバ、および委託先企業の施設にある１００台を超えるサーバからなるオリンピックのＩＴバックエンドの編成を監督するのがその仕事である。

　数分前に委託先企業のひとつから、なんらかの技術的な問題が発生していると連絡があった。その会社が起こす障害には以前から悩まされていたので、オは苛立《いらだ》ちを覚えた。自分たちが運営するイベントに世界じゅうの注目が集まるいま、あの会社はまだバグを修正しているのか？

しかしソウルのデータセンターから問題の報告はなく、パートナー企業のデータセンターの障害は解決できるとオのチームは考えていた。その障害のせいでスタジアムへの入場チケットを印刷できない出席者が出ていたが、オはまだそれに気づいていなかった。席に腰を落ち着け、キャリアのハイライトがはじまるのを目に焼きつけようとしていた。

午後8時を迎える10秒前、ステージのまわりに投影されたライトが数字をひとつひとつ刻み、開幕に向けて子供のコーラスが韓国語でカウントダウンをしていく。

「10《シップ》！」

「9《グー》！」

「8《パル》！」

「7《チル》！」

カウントダウンの最中に、オのサムスン・ギャラクシーノート8のスマートフォン画面が突然明るくなった。目をやると、韓国の人気メッセンジャーアプリ〈カカオトーク〉に部下からメッセージが届いていた。伝えられたのは、そのタイミングでオが受けとる知らせとしては、考えられるかぎりおそらく最悪のものである。ソウルのふたつのデータセンターのドメイン・コントローラの電源がことごとく落ちていくというのだ。

スタジアムのまわりに数千発の花火があがって、それを合図に開会式がはじまり、数十体の巨大あやつり人形と韓国人ダンサーがステージに登場する。オはどれも見ていなかった。ＩＴ機器類の電源がつぎつぎと落ちていくのを目のあたりにするスタッフに必死にメッセージを送っていたのだ。そしてすぐに気づいた。委託先企業からの報告はただの不具合ではなかった。いま展開されつつある攻撃の最初の兆候だったのだ。技術オペレーションセンターへ向かわなければならない。

オが記者席から出口へ向かうときには、Wi-Fiがいきなり使えなくなったと周囲の記者たちがすでに苦情を訴えはじめていた。スタジアムとほかの12カ所のオリンピック施設で開会式の様子を伝える数千台のインターネット接続テレビも画面が消えた。オリンピックの全関連施設の入口にあるＩＣタグ認証（ＲＦＩＤ）のセキュリティゲートもすべて作動しなくなる。データを供給するバックエンドサーバからの応答が突然なくなり、オリンピック公式アプリも使えなくなった。つまり、人数はわからないが、チケットをスマートフォンに読みこめずに開会式から締め出された観客がいることになる。

オは憤慨しつつもどこか現実離れした気分だった。平昌の組織委員会はこうした事態に備えていた。２０１５年以降、サイバーセキュリティ諮問グループは20回も会議を開いていた。前年6月の時点ですでに演習を実施し、サイバー攻撃、火事、地震といった災害をシミュレートしてもいる。それでもやはり、こうした悪夢のシナリオがいま現実に展開しているとは信じがたかった。「ほんとうに起こったんだ」すべて悪い夢だという考えを振り払うかのように、オは自分にそう言い聞かせた。

オリンピック史上最悪のIT危機

人ごみを抜けると、オはスタジアムの出口に向かって走った。冬の平昌の凍《い》てつく夜空のもとに出て、合流したふたりのＩＴスタッフとともに駐車場を突っ切る。ヒュンダイのＳＵＶへ飛び乗り、東へ向かって40分の道を走りはじめた。山岳地帯をくだり、オリンピックの技術オペレーションセンターがある港町、江陵《カンヌン》市へ向かう。

オは車からすぐにスタジアムのスタッフへ電話をかけ、Wi-Fiルータを記者に配り、ＲＦＩＤシステムがすべて停止しているのでマニュアル作業でバッジを確認するよう警備員に伝えろと指示した。しかしあと2時間少しで開会式は終わり、数万人のアスリート、ゲストの要人、観客が、Wi-Fiに接続できず、スケジュール、ホテルの情報、地図がはいったオリンピックのアプリが使えないのに気づくだろう。そうなると悲惨な混乱状態に陥る。それに翌朝までにサーバを復旧できなければ、食事からホテルの予約、チケットの発行まであらゆる機能を担う組織委員会のＩＴバックエンドはすべてオフラインのままになる。世界でもひときわインターネット接続が充実した国で、オリンピック史上これまでにない技術面の大失態をさらすことになるだろう。

開会式が半分ほど進んだ午後9時には、オは江陵市の技術オペレーションセンターに到着していた。そこは壁のひとつがスクリーンで覆われた広いオープンスペースで、スタッフ150人ぶんの机とパソコンがある。中にはいると、スタッフの多くはあちこちに集まり、この攻撃にいかに対処すべきか不安げに話し合っていた。スタッフ自身、メールやテキストメッセージなどの基本サービスの多くを使えなかった。

オリンピック関係者のドメイン・コントローラ（これが消されたことでマースクがほぼ機能停止に陥ったのと同じ中枢サーバ）はなぜか9台すべてが停止していた。スタッフは一時的な回避策によって対処することにし、Wi-Fiやオリンピックのアプリなどの重要サービスを支えるサーバのうち無事なものをすべて設定しなおし、停止したドメイン・コントローラを単純に迂回《うかい》して接続するようにした。そして開会式が終わるわずか数分前になんとかこれらのシステムをオンラインにもどした。

その後の2時間で、ドメイン・コントローラを再構築して長期的に使える安全なネットワークをつくりなおそうとしたが、サーバはなぜか繰り返し停止する。悪意ある何者かがネットワークに残っていて、再構築するよりもはやくサーバを破壊していた。

深夜0時を迎える数分前、オと部下の管理者たちは、内部にとどまっているにちがいない破壊工作者を締め出すため、やむなく全システムをインターネットから切断する決断をした。つまり、オリンピックの公式ウェブサイトも含め全サービスを停止し、ネットワークを内側から破壊しているマルウェア感染を一掃するということだ。

徹夜の復旧作業

その後、オとスタッフは朝まで必死に作業をしてオリンピックのＩＴインフラを再構築した。午前5時をまわったところで、組織委員会と協働していた韓国のセキュリティ企業アンラボがウイルス対策シグネチャ（訳注：シグネチャはマルウエアに含まれる痕跡のこと）の作成にようやく成功する。それを使うことでオのスタッフは、攻撃の根本にあった winlogon.exe という単純なファイル名をつけられた謎のマルウェアからネットワーク上の数千台のパソコンとサーバを守れるようになった。午前6時半、管理者は１２０人のスタッフのパスワードをリセットし、ハッカーが盗んだ可能性のあるアクセス手段を封じた。韓国時間の午前8時前、オリンピックへのサイバー攻撃がはじまったほぼ12時間後に、オと徹夜明けのスタッフはバックアップからサーバを再構築する作業を終えて、すべてのサービスを再開させた。

驚くべきことに緊急対応はうまくいった。その日のスノーボード、スキージャンプ、カーリングの試合は、Wi-Fi の一時的な障害が多少あったほかはつつがなく進んだ。数千人のアスリートと数百万人の観衆は、オリンピックのＩＴスタッフがその前夜にイベント全体を脅かすサイバー攻撃を撃退したばかりであることにはまったく気づかなかった。

それでもオは開会式の夜を思い出すといまも感情が昂ぶるという。「わたしにとってオリンピックは平和のイベントです。はっきりした目的もなくだれかがこのイベントをハッキングしたことには、いまでも怒りを覚えます」何カ月も経ってから、オはわたしにそう語った。「解決できなかったら、この平和の祭典にとって大きな汚点になっていたでしょう。こんなことが二度と起こらないようにする方法を国際社会が見つけてくれるのを願うばかりです」

32　偽旗

オリンピック攻撃の犯人はだれか

その後の数時間で、オリンピック開会式の最中にウェブサイト、Wi-Fi、アプリに障害が発生したのは不正行為のためだという噂がサイバーセキュリティ業界に漏れはじめた。間もなく平昌の組織委員会は実際にサイバー攻撃を受けたことを認める。しかし攻撃者についてはコメントを拒んだ。この事件は世界を舞台にしたハッカーの犯人捜しと化し、そこには被疑者がたくさんいた。

　韓国でのサイバー攻撃で通常疑われるのは、当然ながら北朝鮮である。１９４５年の分断後の内戦は正式に終結しておらず、隠者王国こと北朝鮮の手先として活動するハッカーは、ロシアがウクライナにしていたのと同じように長年、南の隣国をある意味でオンライン・サンドバッグにしていた。10年にわたって北朝鮮のハッカーは、露骨なジャンクトラフィックの波からデータを消去するマルウェアまで、ありとあらゆる手段で韓国のターゲットを攻撃していた――サンドワームのサイバー戦術ほど洗練されてはいなかったが、同じぐらい容赦のない一斉攻撃である。オリンピックを前に、朝鮮語話者のハッカーが平昌オリンピックの組織委員たちを狙ってフィッシングメールとスパイウェアらしきものを仕掛けたとサイバーセキュリティ企業マカフィーのアナリストが警告していた。電話で話を聞くと、このスパイ計画の背後には北朝鮮がいる可能性が高いとのことだった。[1]

　しかしいざオリンピックがはじまると、北朝鮮は友好的なアプローチを試しているかのように見受けられた。独裁者、金正恩は外交使節として妹を大会へ派遣し、韓国の文在寅《ムン・ジェイン》大統領を北朝鮮の首都である平壌《ピョンヤン》に招いた。[2] さらに両国は驚きの歩み寄りを見せ、友好の証として女子アイスホッケーの合同オリンピックチームまでつくる。[3] そうしたご機嫌とり作戦の真っ只中《ただなか》で、北朝鮮が破壊的なサイバー攻撃を仕掛ける理由があるだろうか。

そこでロシアが登場する。クレムリンには平昌を攻撃する動機があった。実際、同国のファンシー・ベアのハッカーは長年オリンピック関係の標的をハッキングしてデータを漏出させていた。反ドーピング調査によって、能力強化薬物の組織的使用のためにロシア人アスリートが処罰されたことへの報復である。２０１８年の冬季大会に先がけて国際オリンピック委員会は、ロシアを全面的に参加禁止にする最終的な措置をとっていた。ロシア人アスリートは出場できるが、ロシアの国旗やナショナルカラーを身につけることは認められず、メダルはすべて国ではなく個人のものになる。[4]

こうした侮辱をきっかけに、クレムリンは開会式を狙って破壊的なマルウェアを仕掛けたのかもしれない。ロシア政府がオリンピックを楽しめないのなら、だれも楽しむことはないのだと。

しかし、オリンピックのサーバへの攻撃によってロシアがメッセージを発信しようとしていたのだとしても、それは明確なメッセージではなかった。開会式の何日も前に、ロシアはオリンピックを狙ったハッキングをあらかじめ否定していた。「韓国での冬季オリンピック大会開催に関係する情報資源へのハッキング攻撃において、欧米メディアが〝ロシアによる関与の痕跡〟について偽の調査を企てているのはわかっている」とロシアの外相はロイターに語っていた。「もちろん世界に証拠は示されないだろう」[5]

実際には、ロシアの責任を漠然と示す証拠はたくさん示されることになる。しかし攻撃をめぐるデータ上の証拠分析は、地政学的な動機を解き明かすよりも複雑な作業になった。

ロシア？　北朝鮮？　中国？

開会式の3日後、シスコのセキュリティ部門タロスがオリンピックを狙ったマルウェアを入手し、Olympic Destroyer《オリンピック・デストロイヤー》 と名づけてそれを分析したと発表した。オリンピック組織委員会か、あるいは韓国のセキュリティ企業アンラボのだれかが VirusTotal にコードをアップロードして分析できるようにしていて、シスコのリバースエンジニアがそれを見つけたのだ。同社が発表した分析結果では、Olympic Destroyer は NotPetya および Bad Rabbit とおおむね似ていた。Mimikatz のようなパスワードを盗むツールがあり、やはりその盗まれたパスワードがウィンドウズにもとから備わる機能と組み合わされて、ネットワーク上のパソコンに感染がひろがる。そしてブート設定ファイルをマシンから削除してコンピュータの電源を落とし、二度と立ちあがらないようにしていた。

しかし Bad Rabbit とは異なり、NotPetya と Olympic Destroyer のあいだにはっきりと

一致するコードはないようだった。一見、同じような機能が含まれてはいたが、どうやらゼロからつくりなおされたか、ほかからコピーされたようだ。その後、セキュリティ企業クラウドストライクのアナリストがロシアのものと思われる別の証拠を見つける。オリンピックのマルウェアが使っていたプログラミング言語Ｃ＋＋のバージョンがサンドワームの XDataランサムウェアなどと一致していて、被害を受けたマシンから盗んだ認証情報《クレデンシャル》を扱うメカニズムも同じだったのだ。しかし、マルウェア・アナリストがさらにくわしく調べるうちに、手がかりは不可解になっていく。Olympic Destroyer のデータ消去部分のコードは、ロシアではなく北朝鮮のハッカー集団ラザルスが使っていた単純なコードと特徴が同じだった。[6] シスコの研究者がその部分の論理構造をふたつ並べて調べると、おおむね一致しているようだった。それにいずれも最初の１０００バイトだけを削除するという独特の方法でファイルを破壊していた。[7] 攻撃の背後にいたのは、やはり北朝鮮なのか。

　しかし矛盾した手がかりがさらにあった。セキュリティ企業インテザーによると、Olympic Destroyer のコードの Mimikatz に似た部分は、ＡＰＴ3として知られるハッカー集団が使うツールとまったく同じだったのだ。同社はまた、Olympic Destroyer が暗号化キーをつくるのに使う構成要素の起源を、さらに別の集団であるＡＰＴ10までたどった。[8] 同社のアナリストが知るかぎり、この暗号化要素はほかのどのハッキング集団も使っていなかった。APT3もAPT10も、中国政府とつながっている可能性が高いと複数のサイバーセキュリティ企業が指摘している。[9]

ロシア？　北朝鮮？　中国？　データの分析が進めば進むほど、決定的な結論から遠ざかっていくように思われた。

セキュリティの世界では、それ以前にも偽旗作戦がたくさんあった。国の支援を受けて主要な攻撃を手がけたハッカーたちは、ずっと前からほかのだれかのふりをしていて、その仮面はサイバー犯罪者からハクティビスト、他国の諜報員にいたるまでさまざまだった。しかし今回はこれまでとちがう。ひとつのソフトウェアにこれだけたくさんの偽装が詰めこまれているのは、だれも見たことがなかった。Olympic Destroyer のコードに分け入ること、それはまるで鏡の迷路に足を踏み入れるようなものであり、ひとつひとつの突きあたりで異なる偽旗作戦に出くわした。

偽旗作戦の証拠が見つかる

こうした混乱のもやが立ちこめるなか、《ワシントン・ポスト》紙のエレン・ナカシマへリークされた情報によって明確な見解が示される。ナカシマの記事の見出しにはこうあった。

「ロシアのスパイがオリンピックをハッキングし、北朝鮮のしわざに見せかけようとした。

アメリカ当局筋が語る」[10] ここで同紙は、NotPetya の犯人と同じＧＲＵの特殊技術センター（ＧＴｓＳＴ）が攻撃の背後にいたと主張する匿名のアメリカ情報関係者ふたりの発言を引用している。つまり Olympic Destroyer はサンドワームのしわざか、少なくとも同じ局の同僚のしわざということになりそうだ。

この記事には真実味があった。さまざまな仕掛けが施されていたとはいえ、Olympic Destroyer はサンドワームとＧＲＵが長年取り組んでいた無謀な破壊工作とまさに同種のものと感じられたからだ。しかしナカシマの記事では証拠があげられていない——少なくとも一般市民が裏をとれる証拠は何もなかった。クレムリンがオリンピックのハッキングを先制的に否定していたこともあわせて考えると、結果としてふたつの政府による矛盾した主張がある種の膠着《こうちゃく》状態に陥ったことになる。一方の政府のほうがもう一方よりもはるかに信用できるとはいえ、サイバーセキュリティ業界の疑い深い者たちのあいだで論争が解決したとはとても言えなかった。匿名の「アメリカ当局筋」が、Olympic Destroyer の幾層もの嘘に単にだまされたのではなく謎を解明したとなぜ確実に言えるのか。

すぐに意外な情報源から別の手がかりが浮上した。カスペルスキーである。シャドー・ブローカーズによるＮＳＡからの窃盗がカスペルスキーのソフトと結びつけられたあと、モスクワを本拠地とする同社をめぐる疑念は高まる一方だった。しかし２０１８年３月、同社は

Olympic Destroyer の泥沼に足を踏み入れ、ロシアに不利な主張を支える証拠を見つけ出す。

カスペルスキーが Olympic Destroyer のコピーを入手したのはオリンピック組織委員会からではなく、同じく攻撃を受けたスキーリゾートホテルからだった。ハッカーはオリンピック本体だけでなく関連ターゲットも幅広く狙っていたが、カスペルスキーが被害を確認できたのはスキーリゾートホテル2軒（および自動化されたスキー関連機器を扱う企業1社とフランスのITサービスプロバイダ、アトス）だけだった。カスペルスキーにマルウェアのサンプルを提供したホテルは深刻な被害を受け、自動のスキーゲートとリフトが一時使えなくなった。

カスペルスキーの韓国駐在スタッフが分析のためにマルウェアのサンプルをモスクワへ送り、同社のグローバル研究・分析チームが犯人の痕跡を調べはじめた。しかしシスコやインテザーなどほかの企業がすぐに取り組んだ方法とは異なり、同社ではマルウェアのコードに目を向けるのではなく「ヘッダ」を見た。これはファイルのメタデータの一部で、コードを書く際に使ったプログラミングツールについての手がかりが含まれている。そのヘッダを、同社の膨大なデータベースにあるマルウェアサンプルのヘッダと突き合わせたところ、Olympic Destroyer と同じ特徴があるとシスコのタロスがすでに指摘していた北朝鮮のデータ削除マルウェアと完璧に一致した。

しかしこのケースでは、イゴール・スーメンコフというカスペルスキーのベテラン研究員がさらに深く調査することにした。スーメンコフははるか昔ティーンエージャーのときにカスペルスキーの研究チームに採用された天才ハッカーで、ファイルヘッダについて独自の深い知識があり、同僚の発見を念のために確認することにしたのだ。その日の夜遅く、同社のモスクワ・オフィスでスーメンコフはヘッダのメタデータが Olympic Destroyer のコード本体のほかの手がかりと一致しないことを突き止めた。メタデータは捏造されていたのだ。[11]

これは研究者たちが注目していたほかのどの偽装の形跡とも異なる。Olympic Destroyer のほかの偽装がきわめて厄介だったのは、ひとつにはどの手がかりが本物でどれが偽物かわからなかったからだ。しかしいま Olympic Destroyer を包む偽旗作戦のひだの奥深くで、スーメンコフは偽旗だと証明できる手がかりをひとつ見つけたのである。

偽装にこめられたメッセージ

つぎのことが一点の曇りもなく明らかになった。何者かがこのマルウェアを北朝鮮のものに見せかけようとしたが、過ちをひとつ犯していて、スーメンコフが念入りに再確認したためにそれは失敗に終わった。「完全に立証できる偽旗です。１００パーセントの自信をもってこれは虚偽だと言えます。したがってラザルス・グループのしわざではありません」[12]のちに開かれたカスペルスキー・セキュリティアナリスト・サミットでの報告でスーメンコフは、各方面で北朝鮮の集団と思われているハッカーの名をあげてそう語った。とはいえ、厳密さを慎重に確保するためか、あるいはクレムリンからひそかに影響を受けているのか、カスペルスキーの研究者たちは、マルウェアの背後にだれがいたのか、公の場で見解を語るのを拒んでいる。

Olympic Destroyer がＧＲＵのしわざなら、タイミングは単なる偶然とは思えない。史上最大のサイバー攻撃についてロシア軍が公に非難され罰を受けようとしているまさにそのときに、サイバー攻撃の出どころを突き止めるセキュリティ研究者の基本能力に疑問を投げかけるようなマルウェアが都合よく登場したのである。「自分たちのミッションを達成すると同時に、セキュリティ業界へもメッセージを送ったわけです。安易に何かをだれかのせいにしてはいけないと」シスコのクレイグ・ウィリアムズはわたしにそう語った。「〝惑わされることもあるんだ〟ってね」まるで捜査員に尻尾《しっぽ》をつかまれそうになったＧＲＵが煙幕を張って逃走を図ったかのようだ。

オリンピックのハッキングの犯人として、あらゆる痕跡がこれまで以上に北朝鮮ではなくロシアを指し示していた。しかし謎が解き明かされていくなか、わたしはウラジーミル・レズンが語っていたスペツナズが履くジャンプブーツのことを思い出した。偽旗作戦は目的にかなっていた。それらが姿を現すと、あらゆる証拠に疑いの目が向けられる。たとえ真実が目の前にはっきりと示されているときであっても。

33 74455

サンドワームの正体?

２０１８年9月のあたたかい秋の日、わたしはジョン・ハルトキストの車をおり、ワシントンDCののどかな郊外にある彼の自宅につながる私道に立った。家は2階建てで裏庭には必要なものがそろっていて、ペニーというとても愛情深いゴールデンドゥードルがいる。

緑のTシャツと短パンを身につけたハルトキストがわたしを家に招き入れた。自宅で会うことにしたのは、彼にふたり目の子供が生まれ、１カ月前から育児休暇をとってファイア・アイの本社には出勤していなかったからだ。オフィスを離れていても、サンドワームへのハルトキストの情熱はもちろん薄れていない。キッチンのテーブル前に腰をかけると、開口一番、トム・クランシー風の小説を1万語ほど書いたところだと言う。当然ながら純粋なフィクションで、あるサイバーセキュリティ研究者がいつの間にか超優秀なハッカーチームの破壊の痕跡を追っていたという話だ。仮タイトルは、「ジョニー、インターネットを救う」。

だがハルトキストは現実世界でもハッカーの追跡をつづけていた。ニューヨークからわたしを呼び寄せたのは、彼と彼の研究者チームが見つけた新しいつながりについて直接会ってくわしく説明したいからだという。重要できわめて複雑なつながりだとあらかじめ予告されていた。わたしはスマートフォンで録音をはじめた。

「たぶん……７－４－４－５－５だと思う」ハルトキストはなんの前置きもなくいきなり言った。「それがきみの捜しているやつだろう」

わたしは面くらって、すぐにことばが出てこなかった。「どういう意味です？」この数字はなんの暗号だろう。戸惑いながらゆっくり尋ねた。

「７－４－４－５－５がサンドワームだと思う」ハルトキストは淡々という。

「７－４－４－５－５というのは？」完全に混乱したままわたしは尋ねた。ハルトキストはわたしをからかって楽しんでいるのだろうか。

「部隊だよ」ハルトキストは、まるで自分の子供と話すかのように、辛抱強くゆっくりと説明する。「きみが捜しているのは７４４５５部隊だと思う」

ハルトキストが言っていることを理解するには、さらにもう少し時間がかかった。１年以上もわたしを悩ませていて、ずっと前からハルトキストが取り組んでいた謎への、ある意味では答えといえる。サンドワームはＧＲＵの７４４５５部隊だというのだ。

ハルトキストがそれを裏づける証拠を説明する前から、この数字を聞いただけで突如として目の前がひらけた気がした。この5桁《けた》の数字はそれ自体、サンドワームについて知らなかったことをすぐに教えてくれるわけではない。しかし、サンドワームが自称する秘密の名前である可能性がある。その部隊番号は、暗号名の背後にいてインターネットの向こう側に隠れている人間を理解する鍵にもなるかもしれない。

　そのつながりにたどり着いた経緯について説明を求めると、ハルトキストはノートパソコンを開き、２０１８年6月付のファイア・アイの報告書を画面に表示させた。クライアントの一部に配ったが、一般には公開していない資料だという。タイトルは「オリンピック事件などと関係するアメリカおよびフランスの選挙を狙った攻撃」。ひと目見ただけで、何ページぶんもの図や技術的なデータを結びつけたグラフが並んでいるのがわかる。その後の2時間でハルトキストが説明してくれた一連のつながりは、サンドワームについて、またＧＲＵでのその位置づけと使命について、わたしの考えを完全に塗りかえるものだった。

「要するに、NotPetya からオリンピック、選挙インフラのハッキングへとつながっていくわけだ」ハルトキストはそうまとめたうえで説明をはじめた。「ここにはかなり入り組んだ網の目がある」

ワード文書に残された手がかり

２０１８年2月、ハルトキストの部下の研究者マイケル・マトニスがその網の目を解明する糸口を見つけた。Olympic Destroyer のコードを調べたわけではない。オリンピックのサイバー攻撃の知らせがあった直後から、マトニスはその作戦のはるかに地味な要素を調べていた。マルウェアに感染した偽のワード文書であり、大惨事を招く寸前だったオリンピック破壊工作の第一歩となったファイルである。

感染した文書をマトニスが VirusTotal から入手したところ、このおとりファイルはオリンピックがはじまる2カ月以上前の２０１７年11月下旬に国際オリンピック委員会のスタッフへ送られていたことがわかった。このワードファイルは大会へ参加するＶＩＰ代表団のリストを装っているが、悪意あるマクロスクリプトが隠されている。文書に仕組まれたこの単純なプログラムは、２０１４年にサンドワームが使っているのをハルトキストのチームがはじめて目にして以来、最も新しいところでは最初の停電を招いた攻撃にいたるまで引きつづき使われていたものである。

ハルトキストのチームによる3年前の調査のときにドリュー・ロビンソンがアイサイトのオフィスでやったのと同じように、マトニスはファイア・アイがこれまで収集してきたマルウェアのコレクションと VirusTotal を徹底的に調べ、そのコードと一致するサンプルを探しはじめた。最初のスキャンではひとつも見つからなかった。しかしマトニスは、アーカイブにあるマルウェアに感染した文書のなかに、手もとのファイルと性質が大まかに一致するものが数十個あるのに気づいた。いずれも同じようにワード文書にマクロが埋めこまれていて、オリンピックを狙ったファイルのように PowerShell Empire《パワーシエル・エンパイア》 と呼ばれるありふれた一連のハッキングツールを立ちあげる仕組みになっていた。

　しかし悪意あるワードのマクロは互いに大きく異なるようだった。アイサイトのオフィスでロビンソンが分析したサンドワームの最初のマルウェアと同じく、それぞれが何層にも難読化されていて、その暗号化されたノイズの層はサンプルごとにまったく異なるように見受けられた。

　だがマルウェアのサンプルを比較し、ノイズを取り除いて手がかりを探すなかで、マトニスはあるつながりに気づく。ランダムなノイズのなかに見つけたパターンについては教えてくれなかった。優秀なギャンブラーと同じで、マトニスもハッカーの秘密の〝クセ〟は知らせずに隠しておき、将来また利用したかったのだ。しかしきわめて抽象的にいうと、わかったのは、ファイルの見た目は異なるが、その見た目の異なり方が同じということだ。パンクの若者がみんなしかるべきマイナーバンドのバッジを上着につけて同じ髪型にしているように、個性的に見せようとすることで、ほかから際立った集団として識別しやすくなるわけだ。

マトニスはやがて、ノイズのなかのその目印は罠《わな》が仕掛けられた各文書をつくるのに使われた共通のツールに由来することを突き止めた。オンラインで簡単に入手できるオープンソース・プログラム、Malicious Macro Generator《マリシャス・マクロ・ジェネレーター》である。ハッカーはこのプログラムを使ってほかのマルウェア作成者たちのなかに紛れこもうとしたのではないかとマトニスは推測する。しかし同じツールを使っていただけでなく、そのマルウェア集団はマトニスがファイルのメタデータから取り出した作成者名によってもつながっていた。ほぼすべてが、「ＡＶ」「ＢＤ」「ジョン」のうちのだれかによってつくられていたのだ。マルウェアが接続するコマンド&コントロールサーバ——感染させたパソコンを操る糸——を調べると、それらのマシンのＩＰアドレスもわずかな例外を除いてすべてが共通していた。

　確実な証拠とはとても言えなかった。しかし数週間かけて手がかりを集め、ゆるく糸を編んでいくうちに、それが頑丈な網の目になり、これらの偽ワード文書がひとつに結びついたのだ。

　こうしたつながりを明らかにしたとき、マトニスの胸は高鳴った。隠されたマルウェアのためではなく、ワード文書の目に見える実際の内容のためである。コレクションにあった文書のうち、２０１７年春にさかのぼるふたつはウクライナのＬＧＢＴ活動家集団を狙ったもののようで、同性愛者の権利擁護団体の戦略文書とキーウ・プライド・パレードの地図に見せかけた感染ファイルを使っていた。そのほかに法案に見せかけた感染ファイルでウクライナの企業や政府機関を狙ったものもあった。

マトニスの頭のなかでは、オリンピック攻撃のほかの容疑者はすべて除外された。1年近く前に同じハッキング作戦でウクライナを狙っていたと思われる国はひとつしかなく、それは中国でも北朝鮮でもない。

不可解なことに、マトニスがコレクションから発掘したほかの文書は、ロシアのビジネス・不動産業界を狙ったもののようだった。ロシアのハッカー集団は情報機関の監督者の指示でロシアのオリガルヒをスパイしていたのだろうか。利益目的のサイバー犯罪にも副業として手を染めていたのか。いずれにせよマトニスはついにオリンピック・サイバー攻撃の偽旗作戦を決定的に突破し、ほんとうの出どころを暴きつつあると感じた。クレムリンである。

平昌オリンピックとアメリカ大統領選挙のつながり

ロシアのいつものハッキング被害者とOlympic Destroyerのあいだに最初の刺激的な結びつきを見つけたあと、マトニスはこの新しいつながりからどれだけのことがわかるか調べてみたいと思った。そこでしばらくファイア・アイのオフィスには出勤しないとハルトキストに告げ、ワシントンDCの連邦議会近くにある地下アパートメントの自宅に閉じこもった。

それからの3週間、37平方メートルの空間からほとんど外に出ず、日光が射しこむ唯一の窓を背に折りたたみ椅子にすわってノートパソコンに向かい、ハッカーがつぎに狙う集団がわかる可能性のあるデータポイントをしらみつぶしに調べた。

　インターネット普及前の時代なら、刑事が人を捜すときにはまず電話帳を見たかもしれない。マトニスはオンラインでそれに相当するものをくわしく調べるところからはじめた。ウェブのグローバル・ネットワークの住所録、ドメインネームシステム（ＤＮＳ）と呼ばれるものである。ＤＮＳサーバは、「facebook.com」のような人間が読めるドメインを、そのサイトやサービスを提供するネットワーク上のコンピュータの場所を実際に示すＩＰアドレスに翻訳する。機械が読める69.63.176.13というようなアドレスである。マトニスは、つながりを突き止めたばかりの悪意あるワード文書作戦でハッカーがコマンド&コントロールサーバとして使っていたＩＰアドレスをひとつひとつ丹念に確認しはじめた。各ドメインを、過去にそのホストになったことがあるＩＰアドレスへと変換していったのだ。同時に逆引きツールを使って反対方向の検索もして、ひとつひとつのＩＰアドレスがホストになったことのあるドメインをすべて見つけ、樹形図をつくった。

　オリンピックの攻撃に関係する数十のＩＰアドレスとドメイン名の樹形図をつくり終えると、ある枝にマトニスの頭のなかでネオンのように光を放つドメインがあった。ＩＰアドレスとドメインのつながりを3つさかのぼったところにあった、account-loginserv.com である。

正確な記憶力があると情報分析者には役に立つ。account-loginserv.com のドメインを見たとたん、マトニスは1年近く前にＦＢＩの「フラッシュ」でそれを目にしたのに気づいた。フラッシュはアメリカのサイバーセキュリティ関係者と被害を受ける可能性のある人へ送られる短い警告である。そこには２０１６年にアリゾナ州とイリノイ州の選挙管理委員会へ侵入したハッカーについての新情報が記されていた。同じハッカーが投開票システム企業ＶＲシステムズになりすましてメールを送り、選挙に関連してさらなるターゲットからパスワードを盗もうとしていたという*。

マトニスはエルヴィス・プレスリーのマグネットで冷蔵庫に紙を1枚とめ、そこにつながりを大まかに図式化してみて、自分の発見に驚いた。ＦＢＩのフラッシュをもとに考えると――マトニスはこのつながりについてほかの情報提供者にも確認したというが、名前は明かさなかった――ＶＲシステムズの偽メールは、Olympic Destroyer の樹形図で見つけた account-loginserv.com の偽装ログインページを使ったフィッシング作戦の一部だったのだ。ＩＰアドレスとドメインを延々とたどったすえにマトニスは、オリンピック攻撃と２０１６年アメリカ大統領選挙を直接狙ったハッキング作戦とを結びつける証拠を見つけたのである。

ティーンエージャーのころから、マトニスはバイクが好きだった。免許をとれる年になると、すぐに金を掻《か》き集めて１９７５年製のホンダＣＢ７５０を買った。そしてある日、友人が１１００ccのエボリューションエンジンがついた２００１年製ハーレーダビッドソンに乗らせてくれた。わずか３秒後、マトニスはニューヨーク州北部の田舎道を時速１０５キロで疾走していた。命の危険を感じたが、同時に笑いが止まらなかった。

　ついに調査結果をまとめ、史上まれに見る偽装が施されたマルウェアの正体を明かしたときも、マトニスはそれと同じ気分を味わったという。ギアを１速に入れたハーレーで走りだすことのほかには匹敵するものがない快感。ワシントンＤＣのアパートメントにひとり腰かけ、マトニスは画面を見つめながら声をあげて笑っていた。

＊業務委託先の企業で働く告発者リアリティ・ウィナーは、同じハッカーがＶＲシステムズにも侵入していたことを明かす文書をニュースサイト《インターセプト》にリークしていた。

34　タワー

GRUのなかでのサンドワームの位置づけは？

マトニスが上司のジョン・ハルトキストに調査結果を報告すると、ふたりの見解は一致した。もはや疑いの余地はない。Olympic Destroyer の背後にいたハッカーはロシア人だ。しかしこれは、ふたりが追う荒くれ者のサイバー戦士チーム、サンドワームのしわざなのか。

マトニスは、新たに発見した作戦間の結びつきとサンドワームの昔の活動のあいだに、決定的ではないにせよ強力なつながりを見つけていた。オリンピックのハッカーは、フォーチュニックス・ネットワークスやグローバル・レイヤーといった特定の企業が運営するデータセンターにコマンド&コントロールサーバを置いていたのだ。それらの企業が選ばれたのは、おそらくビットコインで支払いができ、金の流れを追跡するのがはるかにむずかしいからだろう。また、これらのホスティング会社はいくつかのケースで重複していた。フォーチュニックスは最初の BlackEnergy 攻撃の一部で使われ、オリンピックのハッカーによっても使われている。オリンピック関連のほかの攻撃ではグローバル・レイヤーが使われていて、これは乗っ取った M.E.Doc サーバをコントロールするのにサンドワームが使っていたコマンド&コントロールサーバと同じである。

やがてマトニスはさらに驚くべきつながりを見つけた。NotPetya に先立つ小規模攻撃にサンドワームが使っていた一連のコマンド&コントロールサーバは、フランス大統領候補エマニュエル・マクロンの選挙運動を狙ったハッキングおよび情報漏洩作戦とも結びついていたのだ*。サンドワームが NotPetya に先立つ実験で使っていたのと同じ一連のバックエンドサーバは、選挙に狙いを定めた別のハッキングおよび情報漏洩作戦でも使われていた。Olympic Destroyer がアメリカを狙った選挙干渉とつながっていたのとまさに同じように、NotPetya はフランス大統領選挙への介入と結びついていたわけだ。政治情報戦と破壊的なサイバー戦争ははっきり区別されるのではないかと思っていたが、ファイア・アイによる広大な分析の網の目を織りなす糸は、その境界線を侵していた。

２０１８年初頭に話したときにマトニスは、サンドワームはロシア人ハッカーが使う工具キットのなかのハンマーに相当すると説明した。「何かをぶち壊したいときにはやつらに頼むんです」カンファレンスの朝食の席で、マトニスはわたしにそう語った。しかしサンドワームの任務をめぐる彼の理解は変化していて、わたしものちに認識をあらためる。破壊工作にもっぱら取り組むＧＲＵの部門として単純にサンドワームを理解しているだけでは、もはや不じゅうぶんと思われた。ＧＲＵのさまざまなハッカーチームは、互いに協力して動いていることがはっきりしてきたのだ。

大統領選挙に干渉したGRUハッカーが起訴される

６月の時点でファイア・アイは、マトニスの調査結果を複雑な報告書にまとめてすでにクライアントに配っていた。ハルトキストの自宅キッチンで見せてもらったものがそれだ。一方、マトニスはさらに別のつながりを見つけていた。ウクライナの活動家、ロシアの不動産会社、オリンピックを狙ったのと同じ悪意あるワード文書による作戦が、化学兵器禁止機関と、スクリパリ親子の毒殺未遂事件を調査していたスイスの化学兵器研究グループ、シュピーツも標的にしていたのである。ロシアの関与を指し示す矢印が、これまでになくはっきりと浮かびあがっていた。

ファイア・アイがこうした調査結果を関係者限定で公開した1カ月後、マトニスとハルトキストが組み立てていたパズルの最後の1ピースをアメリカ政府が提供する。7月14日、司法省が12人のＧＲＵハッカーを対象とした起訴状を発表した。起訴理由は２０１６年アメリカ大統領選挙への干渉で果たした役割である。[1] こうした刑事告発によって、アメリカの情報機関が調査力をフル活用したら、国の支援を受けた遠方のハッカーのことでも非常にくわしく解明できることが証明される。

この起訴状は、２０１６年大統領選挙でロシアが果たした役割を徹底的に調べるために立ちあげられた独立捜査の一環として特別検察官ロバート・モラーが提出したもので、ハッキング作戦でＧＲＵのだれがどの役割を果たしたかまで具体的に記している。たとえばアレクセイ・ヴィクトロヴィチ・ルカシェフというＧＲＵの諜報員は、民主党とクリントンの選挙運動員を狙ったフィッシングメールを送った罪に問われている。セルゲイ・アレクサンドロヴィチ・モルガチェフは、何カ月ものあいだ民主党全国委員会のスタッフをスパイするのに使われていたマルウェアを作成・使用したチームを監督していたという。別のＧＲＵ諜報員イワン・セルゲイヴィチ・イェマコフは、民主党全国委員会のサーバからメールを盗んだことで告発されている。それらのメールはのちに漏洩され重大な影響を及ぼした。起訴状ではほとんどのハッカーが所属するＧＲＵの具体的な部隊名——２６１６５——まであげられ、モスクワにあるその建物の住所も示されている。コムソモルスキー通り20番地である。

外国政府のハッカーを起訴したときのほとんどの場合と同じように、容疑者が法廷で裁判にかけられることはまずないだろう。目的は関係するハッカー個人を名指ししてメッセージを送り、彼らの生活にきびしい制約を課すことである。それらの人物は、アメリカと犯罪人引渡し条約を結んでいる国には二度と足を踏み入れることができない。入国すれば逮捕されるからだ。

ファンシー・ベアとサンドワームは同じコインの表と裏か

起訴状を最初に読んだとき、わたしは思った。選挙を狙ったハッキング——ファンシー・ベアとして知られるチームが率いた計画——については新情報が明かされているが、さらに破壊的なサンドワームのハッカーを捜すには役に立たないと。しかしマトニスの秘密の調査結果がまだ新鮮な状態で頭に残っていたハルトキストは別の見方をしていた。12人のＧＲＵハッカーのうち、とりわけひとりに対する告発に目をつけたのだ。アナトリー・セルゲイヴィチ・コヴァレフである。

起訴状によるとコヴァレフは、２０１６年に少なくともひとつの州選挙管理委員会に侵入し、有権者50万人の名前、住所、生年月日、運転免許証番号、社会保険番号の一部を含むデータを盗んだとされる。また、有権者登録情報の確認に使われたソフトの製造会社へも侵入したという。

こうした犯罪行為は、マトニスが明らかにしていた網の目の一部だとハルトキストには思えた。選挙管理委員会への攻撃を可能にしたインフラに、マトニスはオリンピック攻撃との強力な結びつきと、NotPetya およびサンドワームとの状況証拠上のつながりを示すデータの手がかりを見つけていた。選挙ハッキングの起訴状によって明らかになった犯人たちは、はるかに広範囲に及ぶカオスの網の目と結びついていたのだ。

起訴状によると、コヴァレフは告発されたハッカーのほとんどが所属する２６１６５部隊のメンバーではなかった。彼とほかのふたりのＧＲＵスタッフ――アレクサンドル・ウラジーミロヴィチ・オサドチュクとアレクセイ・アレクサンドロヴィチ・ポテムキン――は７４４５５部隊のメンバーであり、同部隊はモスクワ郊外の別の場所に拠点を構えていた。モスクワに隣接する都市ヒムキのキロヴァ通り22番地であり、起訴状ではその建物は「タワー」と呼ばれている。

７４４５５部隊は、２６１６５部隊が民主党全国委員会とクリントン陣営に侵入した際に使ったバックエンドサーバを提供したと起訴状にある。しかしさらに驚きなのは、これらの作戦で盗んだメールの漏洩作戦を７４４５５部隊が「支援した」と告発していることだ。同部隊はＤＣリークスの立ちあげを手伝い、さらにはその侵入の実行者だと名乗り出て、盗んだ民主党のメールをウィキリークスへ提供した偽のルーマニア人ハッカー Guccifer 2.0 をつくりだすのも手助けしたという。

新しい仮説がハルトキストの頭のなかで固まった。２６１６５部隊はファンシー・ベアで、７４４５５部隊はサンドワームだ。このふたつのチームの作戦はＧＲＵの同じコインの両面として密接に絡み合っていた。そして両者の仕事場の住所が公衆の面前にさらされたのだ。

７４４５５部隊所属の３人の顔

起訴された12人のハッカーのうち11人の写真をＦＢＩがウェブサイトで公開していた。ハルトキストと会ったあと、わたしは７４４５５部隊のメンバー３人の写真をつぶさに見た。部隊を率いるアレクサンドル・オサドチュク大佐は56歳で、目は茶色、『ディック・トレイシー』の登場人物のような幅広で角ばった顔をしている。写真ではロシア軍の紺の制服を着ていて、胸にメダルやバッジをたくさんつけている。[2]

それらのバッジのひとつが、ウクライナのアンティークおよび蒐集品《しゅうしゅうひん》販売店のウェブサイトで売られているようだった——ただしＦＢＩの写真は解像度が低すぎて同じものかどうか確実にはわからない。[3] 金色の丸い金属片で、中心に白いダイヤモンドの図柄が彫られている。稲妻と剣が円を横切ってX字型に描かれ、ダイヤモンドの背後で交わっていて、その図柄のいちばん下にあしらわれた飾帯には「７４４５５」と記されている。裏に彫られた文字は、翻訳すると「祖国のために」となる。

ほかのふたりの顔にはいっそう興味を引かれた。アナトリー・コヴァレフとアレクセイ・ポテムキンはどちらもオサドチュクよりずっと若い。年長のポテムキンは35歳で、青いシャツを着てネクタイを締めている。短く刈りこまれているらしい髪は緑のキャップに隠れている。カメラを見つめる明るい青の瞳《ひとみ》は冷ややかで、まるで人をばかにしているかのようだ。[4]

少なくともひとつの州選挙管理委員会のウェブサイトをハッキングした実行犯として告発されたコヴァレフは、わずか27歳と記されている。[5] 肩のところで切られた写真では制服を着ている様子はない。髪は短く刈っているが、知的で正直そうな顔は、世界じゅうのサイバーセキュリティ企業や大学院で見かけてもおかしくない。コヴァレフの名前は、２０１７年のポジティヴ・ハック・デイズというサイバーセキュリティ会議のウェブサイトに参加者として掲載されていた。所属はモスクワ国立工科大学となっている。[6] わたしのロシア人通訳が大学に電話したところ、彼の名を聞いたことがある人はいなかった。

３人の名前、３つの顔、ひとつの住所が手にはいった。ごく基本的な手がかりだ。しかしハルトキストに会ったあと、これらは、手にはいるかぎり確実な手がかりに最も近いとも思うようになった。名前とタワーの住所を頭に焼きつけ、わたしはロシア行きのフライトを予約した。

＊マトニスがサンドワームとフランス大統領選のハッキング作戦を結びつけるきっかけになった手がかりは、彼の調査の網の目のまた別の長く複雑な道を示している。詳細は巻末の附録を参照のこと。

35　ロシア

だれもがGRU諜報員の可能性がある

２０１８年11月終わりの夜遅く、わたしはサンクトペテルブルクに到着した。冬のサンクトペテルブルクは零下で、夜が17時間つづく。翌朝は街の中心近くにあるＡ２グリーン・コンサートという名のクラブへ足を運んだ。巨大なコンサート用の会場で、中では煉瓦《れんが》の壁が緑と紫のライトに照らされ、ベースの音が響いている。この施設のふたつの部屋を会場としてエンジニアたちがステージへあがり、産業用制御システムを乗っ取る方法からＡＴＭのハードウェア・リバースエンジニアリングまで、技術的な研究報告をしていた。建物のほかの場所では、黒っぽい服に身を包んだ若者が廊下やバーをうろついている。あるテーブルでは国有のロシア貯蓄銀行がセキュリティエンジニアを募集している。ほかのテーブルではノートパソコンを持ったハッカーが集まり、メールサーバに最短時間で侵入するコンテストで競い合っている。これはゼロナイツというイベントだ。ロシアの２大ハッカー・カンファレンスのひとつであり、ロシアのハッカーコミュニティがＧＲＵとどう影響し合っているかを知る絶好の機会ではないかとわたしは期待していた。

その後の２日間、わたしは話しかけることができたロシア人ハッカー全員に、緊張をほぐすにはおそらくその場で最悪の話題について尋ねた。ロシアの諜報サービスだ。その話題を持ち出すやいなや、たいていの人は明らかによそよそしくなって、何も話すことはないと言い、理由を見つけて立ち去った。実際に話せたごく少数の人も、わたしが捜しているＧＲＵ７４４５５部隊の３人のことも、ほかのＧＲＵ諜報員のことも知らないという。〝ロシア政府には高度な技術を持つハッカーはいない。ろくな給料を払えないからだ。このようなイベントに参加する人は、ロシアの情報機関では働かない。多少なりともスキルのあるロシア人エンジニアで、有能なハッカーになれるほど賢いのに愛国的なＧＲＵ諜報員になるやつなんていない。ロシアがアメリカの選挙をハッキングしたなんて話を信じるやつとは話したくない。ウクライナの送電網？　そんなものハッキングする必要すらない。しばらくほうっておけば勝手に壊れる〟彼らの話を聞いても、真実からさらに遠ざかるか、堂々めぐりになるだけのように思えた。

　ようやくあるセキュリティ研究者が腰を落ち着けて話に応じてくれ、自分自身や知り合いが間接的にロシア政府へハッキングツールを売ったことを率直に認めた。彼が提供したのは、ゼロデイ脆弱性のサブスクリプション・サービスとそれを利用するツールである。彼のハッキングウェアの標的は産業用制御システムのソフトウェアだったという。

　購入者には、クライアントの脆弱性を調査しようとする侵入実験の担当者やアメリカ政府機関、それにクレムリンの諜報員の隠れ蓑《みの》と彼が考えるロシア企業もあったというが、具体的な名前については丁重に回答を拒まれた。ＦＳＢやＧＲＵと強制的に仕事をさせられた人は知らないというが、彼も彼のハッカー仲間も、故意か否かにかかわらず確実にそれらの機関と取引をしたことがあるという。「政府機関が圧力をかける必要はないですよ。それは昔の話ですね」会場のバルコニーに腰かけ、隣の喫煙室から煙草のすえたにおいが漂ってくるなか、穏やかな口ぶりで彼は語った。「金でいろんなことが解決します」

いまこのゼロナイツの会場にもＧＲＵの諜報員かそのダミー会社の関係者がいて、人を集めたりツールを買ったりしているのだろうか。それを尋ねると、わからないが、ロシアのほかのカンファレンスでは確実にそうした人たちに会ったことがあるという。「バッジをつけて歩きまわっているわけじゃないですからね。ここにいる人はだれだってその可能性がある」

突破できない秘密主義の壁

カンファレンスを終えてサンクトペテルブルクを発《た》つときには、人と話したことで謎が解けるどころかさらに深まったと感じながらモスクワ行きの高速鉄道サプサンに乗った。レニングラーツキー駅からロシア首都の中心部へ出ると雪がちらつきだしている。だがＧＲＵの本拠地へ近づきながらも、わたしの前にはまだ同局の秘密主義の壁が立ちはだかっていた。

翌日にカスペルスキーのグローバル本社を訪れたとき、その手ごわさを実感した。同社の瀟洒《しょうしゃ》なガラス張りの建物は、モスクワ北西部の幹線道路沿いにあった。白壁のロビーにはランの花とサルバドール・ダリのゾウの彫刻が飾られている。４階の会議室でわたしはイゴール・スーメンコフに会った。優秀なセキュリティ研究者で、Olympic Destroyer が北朝鮮による攻撃ではないことを示す最も有力な手がかりを最初に見つけた人物である。

それから1時間、そのすばらしい発見について話を聞いた。スーメンコフはやさしい顔をした細身の32歳で、北朝鮮が無実である理由を完璧な英語で説明してくれた。大学教員のような自信ある明解な語り口で、会議室のホワイトボードに図を描いてコンパイラが機能する仕組みを解説し、偽装の失敗を示すマルウェアのヘッダの不一致について説明する。その時点でカスペルスキーは、ファイア・アイのマイケル・マトニスが発見していたつながりのほとんどを Olympic Destroyer から見つけていて、オリンピックのハッカーをウクライナ、ロシア企業、スイスの化学兵器研究グループへの攻撃と関連づけていた（スーメンコフは、それらのハッカーをＧＲＵ７４４５５部隊と結びつけたアメリカの州選挙管理委員会に対する攻撃とのつながりにはふれなかった。マトニスとハルトキストはその重要なデータ上のポイントを秘密でわたしに教えてくれていたので、こちらはそれを持ち出さなかったし、スーメンコフもそれについては話さなかった）。

1時間のブリーフィングの終わり近くに、わたしはスーメンコフが示したと思われることをまとめた。オリンピックの攻撃は、明らかに北朝鮮のしわざではない。「ええ、北朝鮮だとはまったく思えませんね」スーメンコフも同意した。

当初、Olympic Destroyer に隠された見え透いた偽装コードに一部の研究者がだまされたとはいえ、中国のしわざでないのも確実である。「そうですね、中国のコードは見たらすぐにわかりますが、これはちがうようです」スーメンコフはまた同意した。

最後にわたしは核心的な質問をした。中国でもなく北朝鮮でもないのなら、いったいだれなのか。消去法による結論は目の前にあるも同然なのに、口に出してはいけないようだった。

「ああ、その質問のために、いいものを持ってきましたよ」スーメンコフはそう言って、ややわざとらしく声を弾ませた。小さな黒い布袋を出してきて、サイコロをふたつ取り出す。小さな黒い立方体のそれぞれの面には、こんなことばが書かれている。「アノニマス」「サイバー犯罪者」「ハクティビスト」「アメリカ」「中国」「ロシア」「ウクライナ」「サイバーテロリスト」「イラン」いわゆる犯人特定《アトリビューション》サイコロはそれ以前にも見たことがあった。サイバー攻撃の出どころはたどることができず、それを試みる人間は単にあてずっぽうを言っているだけだという虚無的な考えを示す小道具である。

　サイコロを手に取ると、スーメンコフの頬がわずかに赤みを帯びた。ひょっとしたら部屋が蒸し暑かったのかもしれない。わたしは暑いとは感じなかったが。あるいはひょっとしたらスーメンコフは、生来の知的誠実さによって解き明かしていた答えを隠すのに気まずさを覚えていたのかもしれない。あるいはひょっとしたら、アンドレイ・ソルダトフが語っていたロシアのサイバーセキュリティ業界にひろがる恐怖心を感じていて、皮膚のわずか下にそれを隠していたのかもしれない。

スーメンコフはサイコロをテーブルに転がした。「犯人特定は厄介なゲームです。だれがこの背後にいるのか、わたしたちは語ることができませんし、これから先もそれは同じです」

本拠地訪問

ロシアでの最後の朝、わたしはホテルを出てモスクワ川沿いを歩き、コムソモルスキー通り20番地へ向かった。２０１６年アメリカ大統領選を狙ったロシアの干渉作戦で中心的な役割を果たしたＧＲＵ２６１６５部隊の本拠地である。ハッカーに対するアメリカの起訴状に記されて有名になった住所の付近にさしかかると正教会の華麗な建物があり、その後、色あせた黄色い外壁の横長の建物が１ブロックを埋めつくして並んでいる。それぞれの建物には、横に３等分した真ん中の正面にギリシャ風の支柱が数本ついている。まるで無害な学術機関であることを主張するかのようだ――表向きは軍教官専門校ということになっている。

　建物をこの目で見ると、そこには学校よりもはるかに注意深く守られている何かがあるのがわかる。正面の入口は赤い木のパネルできれいにふさがれていて、通用口はばかばかしいほど厳重に警備されている。守衛が金属のゲート越しに訪問者を確認している。ゲートは頑丈に固められた砂嚢《さのう》の山３つに囲まれ、ひとつひとつの山の前にはライフル用の穴がついたたわんだ鋼鉄板が置かれている。この３つのミニ掩蔽壕《えんぺいごう》は緑色に塗られ、迷彩柄の網で覆われていて、モスクワ中心部の歩道で滑稽《こっけい》なほど目立っている。黒いコートを着た年長の男ふたりと緑の冬用制服を身につけた若い男ひとりがゲートにはいっていった。その後、わたしは守衛に見つかる前に急いでその場を離れた。

ひょっとしたらサンドワームは、あのゲートの向こうにいたのかもしれない。しかし、ウクライナでの最初の BlackEnergy 攻撃から実際の部隊番号と住所まですべてを一貫してたどろうと試みた唯一の人物、ハルトキストの説は別の場所を指し示していた。その建物も見ておきたい。雪がまた降りだすなか、わたしは地下鉄に乗って北の終点近くへ向かった。１時間弱で地上に出てタクシーに乗り、モスクワ川を越えて郊外の都市ヒムキへ向かう。キロヴァ通り22番地で車をおりた。タワー。ＧＲＵ７４４５５部隊の本拠地である。

ヒムキのモスクワ川に接する地域には、１９６０年代および70年代のソ連の煉瓦づくりのアパートメントが並んでいる。その日の午後、そうした建物の中庭は雪で覆われていて、共産主義時代を懐かしく思い出させるのどかな風景がひろがっていた。しかし河岸には25階を超える高さのガラスと鋼鉄のタワーがそびえ立ち、それらの建物を睥睨《へいげい》している。

自動車修理工場と地域の体育館の前を通ってタワーにさしかかると、防備を固めたゲートには Glavnoye Upravleniye Obustroystva Voysk——大まかに訳すと「軍編成総局」——と記されていて、まわりは監視カメラで囲まれている。その後、わたしは金属の階段を使って川沿いの小道におりた。街の北へ川が広がり、それが凍ってきれいな白い雪のリボンになっている。

川を背にするとタワーはすぐ目の前にあり、背の高い金属フェンスに守られて急な土手の上に立っている。双眼鏡でも使わなければ窓に人の姿は見えないが、試す勇気はなかった。

2年間追ってきたハッカーには、これ以上近づけないのではないか。そんな考えが頭をよぎった。8000キロ近く移動したあとも、バージニア州北部のジョン・ハルトキストの自宅キッチンにいたときよりサンドワームの理解や正体解明に近づけたわけではない。サンドワームがいる場所を捜さなければと思っていた。しかし、サイバー戦争の地理の特殊性にわたしも目をくらまされていたようだ。ウクライナ警察が滑稽にもM.E.Docのサーバ室へ踏みこんだのと同じである。NotPetyaの実際の出どころが人間の直感に反していたのと同じで――つまり距離が遠くても被害が生じたのと同じで――近くへ来たからといって意味ある形で犯人に近づくことはできなかったわけだ。

土手の上の駐車場の端から守衛がひとり姿を現し、タワーのフェンスの向こうから外をうかがっている。わたしを見ているのか、煙草を吸いに出てきただけなのか。わからないが、そろそろ立ち去ったほうがいいだろう。タワーを離れてモスクワ川沿いに北へ歩き、雪の積もった静かな公園や小道を抜けて近くの駅へ向かった。モスクワ中心部へもどる列車から、凍った川をはさんでガラスのビルを最後にひと目見る。その後、ビルはモスクワの地平線にのみこまれていった。

36　ゾウと反乱者

ソフトウェアに残された手がかりの限界

ＧＲＵの７４４５５部隊がサンドワームだとハルトキストから聞いたとき、その話を信じたかった。この５桁の数字は、それ自体の意味はわからなくても、サンドワームの謎へのある種の解決策を提供しているように思えた。しかしタワーのことを想像しながらロシアへ飛ぶ前から、疑念がずっと頭を離れなかった。話はそれほど単純ではないのではないか。

ＮＳＡのハッカー追跡者として正式に働いた経験のあるロブ・リーは、サンドワームを追う世界の――ファイア・アイ、カスペルスキー、イーセットの――研究者は全体像の一部しか見ていないと何カ月も前にわたしに注意を促していた。たいてい攻撃後にハッカーがマルウェアに残した手がかりを分析しているだけで、被害者のログから得た侵入データなど、ほかの証拠を調べていないという。

リーの説明によると、マルウェア・アナリストのこうした手法が問題なのは、高度なハッキング作戦は通常、単独で動くチームひとつで実行されることはないからだ。発展したほかの産業と同じように、有能な情報機関のハッカーは専門化している。あるチームはツールの作成だけを担当する。別のチームは標的とするネットワークへの最初の侵入をもっぱら試みる。３つ目のチームはその足がかりを引き継ぎ、仕掛けたスパイウェアを監視したり、産業用制御システムに接続されたパソコンへＩＴネットワークからはいりこむなど侵入のつぎの段階へ進んだりすることを任務としているかもしれない。

　わたしが把握するサンドワームのストーリーには問題があるとリーは指摘する。使用されたソフトの手がかりをもとにグループを追跡してきたからだ。そもそもそのグループ名も、BlackEnergy のコードが『デューン』に関係していたことに由来している。サイバーセキュリティ研究者たちはそうした最初の痕跡から出発し、これらの侵入と結びついたほかのソフトの手がかりを見つけて、さまざまな作戦をサンドワームの活動としてひとつにまとめた。しかし、共通していたのはソフトウェア開発者だけで、そのコードを使って別々の作戦チームが攻撃を仕掛けていたという可能性はないだろうか。「みんなが追跡しているのはマルウエアでしょう。開発者と使用者はかならずしも同じじゃない」リーは電話でわたしにそう警告した。その結果、単に同じ店で銃が購入されただけなのに、一連の殺人をすべてひとつのギャングのしわざにするような誤解が生じかねない。

サンドワームは破壊活動専門の集団か

たしかに、サンドワームのサイバー戦線には、少なくともふたつの異なる流れがあるように思われた。ひとつが KillDisk や NotPetya などによってデータ破壊に集中している様子のものであり、もうひとつが現実世界に影響を与え攻撃に磨きをかけていると思われるもので、その最たる攻撃が CRASHOVERRIDE こと Industroyer である。このふたつは異なる集団で、ソフトウェア開発チームだけが共通しているのだとしたら？

この区別をはっきりさせようと、ドラゴスではサンドワームの開発チームとリーが考えるものを新たに「エレクトラム」と名づけた。停電を引き起こしたマルウェアにちなんだ名前である。開発者チームは同じ機関に所属していない可能性すらあり、民間の請負業者でもありうるとリーは主張する。「われわれがエレクトラムとして追跡しているものが、ロシアのブーズ・アレン（訳注：アメリカのＩＴコンサルティング会社）だって可能性もあるわけです」と言ってリーは考えこむ。「ＧＲＵかもしれないけれども、共有されたリソースかもしれない」

ファンシー・ベアによるアメリカ大統領選挙関連の攻撃で最初に分析を主導したセキュリティ企業クラウドストライクは、同じくらい厄介な別の仮説をわたしに示した。サンドワーム（同社ではヴードゥー・ベアと呼ぶ）は、ロシアの情報機関が作戦の終盤に最大の損害を与えようとするタイミングで招集される有力集団かもしれないというのである。クラウドストライクの情報担当副社長アダム・メイヤーズは――証拠を示すのは拒んだものの――この集団の痕跡がロシアのほかの複数のハッキング集団とともに残っているのを見たとほのめかす。そのなかには、ＧＲＵではなくＦＳＢの作戦と同社が考えるものもあったという。

　メイヤーズの仮説はつぎのとおりだ。ヴードゥー・ベア、つまりサンドワームは、リーの説明とは異なる種類の共有リソースかもしれない。ほかの集団がネットワークへのアクセスを確保し、攻撃を実際に仕掛ける段階になったら、サンドワームが仕事を引き継ぐ。「ヴードゥー・ベアは、ＧＲＵとＦＳＢが共同で運営する破壊活動専門の集団かもしれません」とメイヤーズは言う。「一種のチームとしての取り組みで、混乱や破壊を招く攻撃を仕掛ける段階になったら参加するわけです」

サンドワームは1頭のゾウなのか

　ファイア・アイからは、２０１８年秋にまったく異なる仮説を聞いた。オリンピック攻撃、NotPetya、選挙ハッキング作戦で同じコマンド＆コントロールサーバが使われていたというマイケル・マトニスの分析を聞くと、ここにはサンドワームを追跡するさらに別の道があるようで、全体像はいっそう混乱しそうだと思わざるをえなかった。そもそもマトニスはさまざまな攻撃のインフラのつながりを追跡し、それをサンドワームの作戦およびマルウェアと結びつけていた。しかしリーが正しければ、ソフトウェア、サーバ、実行犯というこの３つの要素は、すべて異なるチームが担当しているのかもしれない。

サンドワームに関係する研究者コミュニティ全体を見ていると、ゾウを囲む目の見えない男たちの話を思い出した。ある男はゾウの尻尾をつかんで、これはロープだと言う。ほかの男は脚にふれて、いや柱だと断言する。３人目は耳を触って、これはある種の巨大うちわにちがいないと言いきる。

サンドワームの追跡者たちは、同じ体のいろいろな部分にふれて、それぞれ異なる結論に達していた。ハルトキストやマトニスのように、理論上の飛躍をすることで自分たちが把握した情報をひとつにまとめ、１頭の複雑な構造をした動物というアイディアにたどり着いた者もいた。他方でリーのように、直接観察できるものだけを慎重に説明する者もいた――胴体はここ、尻尾はそこ、といった具合で、それぞれが独立した生き物の可能性もある。サンドワームの最初の痕跡が見つかって以来、長年にわたって努力が注がれ調査上のさまざまなブレイクスルーがあったとはいえ、この動物の全体像は歯がゆくも謎に包まれたままだった。

サンドワームの終わり

だがジョン・ハルトキストのもとを訪れたわずか数日後、イギリス政府の国家サイバーセキュリティセンターが驚きの文書を発表した。ＧＲＵとサンドワームのつながりを最終的に確認し、サイバー戦争のもやの下にある実態を明らかにする文書である。

国家主導のハッキングについての政府声明はたいていそうなのだが、その文書も結論だけ記していて、それを導き出した手がかりにはふれていない。しかし、それまでの2年間にわたしがサンドワームと結びつけていたほぼすべてのサイバー攻撃を対象に、ある意味で総括的にロシア政府を非難する文書になっている。そして結局どの情報機関のしわざなのかという問いについて、最後まで残っていた疑問をすべて解消していた。

「われわれのメッセージははっきりしている。同盟諸国とともに、われわれは国際社会の安定を脅かそうとするＧＲＵの企てを明らかにし、それに対応する」とジェレミー・ハント英外相の声明にはある。「ＧＲＵの行動は無謀で無差別である。他国の選挙に介入し、それを脅かそうとした。ロシアの企業と市民にまで危害を加えるのも辞さない。この行動パターンには、国際法および既成の規範を無視して活動したい、罰も責任も引き受けずにそうしたいという欲望が示されている[1]」

この声明のあとには、リストがふたつ掲載されている。ひとつは、イギリス政府がＧＲＵとのつながりを確認した集団を指して、サイバーセキュリティ業界が使っていた名前が列挙されている。ロシアのものとして知られ、本書に登場するプレーヤーの呼称が、ほぼすべて含まれている。「ファンシー・ベア」「ブラックエナジー・アクターズ」「サイバーベルクート」「ヴードゥー・ベア」そして最後に「サンドワーム」だ。

つづいて、これらのプレーヤーと結びつけられた一連の作戦があげられている。NotPetya。Bad Rabbit。民主党全国委員会への攻撃。世界反ドーピング機関への侵入。マトニスがOlympic Destroyer と結びつけていた化学兵器禁止機関への侵入の試み。これらの作戦ひとつひとつについて、国家サイバーセキュリティセンターは「ほぼ確実にＧＲＵのしわざであると強い自信を持っている」と（強調つきで）述べる。

この根本的な事実にもはや疑いの余地はなかった。サンドワームの姿がどのようなものであるにせよ、さまざまな人がその集団のせいにしていた攻撃は、ほぼすべてがＧＲＵのしわざだと名指しされたのだ。

この明確なメッセージが出たのは、サンドワームをひとつのまとまりとして見るはっきりとした境界線が崩れだしていたときだった。サンドワームとファンシー・ベアが別の集団だという感覚は、わたしのなかでは消えつつあった。[*] サンドワームは物理的な破壊に集中する独立したサイバー戦争部隊だと思っていたが、どうやらそれほどはっきりしたものではなさそうだ。開発チームと作戦実行チームの境界線も曖昧になっていた。わたしの理解では、サンドワームの任務はもはや純粋にサイバー攻撃による破壊作戦だけでなく、選挙を狙った影響工作とも混ざり合っていた。

　これらのことすべてから、ハルトキストのチームが２０１４年に見つけた集団を一連の作戦に取り組むひとつの組織と考え、それに名前をつけてほかと区別するのはあまり意味がなくなった。単純なモデルはもはや現実と一致しない。その意味でサンドワームの物語は終わりを告げた。

　とはいえ、その正体をめぐる根本的な謎は解消された。答えは最初からはっきりそこにあったのだ。目の見えない男たちがゾウのどの部分にふれていても同じことだ。そのゾウはＧＲＵであり、ロシア連邦とその大統領ウラジーミル・プーチンのために働いていたのである。

〝反乱〟の新形態としての新しい戦争

　サンドワームを７４４５５部隊とヒムキのタワーにはっきりと位置づけたハルトキストの統一理論は正しかったのかもしれない――あるいはまちがっていた可能性もある。情報機関の外の人間には永遠に立証も反証もできないのかもしれない。

　２０１８年秋のあたたかい午後にハルトキストがキッチンで自説を説明してくれたとき、ある意味ではあまりにもスケールが大きすぎてわたしの頭では処理できなかった。ＧＲＵの同じハッカーがウクライナで停電を起こし、NotPetyaを解き放って、オリンピックを攻撃し、アメリカの州選挙管理委員会をハッキングして、Guccifer 2.0という奇妙な偽人物の創出にまで手を貸していた。これほど滑稽なまでにばらばらなミッションが、すべてＧＲＵ内のひとつのハッキング集団のしわざということがありえるだろうか。

しかしハルトキストにとってサンドワームと７４４５５部隊のつながりには、直感に反する形で状況を説明するある種の力があった。わたしに説明してくれたように、そのつながりによってグループの歴史全体の背後にある目的が浮き彫りになった。選挙干渉の影響工作とインフラの破壊攻撃がつながっていたわけではないことにハルトキストは気づいた。そのすべてが影響工作だったのだ。

「停電を起こすのが目的ではなかったんです」新たな気づきに目を大きく開いてハルトキストは言った。「停電を起こせると伝えるのが目的だったわけです」

実際、ウクライナでのロシアのサイバー戦争は、軍事面で具体的な勝利にはつながらなかった。領土を得たわけでもなく、敵に死傷者が出たわけでもなくて、戦術上のほかの勝利を収めたわけでもない。目的はすべて心理的なものであり、ウクライナ国民の戦闘意欲をくじくことにあった。「目的は戦場で具体的な変化を起こすことではなく、もはや安全ではないと人々に感じさせることだったんです」とハルトキストは主張する。「長期的な軍事目標はなかった。目標は心理的で、戦争を東部の戦線から目の前のキーウへ移すことにあったわけです」

民主主義が機能しているという市民の信頼を選挙ハッキングによって根底から揺るがそうとしたのと同じで、インフラのハッキングによって安全への社会の信頼に根本から揺さぶりをかけたのだとハルトキストは言う。これは5年前にゲラシモフ論文で示されていた一元的な情報戦という考えを反映している。「政府の土台は国民を守る能力です」とハルトキストは話をつづけた。わたしが質問したことで、何カ月ものあいだせき止められていたアイディアがほとばしり出たかのようだ。「それができないのなら――こうしたソフトターゲットを守れないのなら――正統性がないと思われます」

その脅威は、イラクとアフガニスタンでハルトキストが対峙したものと基本的に同じだという。実際の軍事支配の拡大ではなく、安心感を打ち砕くことを狙った突然で予想外の破壊である。「テロ実行の目的はたいてい、特定の人物を殺すことではありません。テロで敵の戦闘能力は低下させられませんから。だれかが簡易爆弾でわたしを狙うのは、それが理由じゃない。目的は人々を震えあがらせて戦意を喪失させたり、自国の保安部の正統性についての考えを変えさせたり、過剰反応させたりすることです」

ハルトキストが語るサイバー戦争論は、従来の戦争の新局面というよりは反乱の新形態のように思えた。彼の話を聞くうちに、反乱者としてのこの役割が、現代地政学におけるロシアの位置を最も的確に表しているのかもしれないと思った。プーチンはグローバルパワーの中心である欧米に正規軍同士の対決で勝つことは望めない。ロシアの経済はイタリアやカナダよりも小さいのだ。それに、経済規模のわりに巨額の資金を戦争へ投じているとはいえ、同国の軍事予算はアメリカの10分の1強にすぎない。[3]

しかしロシアは、長年反目してきた世界秩序を揺るがす安価で非対称的な戦術として、NotPetya、アメリカ選挙への介入、オリンピックへの攻撃といった簡易爆弾を炸裂《さくれつ》させている。「これがロシアです。追いつめられ、リソースが足りず、一般市民に手を出している」最後にハルトキストはそうまとめた。

このサイバー戦争論に当然の結果としてついてくるもうひとつのことをハルトキストは語らなかった。イラクと何よりアフガニスタンでの経験から、彼自身いやというほど知っていることである。このふたつの戦争のうち、ひとつは10年近くもつづいた。もうひとつはハルトキストが大学生のときにはじまり、18年後、本書を執筆している時点でもまだつづいている。対ゲリラ戦争は長引く。そしてこのデジタル版はまだ終わりが見えない。

＊同じころ、また別の一連の新しい手がかりによっても、サンドワームとファンシー・ベアの境界線は

曖昧になっていた。[2]　２０１８年10月にイーセットが GreyEnergy というツールキットの存在を明かしていた。ウクライナとポーランドの産業用制御システムを狙う際、サンドワームが BlackEnergy の後継ツールとして使ったのがこれだという。その後、２０１９年2月にカスペルスキーが GreyEnergy とファンシー・ベアのつながりを明らかにし、ファンシー・ベアのなかの集団が同じコマンド＆コントロールサーバと GreyEnergy を使って、同じタイミングで同じ標的を狙っていたようだと指摘した。

第6部　教訓

進歩の概念は、未来に対する恐怖からわれわれを護《まも》る保護的な機構として働く。

37　ブラックスタート

ハッカーとの終わりなき戦い

２０１８年11月はじめの雨の日、電力会社エンジニアのスタン・マクハンはプラム島南東海岸の道路を歩いていた。プラム島はニューヨーク州ロングアイランド島ノースフォークの先端から少し離れたところに浮かぶ、縦５キロ、横１・５キロほどの小島である。左手にひろがる大西洋を見ると、このうえなくつらい週のなかでつかの間のやすらぎを覚えた。

マクハンと同僚たちは、彼らの会社の送電網を停止させ、復旧させまいと強く意を決した悪質なハッカーチームを撃退していた。何日ものあいだ侵入者と抜き差しならぬ戦闘状態にあり、ときには風速30メートルの風と横殴りの雨のなか、破壊されたデジタル機器を迂回《うかい》させたり問題を調査したりすべく配電所のあいだをあわただしく行き来した。撃退したと思うたびにハッカーは別の手段を見つけて新たな大混乱を巻き起こし、マクハンは嵐のなかへ引きもどされた。

その日の朝９時前、ようやくすべての変電所がオンラインにもどったと思われた。疑心暗鬼になっていたマクハンはとにかく確認しておこうと思い、島の北端近くにある電力会社の管理センターを出て海岸沿いの道路を歩いていた。するとそのとき、非常に特殊な音が聞こえてきた。

「バン、バン、バン、バン、バン、バン、バンって音です」のちにマクハンはそうわたしに説明した。小口径銃を撃つような音が7回つづけて島に響いたという。ひとつひとつの「バン」は回路用ブレーカが落ちる音だとすぐにわかった。いっしょに歩いていたエネルギー企業コン・エジソン社のエンジニアが驚き、この奇妙でうるさい音は何かと尋ねるので、マクハンは答えた。「電力が全部落ちていく音ですよ」

この悲惨な状況は、幸いここまでの説明から想像されるものとはちがった。つまりマクハンと仲間のエンジニアたちは、アメリカ国内ではじめて停電を引き起こしたサイバー攻撃を撃退していたわけではなかった。その恐怖のシナリオをきわめてリアルにシミュレートしていた最中であり、ほかから切り離された演習用の送電網を、国防総省が委託した腕利きハッカーの「赤チーム」から守ろうとしていたのだ。アメリカ市民に不都合を生じさせることなく、電力会社を狙ったサイバー攻撃のきびしさをマクハンの「青チーム」に経験させるのがその目的である。

プラム島の演習用送電網をつくったのは国防高等研究計画局（ＤＡＲＰＡ）である。ＤＡＲＰＡは国防総省の実験機関であり、将来の戦争のための技術を開発する。インターネットを発明したことで有名で、最近ではGPSや無人航空機など、世界を変えるほかの技術の開発を手助けしたことでも知られている。プラム島では、きわめて高い技術を持つハッカーを電力会社が撃退できるツールを見つけようとしていた。そしてそれをテストするために電力会社のエンジニアを最悪のシナリオに放りこんだ。単に電力の供給をつづけることではなく、デジタル上の敵が送電網を何日も停電させたあとに電力を復旧させるのがその任務である。

赤チームのハッカーが送電網を停電状態に引きずりもどすなか、マクハンは復旧がいかに困難かを思い知りつつあった。「心が沈んで胃が地面に落っこちます」最初からまたやりなおさなければならない気分を、マクハンはそう表現する。「でもぐちぐち言わずに仕事にもどるしかありません」

ブラックスタートのむずかしさ

プラム島に響く7発の音をマクハンが聞く数日前、DARPAは念入りに計画したサイバー攻撃対応演習をはじめていた。島には遠隔管理センターがひとつ置かれ、16の輸送用コンテナを利用した送電所があちこちに配置されて、ふたつの電力会社が招集された。ひとつの会社は完全に停電した状態から演習をはじめる。この演習の恐ろしいシナリオでは、ハッカーが長期間——数週間、場合によっては数カ月ものあいだ——停電を引き起こしていると想定されていて、発電機はすべて止まり、予備バッテリーも完全に使い切っている。

ふたつ目の会社は、ある「重要施設」だけに接続されたディーゼル発電機ひとつから出発する。青チームはたえずそれに電力供給をつづけなければならない。その施設はプラム島の南端近くにある崩れかけの建物で、かつては国防総省が細菌戦争のための実験室として使っていた場所であり、ＤＡＲＰＡのシミュレーションでは病院や防衛司令センターのようなものと想定されていた――命を救ったり戦争に勝ったりするのに必要な、絶対に停電させてはならない架空の電力消費施設である。この重要施設に電力が供給されているのを参加者が遠くから確認できるように、建物の外には空気でふくらんで踊る人形が電源につながれて何体か置かれ、危険にさらされた病院というよりも中古車販売店のような見た目になっていた。

参加者たち、つまり全国の電力会社から集められたエンジニアとＤＡＲＰＡへツールの案を提出したサイバーセキュリティ研究者は、いわゆる〝ブラックスタート〟をするよう指示される。つまり停電した送電網をゼロから自力で始動させるということであり、ディーゼル発電機を回転させ、両電力会社の発電機から変電所への配電経路を構築して、最後に両社の発電機を同期させて重要施設のためにじゅうぶんな電力源をつくらなければならない。

演習の初日、電力会社のエンジニアたちはすぐに気づいた。デジタル上の破壊者に完全に乗っ取られたあとに電力網を動かすには、やり方を根本から考えなおさなければならない。

マクハンによると、ベテランエンジニアのなかには「数字を見て」電力網を再起動させようとチームの仲間に告げて作業に取りかかった者もいるという。自然災害のあとと同じように、ネットワークにつながったデジタル機器から遠隔で数字を読むことで電力網を始動させられると思っていたわけだ。「ハリケーンに対応するときのシナリオと同じだろうと、みんな高をくっていたんです」皮肉な口調でマクハンは言う。

狡猾できわめて執拗な敵

マクハンによるとその後24時間も経たないうちに、認識の甘い技師たちはコンピュータがすべて嘘をつくときにはふつうのやり方が通用しないことを知った。電力会社の技師が使い慣れている産業用制御システムのソフトウェアは、電力設備から電流と電圧のデータを取得し、それを管理センターにあるヒューマン・マシン・インターフェースというコンピュータに表示させる。しかしそのソフトはハッカーに完全に乗っ取られていて、きわめて不正確な、場合によっては偽りの数字を示していた。

さらに悪いことに、遠隔操作で取得する数字だけでなく、装置のパネルに表示される数字すら信用できないことに技師たちはやがて気づく。「ルータを停止させて、画面のデータをめちゃくちゃにして、ブレーカを落として、電力の経路を歪《ゆが》めていました」自分たちを苦しめる姿の見えないハッカーについてマクハンは語る。「ありとあらゆる手段で襲ってくるんです」

防御側の電力会社はハッカーを追い出してシステムを再構築しようとしたが、ハッカーは執拗《しつよう》に舞いもどってくる。「環境を整えていると、その動きに敵が対抗してくるわけです」激しい暴風雨の日、サイバーセキュリティ研究者のスタン・ピートロウィッツは、島で演習を取材していた《Wired》のわたしの同僚リリー・ヘイ・ニューマンにそう語った。[1] ３日目、防御側が送電網全体を再稼働させる直前までこぎつけたときに、攻撃者は重要な変電所を停止させてまたカオス状態に引きもどした。「わずかな勝利すら奪われました」とピートロウィッツは嘆く。

従来のコンピュータではどうしようもないと電力会社のエンジニアがチーム仲間のサイバーセキュリティ研究者に認め、その後はハッキングされたネットワークを迂回する実験的ツールに頼ることにした。結局、エンジニアはひとつひとつの変電所を訪れ、クランプがついたセンサーを電力装置に直接取りつけた。そして、ポータブルコンピュータ――デスクトップパソコンの大きさの黒い箱――によって構築された「メッシュ」ネットワークにこのセンサーを接続した。それらのコンピュータは、電力会社の感染したネットワークから切り離され暗号化されたチャネルを使って互いに通信する。

その暗号化されたネットワークによるコミュニケーションと電話での指令によって、電力会社の技師たちはようやく安定化へ向けて前進できるようになった。1週間の演習の最後の数時間で、ついにふたつの電力会社をわずかのあいだ同期させたが、演習がつづいていたらまたハッカーに停止させられた可能性もある。

一方、赤チームは別の種類の勝利を収めていた。青チームが守るよう命じられていた「重要施設」への電力供給を2度止めることに成功したのだ。いずれの場合も空気でふくらませた人形はしぼみ、建物の外のコンクリートの傾斜路にへたりこんだ。狡猾《こうかつ》できわめて執拗な敵との戦いにおける犠牲者である。

アメリカの主要都市で最大1カ月の停電が起こる?

ＤＡＲＰＡの実験のことを聞いて、わたしはその1年半前、ウクライナの2度目の停電後間もなくロブ・リーが言っていたことを思い出した。ボルティモアでリーが新しく立ちあげたスタートアップ、ドラゴスの殺風景な本社ではじめて会ったばかりのときだ。オフィスの窓の外にはちょうど鉄塔が並んでいて、30キロ弱南のワシントンＤＣへ電気を運ぶ送電線が架かっていた。

「アメリカの送電網を停止させるのは、ウクライナでやるよりむずかしいでしょう」とリーはそのとき言った。「でも停止させたままにしておくのは簡単かもしれません」

ＤＡＲＰＡの演習はこの考えを裏づけているように思えた。アメリカの電力会社は、ウクライナの会社よりもコンピュータと自動化システムで発電と電力の流れを管理するようになっている。こうした現代のツールがなければ何もできない。一方、ウクライナの電力会社はそういったツールが故障するのにずっと慣れているので、すぐにアナログのオプションに切り替えられる。

サンドワームがウクライナ西部と中部の各地で電力会社の回路用ブレーカを落としたとき、電力会社の職員は数時間のうちにトラックで現場へ向かい、手作業で変電所のスイッチを入れた。ＤＡＲＰＡのシミュレーションで青チームは、なぜ回路用ブレーカなどの機器を単純に自動操作から切断してマニュアル操作しなかったのだろう。それをスタン・マクハンに尋ねると、現代の機器の一部ではそれは選択肢にすらならないと言われた。「ブレーカのなかには自動化が非常に進んでソフトウェアでしか制御できないものもあるんです」とマクハンは残念そうに語る。

しかしアメリカの電力会社にアナログの予備手段がないこと以上に、ＤＡＲＰＡの演習ではリーが指摘していたさらに大きな問題が証明された。送電網や産業用制御システムへの攻撃は、これまでに世界が目にしたものよりはるかに深刻になりかねないことである。

将来の攻撃では、配電所や送電所ではなく実際の発電所が狙われるかもしれない。2007年にオーロラ実験でマイク・アサンテが証明したように、単に機器の電源を落とすだけでなく、それを破壊するように計画される可能性もある。その仮説実証攻撃で破壊された巨大な回転式発電機は、サンドワームによるキーウへの攻撃で狙われたような変電所など、アメリカの電気系統のあらゆるところで使われている保護リレーで守られていた。しかるべき保護リレーを狙えば、発電装置や、多くの場合数百万ドルかけて特注でつくられアメリカの送電システムを支えている巨大変圧器を、永久に機能停止させられる。

この破壊能力を考慮に入れると、ディストピアのシナリオはウクライナが経験した短期間の停電を超えて大きくひろがるとリーは言う。「ワシントンDC？　どこかの国がその気になれば、たいした手間もかけずに2カ月は停電させられますよ」平然とリーは言った。

ハッカーが与えることのできる損害は、物を破壊する個々の事件にとどまらないかもしれない。国が支援するハッカーについてサイバーセキュリティ業界が語るときは、それを「高度標的型（APT）」攻撃と呼ぶことが多い――高い技術を持つ侵入者が、単純に1度きりの攻撃のためにシステムにはいりこむのではなく、そこにとどまって標的をひそかに捕らえておく。運がよければ、被害者はそれを見つけてDARPAの青チームが試みたようにシステムから追い出すが、ハッカーはネットワークの目立たないところにバックドアを残していることが多く、それを使ってこっそりもどってきてネットワークにとどまる。すさまじく頭のいいゴキブリが蔓延《まんえん》するようなものだ。

リーの悪夢のシナリオでは、アメリカのインフラがこのように執拗にハッキングされる。深く根を張った敵に、交通網、パイプライン、電力網を繰り返し停止させられる。「複数の場所でそれをされたら、ひとつの地域全体で最大1カ月は停電してもおかしくありません」とリーは言う。「アメリカの半分の主要都市で1カ月も停電したら、劇的に変わらないものがありますか？」

エスカレートするインフラ攻撃

その1年半後にドラゴスを再訪すると、ロブ・リーの重要インフラ・サイバーセキュリティ企業は街の反対側のあか抜けた建物に移っていた。新オフィスの一角には配管とポンプからなる小さな「パイプライン」システムがあり、プログラマブル・ロジックコントローラがたくさん置かれた小部屋もあった。ほかの一角には業務用ビール醸造設備が一式ある。すべてドラゴスのハッキングデモと研修で標的として使われるものであり、自家製のインディア・ペールエールと黒ビールもほぼ無限に飲める。産業用制御システムへの攻撃から顧客を守るビジネスは繁盛しているようだ。前回リーに会ってから従業員は22人から84人へと急増し、投資家からは４８００万ドルを超える資金を集めていた。

　１本のオークの幹から特注でつくった会議用テーブルの前にリーとともに腰かけた。リーは空軍時代の写真よりも年を重ねて太って見え、ヴァイキングのようなもじゃもじゃの赤ひげを生やしている。軍の一匹狼から自信たっぷりで風変わりなＣＥＯへの転身は完了したようだ。リーはすぐにはっきりと述べた。自身とドラゴスが成功したのは、世界じゅうで重要インフラのハッキングがすさまじくエスカレートしているからだと。

「何もよくなってはいませんよ」とリーは状況をまとめる。「前に会ったときには、産業部門を特別に狙う集団を３つ追跡していました。いまは10も追いかけています」

　ドラゴスのアナリストの見立てでは、これら10のインフラハッキングチームは６つの異なる国のために働いているというが、リーは具体的な国名はあげなかった。「この分野で動いているのはロシア、中国、イラン、北朝鮮だけじゃありません」とリーはほのめかす。「産業部門を狙っているアフリカの国もひとつ追跡しています。どれもみんなが考えがちなものとはまったくちがいますよ」産業用制御システムに特化したサイバーセキュリティ事件対応チームとして、ドラゴスはいまや世界最大の存在であり、幅広く情報を収集しているが、リーの推測では現在進行中のハッキング活動のうち、同社が把握しているのは世界の送電網、工場、パイプライン、水処理施設といった標的への侵入の半分未満だという。

２０１７年後半には、ほぼ目に見えないこの戦いでさらなる重大事件があった。正体不明のハッカーが、サウジアラビアの石油精製会社ペトロ・ラービグに攻撃を仕掛けたのだ。[2] 使っていたのはTriton《トライトン》あるいはTrisis《トライシス》というマルウェアで、これは爆発や化学物質の漏出につながる状態をモニターする〝安全計装システム〟という装置を停止させる。

死者が出る悲惨な事故につながりかねない攻撃である。幸いこのマルウェアは工場をただ停止させただけだった。ハッカーはイランの手先ではないかと広く考えられていたが、２０１８年秋にファイア・アイは、この破壊活動家が使ったほかのマルウェアをロシアの化学・機械工学中央科学研究所の研究室と結びつけ、このサイバー攻撃にもロシアが関与している可能性があると示唆した。「脅威はどんどんあからさまになっています」とリーは語る。「この仕事をしてきた十数年で目にしたものよりも多くの攻撃的な動きが見られます」

攻撃がエスカレートしているおもな理由は、リーが長年繰り返し語ってきたものである。あまりにも長いあいだ語ってきたので、憤りが固まってある種のシニカルで揺るぎのない怒りと化している。アメリカ政府と西側全体が規範をつくらず、サイバー戦争へ向かう歩みを阻止してこなかったことである。

リーが諜報《ちょうほう》の世界を去って政府とのつながりの多くを断つ理由となった無為、怠慢、攻撃への集中が、いまは地球規模のデジタル軍拡競争を駆り立てている。実際それがいちばんの原動力となり、リーのスタートアップは大成功を収めた。リーはいまもそれに不満を覚えている。そして「政府は責任をほとんど放棄してきたんです」と結論をくだす。越えてはならない一線はまだ引かれていない。「敵はなんの罰も受けずにすませられると思っています」

しかしリーは、インフラのハッキングが増えつづけているのは一種の自己増殖的なサイクルだとも考えている。他国のハッキング能力を目にした国の情報機関はどこも、すぐに敵に追いつき追い越そうとするとリーは言う。ロシアはCRASHOVERRIDEやIndustroyerとして知られる停電を起こすマルウェアを2年以上前に見せつけていた。その後もサンドワームのハッカーは、現実世界に大きな損害を与える新手法を開発していると考えてまちがいない。

「国家は互いに肩を並べていたいと思うものです。ロシアとアメリカ以外の国は、現時点でははるかに後れをとっていると感じているはずです」とリーは言う。「すべての国がこの能力を大急ぎで高めようとするでしょう。すると割を食うのは民間のインフラ所有者です」

つまりサンドワームがきわめて無謀な形で示した破壊力は異常なものではなかった。世界のすべての軍事国家と無法国家がやがてほしがる、あるいは所有するかもしれないツールキットの最も目に留まりやすいモデルだったにすぎない。それは膠着《こうちゃく》状態にある地球規模のサイバー戦争における新しい標準兵器だったのだ。

38　回復力

サイバーセキュリティ業界の予言者

　ダン・ギアはテネシー州とアラバマ州の境界近くにある白い平屋に暮らしている。周囲はおよそ80ヘクタールの農場で、妻とともに代々伝わるトウモロコシ、ニンニク、ダリア、サヤエンドウ、タルベという特殊な白インゲン豆を育てている。タルベは誇りあるシェフなら本格的なカスレをつくるのに欠かさない材料だとギアは言う。

　職業人としてのギアのもうひとつの顔は、アメリカ情報機関のためのベンチャー投資家のような役割を果たす非営利組織、インキューテル（In-Q-Tel）の情報セキュリティ部長である。「片足を土に、もう片足を情報コミュニティに置いているのが、なんだか有意義な気がするんだ」とギアは言う。

　収益をあげていて、同時にＣＩＡ、ＮＳＡ、ＦＢＩなどアルファベット3文字の機関の計画を推進している企業へ投資するのがインキューテルの仕事である。同社のサイバーセキュリティ・ポートフォリオを組む責任者であるギアの仕事は、セキュリティの未来を見通すことだ。すべてを見通していると自負する情報機関のためにそれをするのである。

ギアの見た目はプロの予言者にまさにふさわしい。69歳という年齢のせいで、ひげとつながったボリュームのあるもみあげは白くなり、まだ色の残っている髪はポニーテールにまとめている。サイバーセキュリティ業界での評判は、このジェダイ・マスターのイメージと一致する。アトランティック・カウンシルのジョシュア・コーマンは、ギアのことを敬意をこめてサイバーセキュリティの「長老政治家で哲学者」と呼ぶ。ギアは1年に2度、田舎から出てきてブラックハットやＲＳＡといった世界最大級のセキュリティ・カンファレンスに登壇し、静まり返った聴衆を前に、簡にして要を得た基調講演をする。議会の公聴会でも国家安全保障や技術面でのリスクについて5度にわたって証言した。

　しかし未来志向の人間にしては、ギアのふるまいはまるで機械化反対者《ラッダイト》のようだ。数週間にわたって接触を試みたのち、ようやく地上回線を経由して彼の自宅にある旧式の固定電話につながった。ひとつだけ持っている携帯電話は電源を切り、錆《さ》びついた２００１年型フォードＦ－１５０のグローブボックスにしまいこんでいるらしい。家にはテレビがなく、ラジオも手まわしの非常用がひとつあるだけだ。トラクターまで自動化とソフトウェアを最低限に抑えて韓国製の古いモデルを使っている。「最新の流行品を買わなかったら、しばらく経つと現代生活を捨てたように思われるんだが、そうじゃない。はじめから受け入れなかっただけだよ」とギアは説明する。「わたしは危険にさらされていない」

相互依存の危うさ

この最後のひとことは、わたしがギアと話したかった理由をとりわけうまく言い表している。彼のデジタル禁欲主義の重要な側面がそこにほのめかされているからだ。これは単なる世捨て人の頑固な習慣から導き出されたものではない。セキュリティについての彼の根本方針を実践して生きる手段でもある。スタンフォード大学を拠点とするシンクタンク、フーヴァー研究所から２０１８年はじめに刊行された短い論文「ルビコン」でギアは、サイバー攻撃に対する社会の安全についての方程式でしばしば忘れられている変数を検討するよう主張する。回復力《レジリエンス》である。[1]

NotPetya のはるか前にもそのあとにも、サイバーセキュリティの業界人、専門家、セールスパーソンは壊滅的なサイバー攻撃を阻止する戦略を示していた。もっと安全なソフトウエアをつくり、さらに念入りにパッチをあてる。機械学習で磨きをかけたツールを使って侵入者やその悪意あるソフトウェアを見つけ、ネットワークを監視する。ロシアや北朝鮮といった悪者に罰を与える。そんな具合だ。

しかしＤＡＲＰＡのプラム島演習と同じで、ギアが目を向けるのは、雪だるま式にひろがるつぎの巨大規模のセキュリティ事件を防ぐ手立てではない。そこからすばやく回復し、被害を抑える方法を見つけ出そうとギアは決意しているのである。「いまはもう、問題発生の頻度を減らすのにさらに投資するときじゃないかもしれない」とギアはわたしに説明した。「修復の時間を縮めるのに投資すべきだね」

その回復力に重要なのは、ある種の独立だとギアは論文で主張する。「リスクの源は依存であり、それゆえリスクの高まりは依存の高まりの単調増加関数である」わかりやすく説明すると、デジタル化された文明のような複雑なシステムではひとつのものがほかのものに依存していて、そのほかのものもまた別のものに依存しているために、雪だるま式の問題に直面するということだ。土台が崩れたらタワー全体が崩壊する。制御システムがハッキングされて電力の供給が止まると、ガソリンのポンプも動かなくなり、郵便トラックも走らなくなって、パンも配達されなくなる——あまりにも複雑でコンピュータでは計算できない気が遠くなるほどの数の相互依存から、そうした予期せぬ影響が大量に発生するわけだ。

コンピュータシステムの不具合が雪だるま式にひろがること。見方によってはそれは、人類のいまの暮らしにとって気候変動よりも大きな脅威かもしれないとギアは主張する。「今日の社会における相互依存の中心には、気候を除くほかのあらゆる依存を凌駕《りょうが》するインターネットがあり、インターネットは変化の時定数が気候よりも5桁《けた》小さい」とギアは書く。電話での解説によると、要するにこういうことだ。安定した気候への依存は、安定したコンピユータネットワークへの依存と少なくとも同じぐらい人類存続へのリスクとなるが、悪意あるだれかが気候を変化させようと最善を尽くしても、炭素を何十年も排出しつづけなければ深刻なダメージは与えられない。しかし悪意あるハッカーチームは、わずか数分でインターネットを大混乱に陥れることができる。

ではこの危険な依存状態から社会を守るにはどうすればいいのか。「雪だるま式にひろがる問題を食い止めるには、森林火災を食い止めるのと同じで、延焼させるものがないエリアが必要である。つまり相互依存の反対のものが求められる」とギアは書く。

なんらかの形で、社会は相互に依存した現代の脆弱なネットワークから切り離された予備システムを構築あるいは維持する必要があるとギアは主張する。多くの場合それはアナログの選択肢だ。携帯電話ネットワークに問題が生じたら固定電話を使う。投票システムがハッキングされたら手で数えられる紙の投票用紙を使う。ウクライナの会社のような電力会社は手動制御に切り替える準備を整えておき、回路用ブレーカを手作業でひとつひとつ操作して電力を復旧させる。停電したガーナのデータセンターにあったドメイン・コントローラのバックアップは、破壊されたマースクのネットワークから切り離されていた。

アナログの強み

ギアの論文を読むと、その数カ月前にウクライナの国営郵便局のＣＥＯと車に乗っていたときのことを思い出した。わたしたちは彼の個人ドライバーの運転でキーウのボルィースピリ国際空港へ向かっていた。同局の数千台のパソコンを破壊し、郵便サービスを機能停止に陥れたNotPetyaについて、ＣＥＯのイゴール・スメリャンスキーが率直に語っていたのが印象的だった。同じことがまた起こりかねないことを彼は受けとめていたのだ。「この種のことをほんとうに防げるとは思いません」とスメリャンスキーは冷静に語った。「準備は整えておけます。そして被害を最低限に抑えるよう努めることもできる」

つぎのサイバー攻撃に向けていかに被害対策をするのか、スメリャンスキーには考えがあった。彼と幹部たちは、７万４０００人をかかえる会社の全部門にそれぞれ計画をつくり、技術面でふたたび機能不全に陥ったときに頼れる最低限の基本サービスを整えようとしているという。たとえば、トラック用の燃料備蓄や主要な局の緊急バックアップ・システムの費用を比較検討している。携帯電話ネットワークが停止したときの手順を説明する資料をすべての郵便トラックに載せておく。「仕分けセンターには予備の発電機を設置して、小規模でシステムを動かせるようにします」ニューヨークで長年働くあいだに身につけたアメリカ風の英語でスメリャンスキーは言った。「ドライバーはそこへ行けばいいとわかっている。連絡がとれないときは、資料を見ればどうすればいいか順を追ってわかるわけです」

　郵便局の重要機能である年金の支払いについても、スメリャンスキーは対処法を提案していた。大量のコンピュータが長期的に使えなくなった場合、単純に全員に月１０００フリヴニャの年金を支払う。これはおよその中央値である約36ドルで、コンピュータがオンラインにもどったらつぎの支払い時に足し引きする。問題がつづいているあいだ、だれも飢えることはない。

　ある意味ではウクライナの郵便局は、NotPetya の攻撃を受けたあと、近代化されたほかの国が対処する場合よりもうまく立ちまわっていた。新聞購読者のデータベースが破壊されたら、各地の局が紙の購読申し込みカードを箱から出してきて配達リストをつくりなおした。ウクライナの年金受給者は、電子支払いではなく現金で年金を受けとった。とりわけ地方の多くの局ではいまでも紙の書類を使って支払い処理をしていて、なかには日常業務でパソコンにふれない職員もいる。

「ひときわ大きな問題が起こったのは大都市です。小さな街では書類を使った処理をまだ覚えている職員もいますから」とスメリャンスキーは語る。「キーウではパソコン導入前の時代を覚えている職員がいませんでした。年配の職員を探して教えてもらうように指示しなければならなかったのです」

アナログの過去に安全に片足を残していたにもかかわらず、ウクライナの郵便局もウクライナや世界じゅうの多くの組織と同じく NotPetya のせいでやはり甚大な被害を受けた。つぎの攻撃に備えるのは簡単ではない。ボルィースピリ空港に到着しようかというときにスメリャンスキーもそれを認めた。しかし彼は楽観視している。「これは依存の問題です。依存の問題に徹底的に取り組まなければなりませんし、いまそれに取り組んでいるところです」

「われわれはルビコン川のほとりに立っている」

インターネットがまた NotPetya のようなものに襲われると思うかと尋ねると、質問を終える前にダン・ギアは答えた。「イエス。イエス、イエス。襲われないわけがないじゃないか。北朝鮮がこれと同じようなことをすると考える理由はあるか？　ある。中国は？　ある。こんなことをできる国の数は増えるだろうか。おそらく増える」

しかし前回のサイバーセキュリティ大災害の教訓のひとつ――ウクライナでは旧世代の郵便局員がアナログのスキルを持っていて仕事をまわせたのに対し、若い世代はそれができなかったこと――は、ギアにはとりわけ不安を覚える事実である。いざというときに使えるアナログの手段は過去に埋もれていき、デジタル化されて自動化されたもの、つまるところ脆弱な新システムに取って代わられている。ギアは現代技術から切り離された自分自身の生活は個人的な好みであり、それと同時に安定した過去の予備システムを動かしつづける「必要《ベース》最低限《ロード》の」人口への貢献でもあると考えている。

「いまの選択肢がだめになったときに、準備が整っていて、すでに動いていて、うまく使えるとわかっている別の選択肢があるのが社会にどれだけプラスになるか、数字で測るのはむずかしいけれど、それは重要だと思う」とギアは言う。「でもアナログのものを動かしつづけるベースロードはどこで手に入れればいい？　自分たちの意思でそれを使いつづける人がいなくちゃならない。でなければ将来、昔にもどってまたつくりなおさなければならず、いま動かしつづけるよりもずっとたいへんになる」

　そのアナログのベースロードがなければ、人類は危険な新時代の崖《がけ》っぷちまでイノベーションをつづけるだろう。そこでは果てしない相互依存によってわたしたちの運命が決まり、セーフティネットは取り除かれる。社会のリソースの一部をイノベーションから切り離しておくのには代償がともなうことをギアも認める。しかし過去を捨てる代償はさらに高くつくかもしれない。「こんなことを言って悲観論者のように思われるのはいやだけど、むずかしいことをやろうとしているんだ」とギアは主張する。「取り返しのつかない形で何かに依存したいかどうか、それくらいは自分で選びたい」

その選択をする時間は尽きようとしている。「いまよりも世界がアナログになることはない」とギアは「ルビコン」論文の最終段落に書く。

完全にアナログの施設がある国は、一足飛びに全面的なデジタル化へと直接向かった国よりもはるかに有利である。前者の国は後者が持つことのない安全な防火帯を保っているが、施設を保存すれば、いや施設を保存したときにかぎって、前者の国は回復力という恩恵を享受する。そのように保存されたものによって、デジタル化された者は回復力を与えられ、デジタル化への不参加を選んだ者も引きつづき自由を得るのであり、これは歴史上のいまの時点に固有のことである。

われわれはルビコン川のほとりに立っている。

エピローグ

〝国境地帯〟の戦場の町マリンカ

ウクライナはいまでも隣国ロシアから与えられた名前の由来――「国境地帯」――に忠実である。そしてマリンカほどウクライナ国境のプレッシャーを感じてきた場所はない。美しい湖に隣接した人口１万人弱の小さな町で、キーウから南東へ５６０キロほどの戦争に引き裂かれたドンバス地域にある。ウクライナの多くの町と同じく、マリンカでも並木道とグレーの建物からなる町並みのなかに華麗な大聖堂とソ連時代の記念碑が点在する。しかし町の東と南の端に近づくと建築物は荒廃していて、町へ集中砲火を浴びせてきた長年の戦闘の傷跡がうかがえる――爆破の痕跡、焼け落ちて放棄された建物、正面が派手に爆破され、むきだしの骨組みに崩れた煉瓦がまき散らされた建物。

その先に進むと、まだ町のなかなのにコンクリート・ブロックの迷路に守られた検問所があり、兵士が詰めている。地元住民が「ポイントゼロ」と呼ぶ場所である。その先は無人地帯だ。町を突っ切る形で存在する、親ウクライナ派勢力と親ロシア派勢力の前線である。
そんな状況のなかでも、前線から８００メートルも離れていないマリンカ中心部では、かつてスーパーマーケットだったオレンジ色の建物で中年女性たちがパンを焼き、愛国的な青と黄色のプラスチック容器に焼きたてを詰めている。[1] そこはロシアの侵略を逃れてきた司祭で企業家のオレグ・トカチェンコが経営するベーカリーである。

２０１４年、ドンバスのなかでもさらに北の都市スラビャンスクで、トカチェンコが家族のために8部屋ある家を建てていたとき、元ロシア軍将校率いる兵士たちが地元の警察署を襲撃した。隣人がアパートメントのバルコニーで射殺され、街の占領における最初の民間人犠牲者になる。「21世紀に暮らしていて、自分が暮らす街にいきなり戦争がやってきて銃が放たれて人が死ぬ、そんなことが実際に起こるだなんて信じがたいですよ」トカチェンコはそう振り返る。いまはマリンカのすぐ北で、部屋がふたつしかないわずか45平方メートルほどのアパートメントに妻と4人の子供と窮屈に暮らしている。

オレグと妻のユージニアは、たいていいつもドンバスの前線地域をまわっている。トカチェンコはウクライナ兵の軍隊つき司祭を務めていて、夫婦はベーカリーでつくったライ麦や小麦の焼きたてパンを頻繁に届けているのだ。会社が慈善事業に使う金額は利益よりも多い。戦争が勃発《ぼっぱつ》してから地元経済はほぼ崩壊し、マリンカの住民は半分近くが西へ逃れた。「みんなパンを買うお金すらないんです」とトカチェンコは嘆く。

　ウクライナの紛争地帯をまわるなかで、トカチェンコは破壊された社会を数えきれないほど目にした。大砲によって深さ4・5メートルほどの穴がいくつもできた村。砲弾《シェル》ショックを受けて何週間も、何カ月も地下室で暮らす家族。戦争による荒廃と向き合うよりましだと、みずから死を選んだ村の高齢者たち。自宅の裏庭に夫を埋葬せざるをえなかった妻。１９８6年、チョルノービリの大惨事のあと、すべての持ち物をあとに残してプリピャチの町からドンバスへ移ったのに、その30年後にこんどは戦争で自宅が全焼した家族。

　しかしどこよりもおぞましい状態は、ベーカリーのすぐ南のマリンカ自体に見られるとオレグとユージニアは言う。軍検問所の先の廃墟《はいきょ》の街では、ほとんどの建物が損傷していて、破壊しつくされて煙突しか残っていない家もある。記者、援助活動家、それに警察でさえも、荒廃したその土地に足を踏み入れる者はほとんどいない。しかし土地を離れるのを頑《かたく》なに拒んだり、単純にほかで新生活をはじめる資金がなかったりして、12世帯がいまもそこで暮らしている。

　トカチェンコの説明によると、これらの家族は窓の前に砂嚢《さのう》を積んで自宅を掩蔽壕《えんぺいごう》にし、家を守る必死の最終手段として壁に宗教的なイコンを描いているという。最近、ある男性が地雷によって命を落としたが、戦闘がつづいていてきわめて危険な状態のため、2週間も埋葬できなかった。その地域で暮らす12歳の少年は爆弾の破片が頭にあたり、手術を数回受けたが脳に損傷が残った。

しかしウクライナの紛争地帯に取り残されたほとんどの国民と同じで、それらの家族もなんとか生活をつづけている。「最初は恐怖心とパニックに襲われます。それが消えることはありませんが、人は慣れるものです。みんなストレスのもとで暮らしています」トカチェンコはそう言ってまばたきし、涙をこらえた。「なんにだってすっかり慣れてしまうんです」

インターネットでは、われわれはみなウクライナだ

軽度の戦争が果てることなくつづく状態、それが文明の断層線をまたいで存在する国のディストピア的な現実である。ウクライナはその地理の残酷さからいまだ逃れられずにいる。サンドワームの物語からは、その地理のせいでウクライナがサイバー戦争の出発点にもなったことがわかる。ウクライナを越えて同じ規模のデジタル攻撃がNATOやEUに加えられたら、欧米が黙って見すごすことはまずないだろう。しかし数百年前からロシアがウクライナに加えてきた過酷な抑圧とは異なり、新形態のこの紛争が地理上の枠内にとどまるとは思えない。数百年ものあいだ欧米が目をつぶってきたほかの多くの残虐行為とはちがい、サイバー戦争は気楽に見ていられる遠方で起こっているわけではない。われわれの自宅、会

社、政府、インフラとつながる地球規模のネットワークで起こっているのだ。

２０１０年、ＮＳＡとＣＩＡの元長官マイケル・ヘイデンが不吉な予言をしていた。ラスヴェガスで開かれた〈ブラックハット〉セキュリティ・カンファレンスの基調講演で、集まったプログラマ、セキュリティエンジニア、ハッカーに語ったものである。「みなさんはサイバー領域をドイツ北部の平野のようにしたわけです。そして侵入を受け、文句を言って嘆いている。インターネットでは、われわれはみなポーランドです。ウェブではだれもが侵攻を受ける。この領域の地形は、その性質からしてすべてが攻撃に活《い》かされます」

10年近くを経て、ヘイデンのシニカルな発言は——数百キロのずれが生じたとはいえ——いまなお真実味を帯びている。インターネットでは、われわれはみなウクライナだ。国境のない紛争では、だれもが前線に暮らしている。そして国境地帯からの警告に耳を傾けなければ、だれもが同じ運命に陥ることになるかもしれない。

附録　サンドワームとフランス選挙ハッキングのつながり

マイケル・マトニスが見つけた、Olympic Destroyer と２０１６年アメリカの州選挙管理委員会への攻撃のつながりは、オリンピック破壊工作がＧＲＵのしわざであることを示す公に立証可能な何よりの証拠である。しかしマトニスは同じころ選挙を狙ったほかの作戦とサンドワームの別の複雑なつながりも見つけていた。それについても説明しておくべきだろう。

２０１８年５月、Olympic Destroyer の調査をはじめて３カ月の時点でマトニスは、サンドワームが NotPetya の準備に使ったバックドアに残る別の手がかりも調べだしていた。そうしたバックドアのひとつで、NotPetya をそれ以前のサンドワームによる攻撃と結びつけるのに役立ったＶＢＳツールが、ブルガリアのあるサーバ経由で制御されていることにイーセットが気づく。[1] マトニスはずっと、そのコンピュータのセットアップはおかしいと思っていた。そのコンピュータは Tor《トーア》 というソフトを実行していた。インターネットのトラフィックの出どころを隠すために３重に暗号化し、ランダムに選ばれた世界じゅうのボランテイア・サーバ（Tor ノードと呼ばれる）３台を経由させるソフトである。サンドワームのコマンド&コントロールサーバも、こうした Tor ノードのひとつとして使われていて、見知らぬ人のトラフィックをインターネットのあちこちに飛ばしていた。すりが人ごみにまぎれるように、ダミーのトラフィックを大量に発生させて混乱を招こうとしたのだろう。

　しかしサンドワームの Tor サーバの設定を調べるうちに、マトニスはそのセットアップをある種の手がかりとして使えることに気づいた——背後にいるハッカーを特定する手がかりではなく、別の作戦のために設定されたほかの同様のサーバを見つける手がかりである。Tor を使ったことで、サーバは匿名性のなかに溶けこむのではなく逆にくっきりと浮かびあがったわけだ。

　マトニスはこの手がかりの詳細を明かしてくれなかった。Olympic Destroyer と Malicious Macro Generator のつながりに気づくきっかけとなった手がかりをくわしく教えてくれなかったのと同じである。しかしこの Tor の手がかりをある種の雛形《ひながた》として使い、同じ特徴を持つと思われる20台を超える同様のサーバをマトニスがインターネットから発掘したところ、いずれも２０１７年にオンラインになっていることがわかった。サンドワームのだれか、あるいはサンドワームのために働くだれかが、攻撃に向けて一連の新しいバックエンドサーバを立ちあげたのではないかとマトニスには感じられた。

サンドワームの一連のバックエンドマシンを特定したあと、マトニスは以前と同じようにインターネットのＤＮＳを漁《あさ》り、これらのサーバがホストになっているＩＰアドレスのドメインを探した。そうして見つけた最初のドメインのひとつをグーグル検索したところ、驚くべきものにたどり着いた。グーグルになりすましたフィッシングリンク、drive.googlmail.com.verification.security.login-service.ml であり、これはフランス大統領エマニュエル・マクロンの政党からハッキングした大量のメールのなかのメッセージだったのだ。

２０１７年フランス大統領選挙の直前に、盗まれたその大量のメールをウィキリークスが公開していた。前年にアメリカ大統領選挙でヒラリー・クリントン陣営のメールを公開していたのと同じである。「googlmail」という偽装ドメインが含まれたそのメッセージは、フィッシングメールだった。マクロン陣営のサーバに侵入して中身を漏洩《ろうえい》させるためにハッカーが使ったメールと同じものと思われる。盗んだメッセージをすべて流出させる前に、ハッカーはおとりメールを削除するのを忘れたようだ。サンドワームのハッカーは、マトニスが NotPetya と結びつけていたフィッシングのドメインを含むメールのコレクションをすべて漏洩させたことで、当選したフランス大統領の秘密とともに自分たちの秘密も漏らしてしまった。そして、２０１７年の選挙ハッキング事件に関与していたことが疑いの余地なく明らかになった。

謝辞

本書は故マイク・アサンテの手助けがなければ書けなかった。白血病と闘ったのち2019年7月に亡くなったアサンテは、比類のない専門知識と分析力を持っていただけでなく、それをきわめて気前よく分かち合ってもくれた。亡くなる前の数カ月のあいだも、ウクライナ停電の事後分析やオーロラ研究の技術面について、些《さ》細《さい》な質問に躊躇《ちゅうちょ》なく答えてくれた。このふたつについての情報提供によって、またそのほかにもさまざまな貢献によって、アサンテはこの世界をわれわれみんなにとってより安全な場所にしてくれた。彼の人生の一部を分かち合うことで、本書がアサンテの追悼になることを願っている。

本書のおもな情報提供者たちは、無数の時間を割いて話を聞かせてくれた。これから先も感謝の気持ちが消えることはない。しかしほかにも多くの人が、名前を出さないことを条件にエピソードや経験を語ってくれた。多くの場合、本人や勤め先が悲惨なサイバー攻撃に苦しむきわめて繊細な状況のなかで話をしてくれた。キャリアが脅かされたり、被害の詳細を明かすことで恥をかいたりする可能性があるにもかかわらず、繰り返し耳にしたのは、自分の話は「語る意義がある」ということばである――歴史上の価値や、ほかの人や組織のセキュリティへの教訓はあまりにも大きいので、それを分かち合わないわけにはいかないのだと。権力者が露骨に自分の利益のために恥知らずの嘘をつく時代に、無私の心で真実を語るその行動は、かつてなく重要で称賛に値する。

ウクライナ、ロシア、韓国でお世話になった4人の通訳者と仲介者――グリゴリー・クズネツォフ、マルガリータ・ミナシアン、ダリア・ミハイロワ、ジェームズ・ユー――はみな、きわめて重要な仕事をしてくれた。情報提供者の多くを見つける手助けをし、その人たちから話を聞けるようにしてくれて、アイディアを出して物語を形づくってくれた。驚くほど有能なチェルシー・リウは、その物語の内容について事実確認をするというさらに複雑で困難な仕事を引き受けてくれた。感謝されることもなく何カ月もかけてわたしのまちがいと誤解を正してくれたチェルシーには、とりわけお礼を言いたい。

《Wired》の同僚はみな、非常に気前よく執筆のための時間をくれて融通をきかせてくれた。ジャーナ・ベリー、ケイティ・デイヴィス、エリカ・ジュエル、ニック・トンプソン、アンドレア・バルデス。《Wired》のウェブ編集者ブライアン・バレットは、執筆のための休暇を躊躇なく認めてくれたうえに、穴を埋めるべくさらなる仕事を引き受け、わたしが書けたよりも多くの記事をわたしの不在中に書いてくれた。彼とスーザン・ムルコは、本書の物語の一部になったさまざまな出来事を扱う記事の多くを編集してもくれた。ロブ・キャップスは、わたしがサイバー戦争の特ダネを見つけたのではないかと最初に言ってくれた。ジョン・グラヴォワは本書のきっかけになった《Wired》の記事と、それを元にした初期の雑誌記事を手際よくかつ思慮深く編集してくれた。そしてだれより、同じ《Wired》のセキュリティ記者であるリリー・ヘイ・ニューマンは、わたしの休職中に大量の記事を書いて《Wired》のセキュリティ・チャネルを賑《にぎ》わせてくれたうえ、本書の物語とアイディアを考えるのを手助けしてくれて、草稿を隅々まで熱心に読んでくれた。そして何より勇ましいことに、わたしが自宅で快適にキーボードを叩《たた》いているときに、土砂降りのプラム島で1日かけてＤＡＲＰＡのブラックスタート演習を取材してくれた。

　わたしのエージェント、エリック・ルプファーにも大いに感謝している。本書の完成までに長年さまざまな中途半端なアイディアに耳を傾けてくれ、『サンドワーム』というタイトルも最初に提案してくれた。ダブルデイの担当編集者ヤニヴ・ソーハは、望めるかぎり辛抱強く、批評的な目で、鋭くこのプロセス全体を導いてくれた。同社の編集アシスタント、カーラ・ライリーもきわめて貴重な一連の編集作業を担当してくれた。このふたり、およびビル・トーマスとエドワード・カステンマイアーには、すぐに出版計画にポテンシャルを見いだしてわたしと仕事をする選択をしてくれたことにお礼を言いたい。ヤニヴのオフィスの外に控え、彼がすばやく編集作業をできるようにしてくれたキャシー・ハウリガンにも感謝している。ダン・ノヴァックの法律顧問としての不屈の精神に、またショーン・ユール、ベス・ピッツィオ、ケイト・ヒューズ、トッド・ダウティ、マイケル・ゴールドスミス、ハンナ・エングラー、イングリッド・スターナーら、ダブルデイ／ペンギン・ランダムハウスのほかのみなさんにも深く感謝している。

　ほかにも心の底からお礼を言いたい人がいる（順不同）。サム・チェンバーズ、ジェームズ・ルイス、ケネス・ギアーズ、アラン・パラー、オレ・デレヴィアンコおよびキーウのＩＳＳＰのスタッフ、アン・アップルバウム、クリフォード・ストール、スティーヴン・レヴィー、アレックス・グラッドシュタイン、マリナ・アントノヴァ、カトゥーナ・ムシュヴィドバゼ、ズラブ・アフヴレジアニ、エレナ・オスタニナ、オータム・メイソン、ロマン・ドブロフトフ、フョードル・モズゴボイ、エイドリアン・チェン、ジョシュア・コーマン、トレヴァー・ティム、ベン・ウィズナー、エドワード・スノーデン、パトリック・ネイホーン、クリスティアナ・ブラフマン・キットナー、マリーナ・クロトフィル、ベン・ミラー、アンナ・キーヴ、ランソン・バーケット、イリナ・カシオラ、ジェシカ・ベッテンコート、サラ・キツォス、ジェイム・パディラ、マイク・スミス、ウォルター・ワイス、ナディア・ワジルコとスティーヴン・ワジルコ、ナタリー・ジャレスコ、トム・メイヤー、ジャスミン・レイク、ブライアン・フォーゲル、サラハナ・シュレスタ、サブリナ・ベゼラ、サム・グリーンバーグ、ナイマ・ゾハリ、スティーヴ・ウォラル、それにとても大きな、特別な感謝をバーサ・アクイラへ。

わたしを楽しませてくれ、長い昼寝を何度もして執筆の時間をくれたビラル・グリーンバーグに感謝している。最後に妻で本書とほかのすべてにおけるパートナー、マリカ・ゾハリ＝ウォラルに無限の感謝を。

著者あとがき

本書がアメリカで刊行されてから2年3カ月後の2022年2月24日、ロシアのウラジーミル・プーチン大統領は正当な理由もなくウクライナへの全面侵攻を開始し、世界はぞっとしながらその様子を目撃した。

ウクライナとの国境を越える戦車や砲兵部隊には〝Z〟の文字があり、この記号は瞬く間に意味のない残虐行為の代名詞となった。首都を包囲してウクライナ政府を追放するために、ヘリコプターと空挺《くうてい》部隊はキーウの周辺地域に攻撃をかけた[1]。軍艦は黒海を封鎖し、ウクライナの海外航路を遮断し、経済を窒息させた。

だが、陸海空からのこうした攻撃よりも前に、この新しい戦争は別の領域ですでに予告されていた。2月23日、いまでは悪名高いロシアのハッカー集団サンドワームが、ウクライナの政府機関やＩＴ、エネルギー、農業、金融産業などの10以上のネットワークを標的に攻撃を仕掛けた。ネットワーク内でひろがるよう設計されたデータ消去コードでコンピュータを大量に破壊し、侵攻開始までに恐怖、混乱、そして組織の麻痺《まひ》を徐々に浸透させた。[2]

ロシアの攻撃による実際の破壊のさなかでは、こうしたサイバー攻撃に関するニュースはほとんど世間の注目を集めなかった。しかし、何日間も何週間もつづく蛮行のあいだも、サンドワームやＧＲＵの内部にいる仲間のハッカーは、ロシア軍本体とともにウクライナを標的として、ある種のハイブリッド戦争——戦場での正規の攻撃とサイバー攻撃を連携させたもの——を過去の紛争では見られない規模で実行した。

間髪入れずに、ＧＲＵのハッカーはアメリカ資本の衛星通信モデム企業ビアサットに侵入し、AcidRain《アシッドレイン》として知られるマルウェアを、ウクライナ、ポーランド、フランス、ドイツなどにある何万台ものモデムに送りこんだ。[3] ウクライナのサイバーセキュリティ担当の高官ヴィクトル・ゾラによると、この攻撃は同国の軍に「通信面でかなり大規模な被害」をもたらした——さらに、影響は飛び火し、ドイツの風力タービン２０００基の制御が不能になった。[4]

ほどなく、より狡猾《こうかつ》な攻撃が形をなしはじめる。ロシアは現実の戦争兵器とともにハッカーを展開させた。開戦から5日後、ハッカーはキーウのさまざまなメディア企業のネットワーク内で破壊的なマルウェアを作動させ、ラジオやテレビの放送を妨害する——同日、首都のテレビ塔はミサイル攻撃を受けた。少なくとも5人が死亡し、近くのホロコースト記念碑にも破片が降りそそいだ。3日後、ＧＲＵのハッカーはウクライナ中部の都市ヴィーンヌィツァの政府ネットワークに侵入した――同市の空港が8発のミサイルで破壊される2日前のことだ。さらに1週間ほどあと、ドニプロ市にデータ破壊型のサイバー攻撃がおこなわれたちょうどそのとき、市庁舎の建物が空爆された。[5]

　破壊的なサイバー攻撃と従来の戦争がこのように同時に進行するのは前例がないことかもしれないが、少なくともわたしのように過去5年間、ロシアのハッカー集団サンドワームを執拗《しつよう》に追いかけてきた者にとっては、簡単に予測可能なことでもある。ＧＲＵ、特にその内部にいるサンドワームのハッカーは、この本に書かれているように、ますます激しさを増す混乱のなか、世界で最も向こう見ずなサイバー戦争の実践者としてすでに目覚ましい働きをしている。

　ロシアはウクライナ東部のドンバスと呼ばれる地域で２０１４年から、より限定的な紛争を何年も遂行してきたが――本書でもその期間のことを扱っている――サンドワームのハッカーはウクライナ全土で好きなように紛争の種を蒔《ま》いてきた。これはロシアが武力を行使する軍事目標とはほとんど連動しない、デジタルに限定したサイバー戦争の形態だった。代わりにサンドワームに課されていた任務は、無制限のデジタル攻撃によってウクライナ政府を弱体化させ、東から西まで全土の国民を恐怖に陥れることにかぎられていたようだ。

サイバー戦争の初期に得られた教訓が、いまようやく完全に明らかになりつつある。送電網から病院にいたるまで、サンドワームが理不尽に標的にした民間の重要インフラを振り返ってみると、クレムリンが自由なウクライナを破壊することに病的なまでに執着していたことや、軍事と民間の境界線を完全に無視していたことがわかる。より具体的に言うと、こうした攻撃はロシアがつくりあげた強力であつかましいサイバー戦争部隊が担っていた——本書を執筆した時点からほんの数年後にロシアがはじめた全面戦争でも、最大の効果をあげるためにいまだに使われている部隊だ。しかし、なかでもとりわけ広く、世界にはじめて示されたのは、サイバー戦争を無制限に遂行するハッキングの強大な力と世界の秩序に対する新たな脅威だ。その加害者はけっしてロシアに限定されることはないだろうし、被害者がウクライナに限定されることもないだろう。

　本書の初版が刊行されてから数年経つが、破滅的サイバー攻撃の脅威は、実際にますます増加し、多様になっている。営利を目的としたサイバー犯罪者は、ランサムウェアを使って各国の社会や経済の要を混乱させたり、人質にとったりしている。たとえば、２０２１年にはアメリカ東海岸へのガソリンの供給の半分近くを担うコロニアル・パイプラインがハッキングされた。[6]２０２２年春、コスタリカ政府は多額の身代金を要求された。[7]またその１カ月半ほど前にはトヨタへの攻撃があり、日本各地で同社の関連工場が操業を停止した。[8]北朝鮮の国家支援を受けたサイバー犯罪者は、世界じゅうの銀行や仮想通貨業者を標的とした窃盗の規模を拡大し、何十億ドルも手に入れている。中国は、長らくスパイ活動と知的財産の窃盗に限定してデジタルの侵入をおこなってきたが、２０２０年に台湾国営の台湾中油（ＣＰＣ）を麻痺させたサイバー攻撃のように、より好戦的なロシアの手法を採り入れる兆候を見せている。[9] そしてロシア自身は現在、ウクライナ侵攻に対する国際社会からの制裁によって孤立し、窮地に追いこまれている。そのため、国境から遠く離れた標的へ報復的なハッキング攻撃をする可能性はこれまでになく高まっている。

一方で、世界各国の政府もここ数年で、最も危険な形のサイバー戦争を抑える策を進めてきた。アメリカ、イギリス、ジョージアの政府は、本書の初版が出たわずか数カ月後の２０１９年末にジョージアのテレビ局を機能停止させたハッキング工作に対して、サンドワームを非難した。それだけでなく、ロシアが隣国に対して破壊的な攻撃をおこなっていると、（ジョージアがＮＡＴＯ非加盟国にもかかわらず）責めたてた。ついには、サンドワームが実はロシアのＧＲＵの７４４５５部隊であるという、本書で最初に明らかにした説を公に認めた。[10]

２０２０年後半、アメリカ司法省はサンドワームのハッカー６名を名指しで起訴した。何年も放置されていた無神経な破壊行為に対する帰結を求め、サンドワームの所業に対するあきれた沈黙を終わらせた。[11] 今回のロシアによるウクライナ侵攻後、アメリカ政府は6人のハッカーの逮捕につながるすべての情報に対して１０００万ドルの懸賞金までかけた。[12] 最悪のサイバー攻撃から5年が経ち、ＧＲＵのサイバー戦争犯罪に対する完全な免責は終了したようだ。

いくつかの断片的な証拠から、ウクライナとその支援国はこんどの紛争ではロシアのサイバー攻撃を防御する準備を以前よりも整えていたことがわかっている。たとえば、サンドワームはあるサイバー攻撃でウクライナの送電網を狙い、２００万人が住む地域を停電させようとした。[13] 15年と16年に起こった2度の停電攻撃のときとは異なり、防御側はシステム内に侵入したハッカーを検知し、電力供給が遮断されるのを防ぐことができた——これまでのサイバー破壊行為に対するウクライナの脆弱性を考えれば、驚くべき勝利だ。

何年も待ち望まれていた各国の説明責任や防御面の強化が果たされた状況であるとはいえ、最も恒久的な解決策——デジタル版ジュネーブ条約（訳注：２０１７年にマイクロソフト社長ブラッド・スミスが掲げた、民間をサイバー攻撃の対象としないなどの取り決め）のように国家主導のハッキングを制限する国際的な取り決め——は、まだはるか彼方にある幻の理想にすぎない。その理由のひとつは、アメリカのような政府が、サイバー戦争のツールを制限することは自国の戦略の可能性を狭めてしまう、といまだに近視眼的に考えているからだ。そんなことをしていては、サイバー戦争が激しさを増しても、わたしたちはみな脆弱なままだ。
そうした認識が変わるまで、〝インターネットでは、われわれはみなウクライナだ〟という本書の結論は有効だ。そして、その意味はこれまでよりずっと大きくなっている。

2022年6月

アンディ・グリーンバーグ

出典について

本書の多くの章、とりわけ歴史を扱う章は２次文献に大きく頼った。なかでも参考文献一覧にあげた書籍の著者には感謝している。しかし本書の中心をなす物語は、数百時間にわたるインタビューにおおむね基づいている。話を聞いた人の名前は可能なかぎり本文中に記した。文献をあげるのを失念した可能性のある多少の情報を除けば——遺漏についてはあらかじめお詫《わ》びしておく——つぎの巻末注に含まれていないものはすべて著者自身による報告である。

本書各部のエピグラフはフランク・ハーバード『デューン』（新訳版、酒井昭伸訳、ハヤカワ文庫）の以下のページから引用した（訳は一部変更している）。下巻２７７、上巻32、下巻２６０、下巻２３３、下巻２８２頁、中巻２８１。

2　ブラックエナジー

（1）Jose Nazzario, “BlackEnergy DDoS Botnet Analysis,” Arbor Networks, Oct. 2007, archived: bit.ly/2D0qzQ0.

（2）同右。

3　アラキス

（1）Ariana Eunjung Cha and Ellen Nakashima, “Google China Cyberattack Part of Vast Espionage Campaign, Experts Say,” *Washington Post*, Jan. 14, 2010, www.washingtonpost.com.

4　戦力倍増

（1）“Ongoing Sophisticated Malware Campaign Compromising ICS,” ICS-CERT website, Dec. 10, 2014, ics-cert.us-cert.gov.

6　ホロドモールからチョルノービリまで

（1）Reid, *Borderland*, 1.
（2）同右、13。
（3）同右、97。
（4）同右、99。
（5）Applebaum, *Red Famine*, xxvi.
（6）同右、25。
（7）同右、31。
（8）同右、64。
（9）同右、123。
（10）同右、223。
（11）同右、236。
（12）同右、202。
（13）同右、257。
（14）“Coining a Word and Championing a Cause: The Story of Raphael Lemkin,” *Holocaust Encyclopedia*, United States

Holocaust Memorial Museum website, www.ushmm.org.
(15) Raphael Lemkin, "Soviet Genocide in the Ukraine," in *Holodomor: Reflections on the Great Famine of 1932–1933 in Soviet Ukraine*, ed. Lubomyr Y. Luciuk (Kingston, Ontario: Kashtan Press, 2008).
(16) Reid, *Borderland*, 150.
(17) 同右、151。
(18) 同右、162。
(19) 同右、161。
(20) Vadim Erlikhman, *Poteri narodonaseleniia v XX veke: Spravochnik* (Moscow: Russkaia Panorama, 2004), 21-35, via Wikipedia.
(21) Reid, *Borderland*, 205.
(22) 同右、194。
(23) "New Study Rewrites First Seconds of Chernobyl Accident," *Sci News*, Nov. 21, 2017, www.sci-news.com.
(24) "Sequence of Events," Chernobyl Accident Appendix 1, World Nuclear Association website, Nov. 2009, www.world-nuclear.org.
(25) Reid, *Borderland*, 197.
(26) Lev Golinkin, "The Lasting Effects of the Post-Chernobyl Parade," *Time*, April 30, 2016, time.com.

7　マイダンからドンバスまで

(1) Reid, *Borderland*, 216.
(2) 同右、244。

（3）同右、２４６－２４７。

（4）同右、２５２。

（5）同右、２５３－２５７。

（6）Glib Pakharenko, "Cyber Operations at Maidan: A First-hand Account," *Cyber War in Perspective: Russian Aggression Against Ukraine*, 2015, ccdcoe.org.

（7）Plokhy, *Gates of Europe*, 340.

（8）Reid, *Borderland*, 268.

（9）Plokhy, *Gates of Europe*, 340.

（10）Reid, *Borderland*, 268.

（11）Ray Furlong, "Investigators Say Missile from Russian Unit Downed MH17," Radio Free Europe/Radio Liberty, May 24, 2018, www.rferl.org.

（12）Margaret Coker and Paul Sonne, "Ukraine: Cyberwar's Hottest Front," *Wall Street Journal*, Nov. 9, 2015, www.wsj.com.

（13）Andy Greenberg, "Russian Hackers Are Using 'Tainted' Leaks to Sow Disinformation," *Wired*, May 25, 2017, www.wired.com.

9　視察団

（1）Robert M. Lee, "The Failing of Air Force Cyber," *Signal*, Nov. 1, 2013, www.afcea.org.

（2）Michael J. Assante, "Current Reporting on the Cyber Attack in Ukraine Resulting in Power Outage," SANS Industrial Control Systems Security Blog, Dec. 30, 2015, ics.sans.org, archived at bit.ly/2WCU0jt.

（3）Robert M. Lee, "Potential Sample of Malware from the Ukrainian Cyber Attack Uncovered," SANS Industrial Control Systems Security Blog, Jan. 1, 2016, ics.sans.org, archived at bit.ly/2t1l9ib.

（4）Andy Greenberg, "Watch Hackers Take Over the Mouse of a Power-Grid Computer," *Wired*, June 20, 2017, www.wired.com.〔「ウクライナの電力会社で、ＰＣがロシアのハッカーに乗っ取られる決定的瞬間」《WIRED》２０１７年7月27日、https://wired.jp/2017/07/27/video-hackers-take-over-power-grid-computer/〕

10　回想　オーロラ

（1）"Aurora Test Footage," published by MuckRock, Nov. 9, 2016, www.youtube.com.

11　回想　エストニア

（1）Joshua Davis, "Web War One," *Wired*, Sept. 2007, www.wired.com.

（2）Eneken Tikk, Kadri Kaska, and Liis Vihul, "International Cyber Incidents: Legal Considerations," 2010, 20, ccdcoe.org.

（3）Davis, "Web War One."

（4）"Putin's Prepared Remarks at 43rd Munich Conference on Security Policy," *Washington Post*, Feb. 12, 2007, www.washingtonpost.com.

（5）Guy Faulconbridge, Reuters, May 9, 2007, uk.reuters.com.

12　回想　ジョージア

（1）Ariel Cohen and Robert E. Hamilton, "The Russian Military and the Georgia War: Lessons and Implications,"

Strategic Studies Institute, June 2011, ssi.armywarcollege.edu.

（2）同右、45。

（3）Jose Nazario and Andre Dimino, “An In-Depth Look at the Georgia-Russia Cyber Conflict of 2008,” www.shadowserver.org.

（4）Joseph Menn, “Expert: Cyber-attacks on Georgia Websites Tied to Mob, Russian Government,” *Los Angeles Times*, Aug. 13, 2008, latimesblogs.latimes.com.

（5）Luke Coffey, “10 Years After Putin's Invasion, Russia Still Occupies Parts of Georgia,” *Daily Signal*, March 1, 2018, www.dailysignal.com.

（6）Eneken Tikk, Kadri Kaska, and Liis Vihul, “International Cyber Incidents: Legal Considerations,” 2010, 68, ccdcoe.org.

13　回想　スタックスネット

（1）Sanger, *Confront and Conceal*, 201.

（2）David Sanger, “Obama Order Sped Up Wave of Cyberattacks Against Iran,” *New York Times*, June 1, 2012, www.nytimes.com.

（3）Zetter, *Countdown to Zero Day*, 70.

（4）同右、81。

（5）同右、83。

（6）Sanger, *Confront and Conceal*, 191.

（7）同右、１９８。

（８）Kaplan, *Dark Territory*, 206.
（９）Ivan Oelrich and Ivanka Barzashka, "How a Centrifuge Works," Federation of American Scientists, fas.org.
（10）Sanger, *Confront and Conceal*, 199–200.
（11）Zetter, *Countdown to Zero Day*, 3.
（12）同右、６-11。
（13）同右、28-30。
（14）同右、１７７。
（15）Sanger, *Confront and Conceal*, 196.
（16）同右、１９８。
（17）同右、２０３。
（18）Sanger, "Obama Order Sped Up Wave of Cyberattacks Against Iran."
（19）Sanger, *Confront and Conceal*, 206.
（20）同右、２０７。
（21）Zetter, *Countdown to Zero Day*, 361.
（22）Sanger, "Obama Order Sped Up Wave of Cyberattacks Against Iran."
（23）Paul D. Shinkman, "Former CIA Director: Cyber Attack Game-Changers Comparable to Hiroshima," *U.S. News & World Report*, Feb. 20, 2013, www.usnews.com.

14　警告

（１）Peter Elkind, "Inside the Hack of the Century," *Fortune*, June 25, 2015, fortune.com.

(2) James Comey: Andy Greenberg, "FBI Director: Sony's 'Sloppy' North Korean Hackers Revealed Their IP Addresses," *Wired*, Jan. 7, 2015, www.wired.com.
(3) "Remarks by the President in Year-End Press Conference," Dec. 19, 2014, www.obamawhitehouse.archives.gov.
(4) "U.S. Charges Five Chinese Military Hackers for Cyber Espionage Against U.S. Corporations and a Labor Organization for Commercial Advantage," Department of Justice, May 19, 2014, www.justice.gov.
(5) Andy Greenberg, "Obama Curbed Chinese Hacking, but Russia Won't Be So Easy," *Wired*, Dec. 16, 2016, www.wired.com.
(6) Joseph Berger, "A Dam, Small and Unsung, Is Caught Up in an Iranian Hacking Case," *New York Times*, March 25, 2016, www.nytimes.com.

15 ファンシー・ベア

(1) Ellen Nakashima, "Russian Government Hackers Penetrated DNC, Stole Opposition Research on Trump," *Washington Post*, June 14, 2016, www.washingtonpost.com.
(2) Huib Modderkolk, "Dutch Agencies Provide Crucial Intel About Russia's Interference in US-Elections," *Volkskrant*, Jan. 25, 2018, www.volkskrant.nl.
(3) Dmitri Alperovitch, "Bears in the Midst: Intrusion into the Democratic National Committee, Opposition Research on Trump," *CrowdStrike*, June 15, 2016, www.crowdstrike.com.
(4) Guccifer 2.0, "Guccifer 2.0 DNC'S Servers Hacked by a Lone Hacker," June 15, 2016, guccifer2.wordpress.com, archived at bit.ly/2FOMwEE.
(5) Matei Rosca, "Exclusive: Jailed Hacker Guccifer Boasts, 'I Used to Read [Clinton's] Memos ... and Then Do the

Gardening,'" *Pando*, March 20, 2015, www.pando.com.
（6） Guccifer 2.0, "FAQ from Guccifer 2.0," June 30, 2016, guccifer2.wordpress.com, archived at bit.ly/2Mwo3V6.
（7） Thomas Rid, "How Russia Pulled Off the Biggest Election Hack in U.S. History," *Esquire*, Oct. 20, 2016, www.esquire.com.
（8） Lorenzo Franceschi-Bicchierai, "Why Does DNC Hacker 'Guccifer 2.0' Talk Like This?," *Motherboard*, June 23, 2016, motherboard.vice.com.
（9） Sam Biddle and Gabrielle Bluestone, "This Looks Like the DNC's Hacked Trump Oppo File," June 15, 2016, www.gawker.com.
（10） Kristen East, "Top DNC Staffer Apologizes for Email on Sanders' Religion," *Politico*, July 23, 2016, www.politico.com; Mark Paustenbach, "Bernie Narrative," via WikiLeaks, sent May 21, 2016, wikileaks.org, archived at bit.ly/2FoysLh.
（11） Jordain Carney, "Wasserman Schultz Called Top Sanders Aide a 'Damn Liar' in Leaked Email," *Hill*, July 22, 2016, thehill.com; " 'This Is a Silly Story.（Sanders）Isn't Going to Be President,' " *Boston Herald*, July 24, 2016, www.bostonherald.com; Dan Roberts, Ben Jacobs, and Alan Yuhas, "Debbie Wasserman Schultz to Resign as DNC Chair as Email Scandal Rocks Democrats," *Guardian*, July 25, 2016, www.theguardian.com.
（12） Lee Fang and Zaid Jilani, "Hacked Emails Reveal NATO General Plotting Against Obama on Russia Policy," *Intercept*, July 1, 2016, theintercept.com.
（13） Sean Gallagher, "Candid Camera: Dutch Hacked Russians Hacking DNC, Including Security Cameras," *Ars Technica*, Jan. 26, 2018, arstechnica.com.
（14） Andy Greenberg, "Russian Hackers Get Bolder in Anti-Doping Agency Attack," *Wired*, Sept. 14, 2016, www.wired.com.

(15) Raphael Satter, "Inside Story: How Russians Hacked the Democrats' Email," Associated Press, Nov. 4, 2017, www.apnews.com.

(16) "HRC Paid Speeches," email via WikiLeaks, sent Jan. 25, 2016, wikileaks.org, archived at bit.ly/2RRtcNA.

(17) "Threat Group 4127 Targets Hillary Clinton Presidential Campaign," June 16, 2016, www.secureworks.com, archived at bit.ly/2RecMtu.

(18) Mark Hensch, "Trump: 'I Love WikiLeaks,' " *Hill*, Oct. 10, 2016, thehill.com.

(19) Andy Greenberg, "A Timeline of Trump's Strange, Contradictory Statements on Russian Hacking," *Wired*, Jan. 4, 2017, www.wired.com.

(20) Jake Sherman, "POLITICO/Morning Consult Poll: Only One-Third of Americans Say Russia Influenced 2016 Election," *Politico*, Dec. 20, 2016, www.politico.com.

(21) Andy Greenberg, "Trump's Win Signals Open Season for Russia's Political Hackers," *Wired*, Nov. 9, 2016, www.wired.com.

(22) Bill Whitaker, "When Russian Hackers Targeted the U.S. Election Infrastructure," CBS News, July 17, 2018, www.cbsnews.com.

(23) "Joint Statement from the Department of Homeland Security and Office of the Director of National Intelligence on Election Security," Oct. 7, 2016, www.dhs.gov.

(24) Andy Greenberg, "Obama's Russian Hacking Retaliation Is Biggest 'Since the Cold War,' " *Wired*, Dec. 29, 2016, www.wired.com.

（1）Anton Cherepanov, "The Rise of TeleBots: Analyzing Disruptive KillDisk Attacks," *We Live Security*（ESET blog）, Dec. 13, 2016, www.welivesecurity.com, archived at bit.ly/2B6Lgc3.

（2）Chris Bing, "Early Indications Point to Sandworm Hacking Group for Global Ransomware Attack," *Cyberscoop*, June 30, 2017, www.cyberscoop.com.

17　ポリゴン

（1）The Grugq, "Cyberwar via Cyberwar During War," *Risky Business*, March 6, 2017, www.risky.biz.

18　インダストロイヤー、あるいはクラッシュオーバーライド

（1）Anton Cherepanov, "Win32/Industroyer: A New Threat for Industrial Control Systems," ESET paper, June 12, 2017, www.welivesecurity.com, archived at bit.ly/2Tan4N2.

（2）"CRASHOVERRIDE: Threat to the Electric Grid Operations," Dragos report, June 12, 2017, www.dragos.com, archived at bit.ly/2HyuTuB.

（3）Maria Cantwell, Ron Wyden, Brian Schatz, Sherrod Brown, Tammy Baldwin, Martin Heinrich, Chris Van Hollen, Christopher Coons, Al Franken, Bernard Sanders, Richard Durbin, Jack Reed, Edward Markey, Tammy Duckworth, Mazie K. Hirono, Thomas Carper, Patty Murray, Christopher Murphy, Jeanne Shaheen, Open Letter to President Trump, June 22, 2017, www.energy.senate.gov.

（4）"Advisory（ICSA-15-202-01）Siemens SIPROTEC Denial-of-Service Vulnerability," ICS-CERT advisory, July 21, 2015, ics-cert.us-cert.gov.

(1) Shadow Brokers, "Lost in Translation," Steemit.com, April 14, 2017, www.steemit.com, archived at bit.ly/2FQ7Auy.
(2) Lily Hay Newman, "The Leaked NSA Spy Tool That Hacked the World," *Wired*, March 7, 2018, www.wired.com.
(3) Ellen Nakashima and Craig Timberg, "NSA Officials Worried About the Day Its Potent Hacking Tool Would Get Loose. Then It Did," *Washington Post*, May 16, 2016, www.washingtonpost.com.
(4) Dan Goodin, ">10,000 Windows Computers May Be Infected by Advanced NSA Backdoor," *Ars Technica*, April 21, 2017, arstechnica.com.
(5) "DoublePulsar," *Binary Edge* (blog), April 21, 2017, blog.binaryedge.io, archived at bit.ly/2RNPiAq.
(6) Jakub Křoustek, "WannaCry Ransomware That Infected Telefonica and NHS Hospitals Is Spreading Aggressively, with over 50,000 Attacks So Far Today," *Avast* (blog), May 12, 2017, blog.avast.com, archived at bit.ly/2FXxbRz.
(7) Amyas Morse, "Investigation: WannaCry Cyber Attack and the NHS," U.K. National Audit Office, Oct. 24, 2017, www.nao.org.uk.
(8) Agamoni Ghosh and India Ashok, "WannaCry: List of Major Companies and Networks Hit by Ransomware Around the Globe," *International Business Times*, May 16, 2017, www.ibtimes.co.uk.
(9) Marcus Hutchins, Twitter post, May 12, 2017, twitter.com, archived at archive.is/9CkQn.
(10) Samuel Gibbs, "WannaCry: Hackers Withdraw £108,000 of Bitcoin Ransom," *Guardian*, Aug. 3, 2017, www.theguardian.com.
(11) Andy Greenberg, "The WannaCry Ransomware Hackers Made Some Real Amateur Mistakes," *Wired*, May 15, 2017, www.wired.com.
(12) Andy Greenberg, "The WannaCry Ransomware Has a Link to suspected North Korean Hackers," *Wired*, May 15,

2017, www.wired.com.

(13) "Press Briefing on the Attribution of the WannaCry Malware Attack to North Korea," Whitehouse.gov, Dec. 19, 2017, www.whitehouse.gov.

(14) Sean Gallagher, "NSA Employee Who Brought Hacking Tools Home Sentenced to 66 Months in Prison," *Ars Technica*, Sept. 25, 2018, arstechnica.com.

(15) Gordon Lubold and Shane Harris, "Russian Hackers Stole NSA Data on U.S. Cyber Defense," *Wall Street Journal*, Oct. 5, 2017, www.wsj.com.

(16) "Preliminary Results of the Internal Investigation into Alleged Incidents Reported by US Media (Updated with New Findings)," Kaspersky blog, Oct. 25, 2017, www.kaspersky.com, archived at bit.ly/2B4xnLn.

(17) Josh Gerstein, "Suspect's Twitter Messages Played Role in NSA Hacking-Tools Leak Probe," *Politico*, Dec. 31, 2018, www.politico.com; and Kim Zetter, "Exclusive: How a Russian Firm Helped Catch an Alleged NSA Data Thief," *Politico*, Jan. 9, 2019, www.politico.com.

21 ノットペチャ

(1) "Car Bomb Kills Senior Intelligence Officer in Central Kyiv," *NTD*, June 27, 2017, mb.ntd.com.

(2) Christopher Miller, "Colonel in Ukrainian Military Intelligence Killed in Kyiv Car Bombing," Radio Free Europe/Radio Liberty, June 27, 2017, www.rferl.org.

(3) Alec Luhn, "Ukrainian Military Intelligence Officer Killed by Car Bomb in Kiev," *Guardian*, June 27, 2017, www.theguardian.com.

(4) Matt Suiche, "Petya.2017 Is a Wiper Not a Ransomware," Comae blog, June 28, 2017, blog.comae.io, archived at bit.

ly/2UjSdxI.
(5) Eduard Kovacs, "NotPetya Attack Costs Big Companies Millions," *SecurityWeek*, Aug. 17, 2017, www.securityweek.com.
(6) "Информационная система Evraz подверглась хакерской атаке," *РИА Новости*, June 27, 2017, www.rbc.ru; Yuri Zoria, "Ukrainian Banks, Enterprises, Media and Energy Companies Under Powerful Cyber Attack, Including Chornobyl NPP—LiveUpdates," *Euromaidan Press*, June 27, 2017, euromaidanpress.com; "Malicious Malware: Lessons Learned and What to Expect from Cyber Crime in 2018," *Tass*, Jan. 1, 2018.

22　全国規模の大災害

(1) "The New Safe Confinement Made Simple," Chernobyl NPP website, chnpp.gov.ua.
(2) Raphael Satter, "Ukraine Official: Worm Likely Hit 1 in 10 State, Company PCs," Associated Press, July 6, 2017, www.apnews.com.

24　損害

(1) Richard Chirgwin, "IT 'Heroes' Saved Maersk from NotPetya with Ten-Day Reinstallation Bliz," *Register*, Jan. 25, 2018, www.theregister.co.uk.
(2) Hamza Shaban and Ellen Nakashima, "Pharmaceutical Giant Rocked by Ransomware Attack," *Washington Post*, June 27, 2017, www.washingtonpost.com.
(3) "Merck & Co. (MRK) Q3 2017 Results—Earnings Call Transcript," *Seeking Alpha*, Oct. 17, 2017, seekingalpha.com.
(4) Alex Keown, "Recent Cyberattack on Merck & Co. Could Lead to Drug Shortage," Biospace.com, Sept. 25, 2017,

www.biospace.com.

(5) Chelsea Leu, "The Cost of NotPetya," sidebar to "The Code That Crashed the World," *Wired*, Aug. 2017, www.wired.com.

(6) Kate Fazzini, "The Landmark Ransomware Campaign That Crippled Atlanta Last March Was Created by Two Iranians, Says DoJ," CNBC, Nov. 28, 2018, www.cnbc.com.

(7) "Heritage Valley Health, Drugmaker Merck Hit by Global Ransomware Cyberattack," Associated Press, June 27, 2017, www.post-gazette.com.

(8) Anupam B. Jena et al., "Delays in Emergency Care and Mortality During Major U.S. Marathons," *New England Journal of Medicine*, April 13, 2017, www.nejm.org.

26 距離

(1) Philip Bump, "What Trump Was Saying About Russia and Putin—and What the Campaign Was Doing," *Washington Post*, Dec. 14, 2017, www.washingtonpost.com.

(2) Nick Wadhams and John Follain, "Tillerson Asks Why U.S. Taxpayers Should Care About Ukraine," *Bloomberg*, April 11, 2017, www.bloomberg.com.

(3) David Maynor et al., "The MeDoc Connection," *Talos* (blog), Cisco, July 5, 2017, blog.talosintelligence.com, archived at bit.ly/2S6UpuU.

27 GRU

(1) "NotPetya and WannaCry Call for a Joint Response from International Community," NATO Cooperative Cyber

Defence Centre of Excellence, June 30, 2017, ccdcoe.org.
（2）Steve Evans, "Mondelez's NotPetya Cyber Attack Claim Disputed by Zurich: Report," *Reinsurance News*, Dec. 17, 2018, www.reinsurancene.ws.
（3）Ellen Nakashima, "Russian Military Was Behind 'NotPetya' Cyberattack in Ukraine, CIA Concludes," *Washington Post*, Jan. 12, 2018, www.washingtonpost.com.

28　離反者

（1）Suvorov, *Inside Soviet Military Intelligence*, 8.〔スヴォーロフ『ＧＲＵ』30-31〕
（2）同右、39〔77-78〕
（3）Suvorov, *Inside the Aquarium*, 3.〔スヴォーロフ『死の網からの脱出』10-11〕
（4）同右、１６２〔１８３〕。
（5）Hart, *CIA's Russians*, 18.
（6）Richard C. S. Trahair and Robert L. Miller, *Encyclopedia of Cold War Espionage, Spies, and Secret Operations* (New York: Enigma Books, 2009), 342.
（7）Hart, *CIA's Russians*, 51.
（8）Schecter and Deriabin, *Spy Who Saved the World*, 59.
（9）同右、87。
（10）同右、１７９。
（11）Jerrold Schechter, "A Very Important Spy," *New York Review of Books*, June 24, 1993, www.nybooks.com.
（12）Hart, *CIA's Russians*, 123.

（13）Schecter and Deriabin, *Spy Who Saved the World*, 75.
（14）Suvorov, *Inside the Aquarium*, 241.〔スヴォーロフ『死の網からの脱出』２７２－２７３〕
（15）Dimitri Simes, "A Soviet Defector Cashes In on His Story," *Washington Post*, May 11, 1986, www.washingtonpost.com.
（16）"*The Aquarium* GRU Headquarters," Federation of American Scientists Intelligence Resource Program, fas.org.
（17）Suvorov, *Inside the Aquarium*, 92, 131, 148.〔スヴォーロフ『死の網からの脱出』１０８－１０９、１４４－１４５、１６０－１６１〕
（18）Suvorov, *Inside Soviet Military Intelligence*, 105, 124.〔スヴォーロフ『ＧＲＵ』１６１、１９９－２００〕
（19）Suvorov, *Inside the Aquarium*, 143.〔スヴォーロフ『死の網からの脱出』１５５－１５６〕
（20）Suvorov, *Inside Soviet Military Intelligence*, 60.〔スヴォーロフ『ＧＲＵ』１０５〕
（21）Suvorov, *Inside the Aquarium*, 193.〔スヴォーロフ『死の網からの脱出』２１７－２１８〕
（22）Suvorov, *Inside Soviet Military Intelligence*, 33.〔スヴォーロフ『ＧＲＵ』70〕
（23）Suvorov, *Inside the Aquarium*, 38.〔スヴォーロフ『死の網からの脱出』56－57〕
（24）"Torture and Ill-Treatment—Comments on the Second Periodic Report Submitted to the United Nations Committee Against Torture," Amnesty International, Oct. 1, 1996, www.refworld.org.
（25）Viktor Suvorov, *Spetsnaz: The Inside Story of the Soviet Special Forces*（New York: Norton, 1987）, 98.
（26）Lunev, *Through the Eyes of the Enemy*, 32.
（27）Nicholas Horrock, "FBI Focusing on Portable Nuke Threat," UPI, Dec. 21, 2001, bit.ly/2TiKvDO.
（28）Alexander Kouzminov, "False Flags, Ethnic Bombs, and Day X," *California Literary Review*, April 25, 2005, archived at bit.ly/2B7yn1w.

(29) Lunev, *Through the Eyes of the Enemy*, 32.

(30) Luke Harding, "The Skripal Files by Mark Urban: Review—the Salisbury Spy's Story," *Guardian*, Oct. 17, 2018, www.theguardian.com.

(31) Richard Galpin, "Russian Spy Poisoning: Why Was Sergei Skripal Attacked?," BBC, Oct. 25, 2018, www.bbc.com.

(32) John Lauerman and Caroline Alexander, "Novichok, Russian Nerve Agent Spooking Britain," Bloomberg QuickTake, *Washington Post*, July 5, 2018, www.washingtonpost.com.

(33) Vikram Dodd and Steven Morris, "Novichok That Killed Woman Came from Bottle, Police Believe," *The Guardian*, July 13, 2018, www.theguardian.com.

29　情報敵対

(1) "What Is the GRU? Who Gets Recruited to Be a Spy? Why Are They Exposed So Often?" *Meduza*, Nov. 6, 2018, meduza.io.

(2) S.J., "What Is the GRU?" *Economist*, Sept. 11, 2018, www.economist.com.

(3) Mark Galeotti, "Putin's Hydra: Inside Russia's Intelligence Services," European Council on Foreign Relations Policy Brief, May 2016, 6, www.ecfr.eu.

(4) Mark Galeotti, "Putin's Secret Weapon," July 7, 2014, foreignpolicy.com.

(5) Mark Galeotti, "We Don't Know What to Call Russian Military Intelligence and That May Be a Problem," *War on the Rocks*, Jan. 19, 2016, warontherocks.com.

(6) Galeotti, "Putin's Secret Weapon."

(7) Galeotti, "Putin's Hydra," 6.

（8）“MH17—Russian GRU Commander ‘Orion’ Identified as Oleg Ivannikov,” *Bellingcat*, May 25, 2018, www.bellingcat.com; and “Third Suspect in Skripal Poisoning Identified as Denis Sergeev, High-Ranking GRU Officer,” *Bellingcat*, Feb. 24, 2019, www.bellingcat.com.

（9）Galeotti, “Putin’s Secret Weapon.”

（10）同右。

（11）Valery Gerasimov, “The Value of Science Is in the Foresight: New Challenges Demand Rethinking the Forms and Methods of Carrying Out Combat Operations,” *Military-Industrial Courier*, Feb. 27, 2013. 英訳され次に再掲。*Military Review*, Jan./Feb. 2016, usacac.army.mil.

（12）Mark Galeotti, “The ‘Gerasimov Doctrine’ and Russian Non-linear War,” *In Moscow’s Shadow*, Feb. 27, 2013, inmoscowsshadows.wordpress.com, archived at bit.ly/2G2NsEK.

30　ペナルティ

（1）Sarah Huckabee Sanders, “Statement from the Press Secretary,” Whitehouse.gov, Feb. 15, 2018, www.whitehouse.gov.

（2）“Russian Military ‘Almost Certainly’ Responsible for Destructive 2017 Cyber Attack,” National Cyber Security Centre website, Feb. 15, 2018, www.ncsc.gov.uk; “CSE Statement on the NotPetya Malware,” Communications Security Establishment website, Feb. 15, 2018, www.cse-cst.gc.ca; “New Zealand Joins International Condemnation of NotPetya Cyber-attack,” Government Communications Security Bureau, Feb. 16, 2018, www.gcsb.govt.nz; “NotPetya Malware Attributed,” CERT Australia website, Feb. 16, 2018, www.cert.gov.au.

（3）“Kremlin Slams ‘Russophobic’ Allegations That Pin NotPetya Cyber Attack on Russia,” *TASS*, Feb. 15, 2018, tass.

com.
（４）“Treasury Sanctions Russian Cyber Actors for Interference with the 2016 U.S. Elections and Malicious Cyber-attacks,” U.S. Department of the Treasury website, March 15, 2018, home.treasury.gov.
（５）“Russian Government Cyber Activity Targeting Energy and Other Critical Infrastructure Sectors,” US-CERT website, March 15, 2018, www.us-cert.gov.
（６）Blake Sobczak, “DHS on Russian Grid Hackers: ‘They Are Doing Research,’ ” *EnergyWire*, Oct. 3, 2018, www.eenews.net.
（７）Andy Greenberg, “Hackers Gain Direct Access to U.S. Power Grid Controls,” *Wired*, September 6, 2017, www.wired.com.

31　バッド・ラビット、オリンピック・デストロイヤー

（１）Dan Raywood, “The Rabid Ransomware Bunnies Behind #BadRabbit,” *Infosecurity*, Oct. 25, 2017, www.infosecurity-magazine.com.

32　偽旗

（１）Andy Greenberg, “Hackers Have Already Targeted the Winter Olympics—and May Not Be Done,” *Wired*, Feb. 1, 2018, www.wired.com.〔「史上最悪のサイバー攻撃にさらされる平昌五輪――ロシアの報復と北朝鮮の思惑」《WIRED》２０１８年２月９日、https://wired.jp/2018/02/09/pyeongchang-olympics-cyberattacks/〕
（２）Joe Sterling, Sheena McKenzie, and Brian Todd, “Kim Jong Un’s Sister Is Stealing the Show at the Winter Olympics,” CNN, Feb. 10, 2018, www.cnn.com.

(3) Ivan Watson, Stella Ko, and Sheena McKenzie, “Joint Korean Ice Hockey Team Plays for First Time Ahead of Olympics,” CNN, Feb. 5, 2018, www.cnn.com.

(4) Rebecca R. Ruiz and Tariq Panja, “Russia Banned from Winter Olympics by I.O.C.,” *New York Times*, Dec. 5, 2017, www.nytimes.com.

(5) “Olympics Officials Confirm There Was a Cyber Attack During the Opening Ceremony—and Russia’s Already Denying They Did It,” Reuters, *Business Insider*, Feb. 11, 2018, www.businessinsider.com.

(6) Juan Andres Guerrero-Saade, Priscilla Moriuchi, and Greg Lesnewich, “Targeting of Olympic Games IT Infrastructure Remains Unattributed,” Recorded Future blog, Feb. 14, 2018, www.recordedfuture.com, archived at bit.ly/2CXNGdd.

(7) Paul Rascagneres and Martin Lee, “Who Wasn’t Responsible for Olympic Destroyer?” *Talos* (blog), Feb. 26, 2018, blog.talosintelligence.com, archived at bit.ly/2UuAyDs.

(8) Jay Rosenberg, “2018 Winter Cyber Olympics: Code Similarities with Cyber Attacks in Pyeongchang,” *Cybersecurity DNA* (blog), Feb. 12, 2018, www.intezer.com, archived at bit.ly/2WvQFCD.

(9) “Advanced Persistent Threat Groups: Who’s Who of Cyber Threat Actors,” FireEye, www.fireeye.com, archived at bit.ly/2MG27qI.

(10) Ellen Nakashima, “Russian Spies Hacked the Olympics and Tried to Make It Look Like North Korea Did It, U.S. Officials Say,” *Washington Post*, Feb. 24, 2018, www.washingtonpost.com.

(11) Kaspersky GReAT Team, “OlympicDestroyer Is Here to Trick the Industry,” SecureList blog, March 8, 2018, securelist.com, archived at bit.ly/2GcHdhR.

(12) Kaspersky Lab, “Surprise Keynote,” YouTube, April 2, 2018, www.youtube.com.

34 タワー

（1） Indictment, Case 1:18-cr-00215-ABJ, U.S. Department of Justice, July 13, 2018, www.justice.gov.

（2） “Aleksandr Vladimirovich Osadchuk,” Most Wanted, FBI website, www.fbi.gov.

（3） “Investigative Report: On the Trail of the 12 Indicted Russian Intelligence Officers,” Radio Free Europe/Radio Liberty, July 19, 2018, www.rferl.org.

（4） “Aleksey Aleksandrovich Potemkin,” Most Wanted, FBI website, www.fbi.gov.

（5） “Anatoliy Sergeyevich Kovalev,” Most Wanted, FBI website, www.fbi.gov.

（6） Kevin Poulsen, “This Hacker Party Is Ground Zero for Russia's Cyberspies,” Daily Beast, Aug. 3, 2018. www.dailybeast.com.

36 ゾウと反乱者

（1） “Reckless Campaign of Cyber Attacks by Russian Military Intelligence Service Exposed,” National Cyber Security Centre website, Oct. 4, 2018, www.ncsc.gov.uk.

（2） Anton Cherepanov and Robert Lipovsky, “GreyEnergy: Updated Arsenal of One of the Most Dangerous Threat Actors,” We Live Security（ESET blog）, Oct. 17, 2018, www.welivesecurity.com, archived at bit.ly/2D5atDU; and Kaspersky ICS-CERT, “GreyEnergy's Overlap with Zebrocy,” SecureList（blog）, Jan. 24, 2019, securelist.com, archived at bit.ly/2DdFEwK.

（3） Armedforces.eu, “Compare Armed Forces: Military Power of USA and Russia,” armedforces.eu.

37　ブラックスタート

（1）Lily Hay Newman, “The Hail Mary Plan to Restart a Hacked US Electric Grid,” *Wired*, Nov. 14, 2018, www.wired.com.

（2）Blake Sobczak, “The Inside Story of the World’s Most Dangerous Malware,” E&E News, March 7, 2019, www.eenews.net.

38　回復力

（1）Daniel E. Geer Jr., “A Rubicon,” National Security, Technology, and Law, Feb. 5, 2018, www.hoover.org.

エピローグ

（1）Lily Hyde, “A Bakery in a War Zone,” *Roads and Kingdoms*, Oct. 6, 2017, roadsandkingdoms.com.

附録　サンドワームとフランス選挙ハッキングのつながり

（1）Anton Cherepanov, “TeleBots Are Back: Supply-Chain Attacks Against Ukraine,” We Live Security（ESET blog）, June 30, 2017, www.welivesecurity.com, archived at bit.ly/2UEDQEo.

著者あとがき

（1）“Ukraine says Russian helicopters, aircraft dispatch paratroopers to Hostomel airport,” Reuters, Feb. 24, 2022, www.reuters.com

（2）Microsoft Digital Security Unit, “Special Report: Ukraine,” Microsoft report, April 27, 2022, www.microsoft.com.

（3） Ellen Nakashima, "Russian military behind hack of satellite communication devices in Ukraine at war's outset, U.S. officials say," *Washington Post*, March 24, 2022, www.washingtonpost.com.
（4） Matt Burgess, "A Mysterious Satellite Hack Has Victims Far Beyond Ukraine," *Wired*, March 23, 2022, www.wired.com.
（5） Microsoft Digital Security Unit, "Special Report: Ukraine," Microsoft report, April 27, 2022, www.microsoft.com.
（6） William Turton and Kartikay Mehrotra, "Hackers Breached Colonial Pipeline Using Compromised Password," *Bloomberg News*, June 4, 2021, www.bloomberg.com.
（7） Kate Conger and David Bolaños, "Russian Hacking Cartel Attacks Costa Rican Government Agencies," *New York Times*, May 17, 2022, www.nytimes.com.
（8） Alex Scroxton, "Toyota production to resume after supply chain attack," *Computer Weekly*, March 1, 2022, www.computerweekly.com.
（9） Andy Greenberg, "How China's Hacking Entered a Reckless New Phase," *Wired*, July 19, 2021, www.wired.com.〔「中国のハッキング活動は、手口が強圧化する「新たな段階」へと突入した」《WIRED》２０２１年７月21日、https://wired.jp/2021/07/21/china-hacking-reckless-new-phase/〕
（10） Andy Greenberg, "The US Blames Russia's GRU for Sweeping Cyberattacks in Georgia," *Wired*, Feb. 20, 2020, www.wired.com.
（11） Andy Greenberg, "US Indicts Sandworm, Russia's Most Destructive Cyberwar Unit," *Wired*, Oct. 19, 2020, www.wired.com.
（12） Zack Whitaker, "US offers bounty for Sandworm, the Russian hackers blamed for destructive cyberattacks," Techcrunch, April 27, 2022, techcrunch.com.

（13） Joe Tidy, "Ukrainian power grid 'lucky' to withstand Russian cyber-attack," BBC, April 12, 2022, www.bbc.com.

参考文献

Applebaum, Anne. *Red Famine.* New York: Doubleday, 2017.

Clarke, Richard, and Robert Knake. *Cyber War.* New York: HarperCollins, 2010.〔リチャード・クラーク、ロバート・ネイク『核を超える脅威　世界サイバー戦争――見えない軍拡が始まった』北川知子、峯村利哉訳、徳間書店、２０１１年〕

Hart, John Limond. *The CIA's Russians.* Annapolis, Md.: Naval Institute Press, 2003.

Herbert, Frank. *Dune.* Annotated reprint, New York: Penguin, 2005. Originally published Philadelphia: Chilton Books, 1965.〔フランク・ハーバート『デューン――砂の惑星』新訳版、全3巻、酒井昭伸訳、ハヤカワ文庫、２０１６年〕

Kaplan, Fred. *Dark Territory.* New York: Simon & Schuster, 2016.

Lunev, Stanislav. *Through the Eyes of the Enemy.* With Ira Winkler. Washington, D.C.: Regnery, 1998.

Plokhy, Serhii. *The Gates of Europe.* New York: Basic Books, 2015.

Reid, Anna. *Borderland.* New York: Basic Books, 1997.

Rid, Thomas. *Rise of the Machines.* New York: W. W. Norton, 2016.〔トマス・リッド『サイバネティクス全史――人類は思考するマシンに何を夢見たのか』松浦俊輔訳、作品社、２０１７年〕

Sanger, David. *Confront and Conceal*. New York: Crown, 2012.

Schecter, Jerrold L., and Peter S. Deriabin. *The Spy Who Saved the World*. New York: Macmillan, 1992.

Stoll, Clifford. *The Cuckoo's Egg*. New York: Pocket Books, 1990.〔クリフォード・ストール『カッコウはコンピュータに卵を産む』上下巻、池央耿訳、草思社文庫、２０１７年〕

Suvorov, Viktor. *Inside the Aquarium*. New York: Macmillan, 1986.〔ビクトル・スヴォーロフ『死の網からの脱出——ソ連ＧＲＵ将校亡命記』出川沙美雄訳、講談社、１９８６年〕

——. *Inside Soviet Military Intelligence*. New York: Macmillan, 1984.〔ビクトル・スヴォーロフ『ＧＲＵ——ソ連軍情報本部の内幕』出川沙美雄訳、講談社、１９８５年〕

Zetter, Kim. *Countdown to Zero Day*. New York: Crown, 2014.

本書は訳し下ろしです。

アンディ・グリーンバーグ
雑誌《WIRED（ワイアード）》のシニアライターとして、セキュリティー、プライバシー、情報の自由、ハッカー文化について執筆している。著書に*This Machine Kills Secrets*（2012年、未邦訳）、*Tracers in the Dark*（2022年、未邦訳）がある。《WIRED》に発表された記事を含め、本書『サンドワーム』に関係する報道でジェラルド・ローブ賞、シグマ・デルタ・カイ賞（職業ジャーナリスト協会）、ふたつのデッドライン・クラブ賞（ニューヨーク職業ジャーナリスト協会）、コーネリアス・ライアン賞優秀賞（海外記者クラブ）を受賞。妻でドキュメンタリー映像作家のマリカ・ゾハリ=ウォラルとともにニューヨークのブルックリンで暮らす。

（訳）倉科顕司（くらしな・けんじ）
翻訳者。共訳に『「書き出し」で釣りあげろ』（レス・エジャートン）。

（訳）山田　文（やまだ・ふみ）
翻訳者。訳書に『「歴史の終わり」の後で』（フランシス・フクヤマ）など。

サンドワーム

ロシア最恐《さいきょう》のハッカー部隊《ぶたい》

アンディ・グリーンバーグ
倉科顕司《くらしなけんじ》　山田《やまだ》　文《ふみ》（訳）

2023年 1月 10日　初版発行

◇◇◇

発行者　山下直久
発　行　株式会社KADOKAWA
〒102-8177　東京都千代田区富士見2-13-3
電話　0570-002-301（ナビダイヤル）

装 丁 者　緒方修一（ラーフイン・ワークショップ）
ロゴデザイン　good design company
オビデザイン　Zapp!　白金正之
印 刷 所　株式会社暁印刷
製 本 所　本間製本株式会社

角川新書
© Kenji Kurashina, Fumi Yamada 2023 Printed in Japan　ISBN978-4-04-082446-8 C0231

●お問い合わせ
https://www.kadokawa.co.jp/（「お問い合わせ」へお進みください）
※内容によっては、お答えできない場合があります。
※サポートは日本国内のみとさせていただきます。
※Japanese text only